Python精粹
來自專家的經驗精華

David Beazley 著・黃銘偉 譯

目錄

序

自從我撰寫《*Python Essential Reference*》以來，已經過了 20 多年。那時，Python 是一個小得多的語言，它的標準程式庫（standard library）自帶一組實用的「功能（batteries）」。當時它是你的大腦還容納得下的東西。《*Essential Reference*》反映了那個時代，它是一本小書，你可以帶著它在荒島上或秘密金庫裡寫一些 Python 程式碼。在隨後的三次修訂中，《*Essential Reference*》堅持著這一願景，也就是要成為一本精簡但完整的語言參考書，因為如果你要在度假時用 Python 寫些程式碼，為什麼不運用它全部的能力呢？

今日，距離上一版的問世已經過了十多年，Python 世界變得大不相同。Python 不再是一種小眾的利基語言（niche language），而是已經成為了世界上最流行的程式語言之一。Python 程式設計師也有豐富的資訊可供參考，以進階編輯器、IDE、notebooks、網頁等形式觸手可及。事實上，當你可能會想要的所有參考資料，幾乎都可以透過按下幾個鍵召喚到你眼前時，或許就沒有什麼必要去查閱參考書了。

若要說有什麼變化的話，這種資訊檢索的便利性和 Python 宇宙的規模帶來了一種不同的挑戰。如果你只是剛剛開始學習或需要解決一個新的問題，那麼要找出從哪裡著手，可能會讓人不知所措。要把各種工具的功能與核心語言本身區分開來也很困難。這類問題就是本書存在的理由。

《*Python* 精粹》是一本關於 Python 程式設計的書。它並不試圖記錄所有可能或已經在 Python 中達成過的事情。它的重點是介紹一個現代化的、經過整理彙集（或精煉過）的語言核心。這本書的靈感源自於多年來我向科學家、工程師和軟體專業人員教授 Python 的經驗。然而，它也是編寫軟體程式庫、將 Python 擅長領域推向極致，以及找出什麼東西最有用的過程中所生成的產物。

在大多數情況下，本書聚焦於 Python 程式設計本身。這包括製作抽象層的技巧、程式結構、資料、函式、物件、模組，等等，這些主題對於從事任何規模 Python 專案的程式設計師都很有幫助。可以透過 IDE 輕鬆獲得的純粹參考資料（例如函式清單、命令名稱、引數等）通常會被省略。我還做了一個刻意的選擇，即不描述快速變化的 Python 工具世界，也就是編輯器、IDE、部署工作等的相關事宜。

也許會有爭議的是，我通常不關注與大規模軟體專案的管理有關的語言功能。Python 有時被用在大型且嚴肅的事情上，由數百萬行程式碼所組成的那種。這種應用需要專門的工具、設計和功能。它們還涉及到委員會和會議，以及要對非常重要的事情做出的決策。對於這本小書來說，所有的這些都太多了。

但或許比較誠實的答案是，我並沒有用 Python 來撰寫這樣的應用程式，而你也不應該這樣做。至少不是作為一種業餘愛好來進行。

在寫書的過程中，對於不斷發展的語言功能總是要有一個分界線。本書是在 Python 3.9 的時代撰寫的。因此，它不包括計畫在以後版本中新增的一些主要功能，例如結構化的模式匹配（structural pattern matching）。那是另一個時間和地點的話題了。

最後，也很重要的是，我認為保持程式設計的趣味性是很關鍵的。我希望我的書不僅能幫助你成為有生產力的 Python 程式設計師，而且還能捕捉到一些啟發人們運用 Python 來探索星空、在火星上駕駛直升機，以及在後院用水炮噴灑松鼠的魔法。

致謝

我要感謝技術審閱者 Shawn Brown、Sophie Tabac 和 Pete Fein，感謝他們有益的評論。我還要感謝我長期合作的編輯 Debra Williams Cauley，感謝她在這個專案和過去的專案中所付出的努力。許多上過我課程的學生對本書所涉及的主題產生了重大影響，即便是間接的影響。最後，也很重要的是，我要感謝 Paula、Thomas 與 Lewis 對我的支持和愛。

關於作者

David Beazley 是《*Python Essential Reference, Fourth Edition*》（Addison-Wesley，2010）和《*Python Cookbook, Third Edition*》（O'Reilly，2013）的作者。他目前透過他的公司 Dabeaz LLC（www.dabeaz.com）教授進階的電腦科學課程。自 1996 年以來，他一直都在使用 Python，並撰寫、演講和教授相關的知識。

1

Python 基礎

本章概述了 Python 語言的核心。這包括變數（variables）、資料型別（data types）、運算式（expressions）、流程控制（control flow）、函式（functions）、類別（classes）和輸入 / 輸出（input/output）。本章最後討論了模組（modules）、指令稿的編寫（script writing）、套件（packages），以及組織大型程式的一些技巧。本章並不試圖全面涵蓋每一項功能，也不關心與較大型的 Python 專案相關的所有工具。然而，有經驗的程式設計師應該能夠從這裡的材料推斷出如何編寫更進階的程式。我們鼓勵初學者在一個簡單的環境中嘗試這些例子，例如一個終端機視窗和一個基本的文字編輯器。

1.1　執行 Python

Python 程式是由一個直譯器（interpreter）來執行的。Python 直譯器可以在許多不同的環境中執行，像是 IDE、瀏覽器或終端機視窗。然而，在所有的這些底下，直譯器的核心是一個基於文字的應用程式，可以透過在某個 command shell（如 bash）中輸入 python 來啟動。由於 Python 2 和 Python 3 可能都安裝在同一台機器上，你可能需要輸入 python2 或 python3 來挑選一個版本。本書假設用的是 Python 3.8 或更新的版本。

直譯器啟動時，會出現一個提示，在那裡你可以把程式輸入到所謂的「read-evaluation-print loop」（或稱 REPL，「讀取、估算並印出的迴圈」）中。舉例來說，在下面的輸出中，直譯器顯示了它的版權訊息，並向使用者展示了 >>> 提示符號，使用者可在此輸入一個熟悉的「Hello World」程式：

```
Python 3.8.0 (default, Feb 3 2019, 05:53:21)
[GCC 4.2.1 Compatible Apple LLVM 8.0.0 (clang-800.0.38)] on darwin
Type "help", "copyright", "credits" or "license" for more information.
>>> print('Hello World')
Hello World
>>>
```

特定的環境可能會顯示不同的提示符號。下列輸出來自 ipython（Python 的一個替代的 shell）：

```
Python 3.8.0 (default, Feb 4, 2019, 07:39:16)
Type 'copyright', 'credits' or 'license' for more information
IPython 6.5.0 -- An enhanced Interactive Python. Type '?' for help.

In [1]: print('Hello World')
Hello World

In [2]:
```

不管你看到的確切輸出是什麼形式，底層的原理都是相同的。你輸入命令，它就執行，而你即刻會看到輸出。

Python 的互動模式（interactive mode）是它最實用的功能之一，因為你能夠輸入任何有效的述句（statement），並立即看到結果。這對於除錯和實驗來說很有用。有許多人，包括作者，都會使用互動式的 Python 作為他們的桌上型計算器（desktop calculator）。例如：

```
>>> 6000 + 4523.50 + 134.25
10657.75
>>> _ + 8192.75
18850.5
>>>
```

當你以互動式的方式使用 Python 時，變數 _ 會存放著上次運算的結果。如果你想在後續的述句中使用那個結果，這就很方便了。這個變數只會在以互動模式運行時有定義，所以別在儲存的程式中使用它。

你可以輸入 quit() 或 EOF（end of file，檔案結尾）字元來退出互動式的直譯器。在 UNIX 上，EOF 是 Ctrl+D；在 Windows 上則是 Ctrl+Z。

1.2　Python 程式

如果你想要創建可以重複執行的一個程式，就把那些述句放在一個文字檔案中。
例如：

```
# hello.py
print('Hello World')
```

Python 的原始碼檔案（source files）是以 UTF-8 編碼的文字檔案，通常會有一
個 .py 的後綴（suffix）。# 字元代表延伸到行結尾的一個註解（comment）。國際
（Unicode）字元可以在原始碼中自由使用，只要你用的是 UTF-8 編碼（這是大多數
編輯器的預設值，但如果你不確定，檢查一下你編輯器的設定，也不會有什麼損失
的）就行。

要執行 hello.py 檔案，就以下列方式把該檔案名稱提供給直譯器：

```
shell % python3 hello.py
Hello World
shell %
```

很常見的是在一個程式的第一行使用 #! 來指定直譯器，像這樣：

```
#!/usr/bin/env python3
print('Hello World')
```

在 UNIX 上，如果你賦予這個檔案執行權限（execute permissions，例如透過
chmod +x hello.py），你就能在你的 shell 中輸入 hello.py 來執行此程式。

在 Windows 上，你可以用滑鼠雙擊一個 .py 檔案，或是在 Windows 開始（Windows
Start）功能表上的執行（Run）命令中輸入該程式的名稱以啟動它。那個 #! 文字
行，若有給出，會被用來挑選直譯器的版本（Python 2 vs. 3）。一個程式的執行可能
發生在程式完成後就立即消失的某個主控台視窗（console window）中，通常是在
你還來不及讀到其輸出的情況下。為了除錯，最好是在一個 Python 開發環境中執行
程式。

直譯器會依序執行述句，直到它抵達輸入檔案的結尾為止。此時，程式就會終止，
Python 也會退出。

1.3　基本型別、變數以及運算式

Python 提供了一組基本型別（primitive types），例如整數（integers）、浮點數（floats）和字串（strings）：

```
42              # int
4.2             # float
'forty-two'     # str
True            # bool
```

一個變數（variable）是參考到（refers to）一個值（value）的一個名稱（name）。一個值表示某種型別（type）的一個物件（object）：

```
x = 42
```

有的時候，你可能會看到一個型別被明確的接附到一個名稱之後，例如：

```
x: int = 42
```

這個型別只是作為一個提示，用來增進程式碼的可讀性。它可能會被第三方的程式碼檢查工具所用。除此之外，它會被完全忽略。它也不會阻止你在之後指定一個不同型別的值。

一個運算式（expression）是基本型別、名稱和運算子（operators）的組合，它會產生一個值：

```
2 + 3 * 4               # -> 14
```

下列的程式使用變數和運算式來進行複利（compound-interest）的計算：

```
# interest.py

principal = 1000        # 初始金額
rate = 0.05             # 利率（interest rate）
numyears = 5            # 年數
year = 1
while year <= numyears:
    principal = principal * (1 + rate)
    print(year, principal)
    year += 1
```

執行之後，它會產生下列輸出：

```
1 1050.0
2 1102.5
3 1157.625
4 1215.5062500000001
5 1276.2815625000003
```

while 述句測試緊隨其後的條件運算式（conditional expression）。如果被測試的條件為真（true），while 述句的主體（body）就會執行。然後該條件會被重新測試，主體再次執行，直到條件變為假（false）。迴圈的主體以縮排（indentation）表示。因此，在 interest.py 中 while 後面的三個述句在每次迭代（iteration）時都會執行。Python 沒有規定所需的縮排數量，只要在一個區塊（block）中保持一致就可以了。最常見的是每個縮排層次使用四個空格。

interest.py 程式的問題之一是輸出不是很美觀。為了使其更好看，你可以將各欄（columns）向右對齊，並將本金（principal）的精確度限制為兩位數。變更其中的 print() 函式，改用一個所謂的 *f-string*，像這樣：

```
print(f'{year:>3d} {principal:0.2f}')
```

在 f-string 中，變數名稱和運算式可以用大括號（curly braces）括起來以進行估算。選擇性地，每個置換（substitution）都可以有一個格式化指定符（formatting specifier）接附其後。`'>3d'` 表示一個三位數的十進位數字（decimal number），並向右對齊。`'0.2f'` 表示有兩位小數精確度的一個浮點數。關於這些格式化代碼的更多資訊可在第 9 章中找到。

現在，該程式的輸出看起來會像這樣：

```
1 1050.00
2 1102.50
3 1157.62
4 1215.51
5 1276.28
```

1.4 算術運算子

Python 具備一組標準的數學運算子（mathematical operators），如表 1.1 所示。這些運算子的意義與在其他大多數程式語言中相同。

表 1.1　算術運算子

運算	描述
x + y	加法（Addition）
x - y	減法（Subtraction）
x * y	乘法（Multiplication）
x / y	除法（Division）
x // y	截斷式除法（Truncating division）
x ** y	乘冪 Power（x 的 y 次方）
x % y	模數（Modulo，x mod y）。餘數（Remainder）。
-x	一元減法（Unary minus）
+x	一元加法（Unary plus）

除法運算子（/）套用到整數時會產生一個浮點數。因此，7/4 會是 1.75。截斷式除法運算子 //（也被稱為 floor division）會將結果截斷（truncates）為一個整數，而且整數和浮點數都能使用它。模數運算子（modulo operator）會回傳除法運算 x // y 的餘數（remainder）。舉例來說，7 % 4 的結果是 3。對於浮點數，模數運算子會回傳 x // y 的浮點餘數，也就是 x - (x // y) * y。

此外，表 1.2 中的內建函式還提供了幾個常用的數值運算。

表 1.2　常見的數學函式

函式	描述
abs(x)	絕對值（Absolute value）
divmod(x,y)	回傳 (x // y, x % y)
pow(x,y [,modulo])	回傳 (x ** y) % modulo
round(x,[n])	捨入至 10 的 -n 次方最接近的倍數

round() 函式實作「銀行家捨入法（banker's rounding）」。如果被捨入的值同樣接近兩個倍數（multiples），它會被捨入為最接近的偶倍數（even multiple，例如 0.5 會被捨入為 0.0，而 1.5 被捨入為 2.0）。

整數提供了幾個額外的運算子來支援位元操作（bit manipulation），如表 1.3 所示。

表 1.3 位元操作運算子

運算	描述
x << y	左移（Left shift）
x >> y	右移（Right shift）
x & y	位元 AND（Bitwise and）
x | y	位元 OR（Bitwise or）
x ^ y	位元 XOR（Bitwise xor，「exclusive or（互斥或）」）
~x	位元否定（Bitwise negation）

我們常把這些用於二進位整數（binary integers），例如：

```
a = 0b11001001
mask = 0b11110000
x = (a & mask) >> 4     # x = 0b1100 (12)
```

在這個例子中，`0b11001001` 是你以二進位寫出一個整數值的方式。你可以把它寫成十進位（decimal）的 `201` 或者十六進位（hexadecimal）的 `0xc9`，但如果你是在擺弄位元，二進位能讓你更容易視覺化你所做的事。

位元運算子（bitwise operators）的語意假定整數使用二補數的二進位表示法（two's complement binary representation），其符號位元（sign bit）無限向左延伸。如果你正在處理打算映射到硬體上原生整數（native integers）的原始位元模式（bit patterns），就得多加留意。這是因為 Python 不會截斷（truncate）位元，也不允許數值溢位（overflow），取而代之，結果的大小（magnitude）會任意地增長。必須由你自行確保結果的大小合適，或在必要時進行截斷。

要比較數字，請使用表 1.4 中的比較運算子（comparison operators）。

表 1.4 比較運算子

運算	描述
x == y	等於（Equal to）
x != y	不等於（Not equal to）
x < y	小於（Less than）
x > y	大於（Greater than）
x >= y	大於或等於（Greater than or equal to）
x <= y	小於或等於（Less than or equal to）

比較的結果會是一個 Boolean 值 True 或 False。and、or、和 not 運算子（不要與上面的位元操作運算子搞混了）可以形成更複雜的 Boolean 運算式。這些運算子的行為如表 1.5 所示。

如果一個值從字面上看是 False、None、數值為 0 或空的（empty），就會被當作假（false）。否則，它就會被視為是真（true）的。

表 1.5　邏輯運算子

運算	描述
x or y	如果 x 為 false，回傳 y；否則回傳 x。
x and y	如果 x 為 false，回傳 x；否則回傳 y。
not x	如果 x 為 false，回傳 True；否則回傳 False。

我們常會寫出更新（update）一個值的運算式，例如：

```
x = x + 1
y = y * n
```

為此，你能以下列縮短的運算（shortened operation）形式寫出：

```
x += 1
y *= n
```

更新的這種簡短形式可用於 +、-、*、**、/、//、%、&、|、^、<<、>> 運算子中任何一個。Python 沒有可以在其他語言中找到的遞增（increment，++）或遞減（decrement，--）運算子。

1.5　條件式和流程控制

while、if 與 else 述句用於迴圈（looping）和條件式的程式碼執行（conditional code execution）。這裡有個例子：

```
if a < b:
    print('Computer says Yes')
else:
    print('Computer says No')
```

if 和 else 子句（clauses）的主體以縮排（indentation）表示。else 子句是選擇性的。要建立一個空子句（empty clause），就用 pass 述句，如下：

```
if a < b:
    pass        # 什麼都不做
else:
    print('Computer says No')
```

要處理有多個測試案例的情況，請使用 elif 述句：

```
if suffix == '.htm':
    content = 'text/html'
elif suffix == '.jpg':
    content = 'image/jpeg'
elif suffix == '.png':
    content = 'image/png'
else:
    raise RuntimeError(f'Unknown content type {suffix!r}')
```

如果你要搭配一個測試來指定一個值，就用條件運算式（conditional expression）：

```
maxval = a if a > b else b
```

這等同於比較長的這個：

```
if a > b:
    maxval = a
else:
    maxval = b
```

有的時候，你可能會看到一個變數的指定（assignment）和一個條件式（conditional）透過 := 運算子的使用結合在一起。這被稱為是一個指定運算式（assignment expression，或口語上所稱的「海象運算子（walrus operator）」，因為 := 看起來就像一頭側翻的海象，大概是在裝死的那種樣子）。例如：

```
x = 0
while (x := x + 1) < 10:    # 印出 1, 2, 3, ..., 9
    print(x)
```

用來圍住一個指定運算式的括弧（parentheses）是絕對必須的。break 述句可用來提早放棄一個迴圈。它僅適用於最內層的迴圈（innermost loop）。例如：

```
x = 0
while x < 10:
    if x == 5:
        break        # 停止迴圈。移至下面的 Done
```

```
    print(x)
    x += 1

print('Done')
```

`continue` 述句會跳過其餘的迴圈主體，並回到迴圈的頂端。例如：

```
x = 0
while x < 10:
    x += 1
    if x == 5:
        continue    # 跳過 print(x)。回到迴圈開頭。
    print(x)

print('Done')
```

1.6　文字字串

要定義一個字串字面值（string literal），就以單、雙或三重引號將之圍繞：

```
a = 'Hello World'
b = "Python is groovy"
c = '''Computer says no.'''
d = """Computer still says no."""
```

起始一個字串的引號（quote）類型必定要與終結它的那種相同。三引號字串
（triple-quoted strings）會捕捉所有的文字，直到結束的三重引號為止，這相對於單
和雙引號字串（single and double-quoted strings），後者必須在一個邏輯文字行上指
定。當一個字串字面值的內容跨越數個文字行，三引號字串就很有用：

```
print('''Content-type: text/html

<h1> Hello World </h1>
Click <a href="http://www.python.org">here</a>.
''')
```

緊鄰的字串字面值會被串接成單一個字串。因此，上述範例也可寫成這樣：

```
print(
'Content-type: text/html\n'
'\n'
'<h1> Hello World </h1>\n'
'Clock <a href="http://www.python.org">here</a>\n'
)
```

如果一個字串的起始引號（opening quotation mark）前面加上了一個 f，那麼字串內經過轉義的運算式（escaped expressions）就會被估算（evaluated）。舉例來說，在前面的例子中，下列述句被用來輸出某項計算的值：

```
print(f'{year:>3d} {principal:0.2f}')
```

雖然這用的只是簡單的變數名稱，但其實任何有效的運算式都可以出現。例如：

```
base_year = 2020
...
print(f'{base_year + year:>4d} {principal:0.2f}')
```

作為 f-string 的替代方式，format() 方法和 % 運算子有時也被用來格式化字串。例如：

```
print('{0:>3d} {1:0.2f}'.format(year, principal))
print('%3d %0.2f' % (year, principal))
```

關於字串格式化的更多資訊可以在第 9 章中找到。

字串被儲存為以整數索引的一個 Unicode 字元序列，從零開始算起。負值索引則是從字串的尾端開始計算。一個字串 s 的長度（length）可使用 len(s) 來計算。要擷取出單一個字元，就用 s[i] 索引運算子（indexing operator），其中 i 即為索引（index）。

```
a = 'Hello World'
print(len(a))          # 11
b = a[4]               # b = 'o'
c = a[-1]              # c = 'd'
```

要擷取出一個子字串（substring），就用 s[i:j] 切片運算子（slicing operator）。它會從 s 擷取出其索引 k 位在範圍 i <= k < j 中的所有字元。若省略任一個索引，就分別會假設從字串開頭起算，或計算至字串結尾：

```
c = a[:5]              # c = 'Hello'
d = a[6:]              # d = 'World'
e = a[3:8]             # e = 'lo Wo'
f = a[-5:]             # f = 'World'
```

字串擁有各式各樣的方法能用來操作它們的內容。舉例來說，replace() 方法會進行簡單的文字替換（text replacement）工作：

```
g = a.replace('Hello', 'Hello Cruel')  # f = 'Hello Cruel World'
```

表 1.6 顯示了幾個常見的字串方法。這裡以及其他地方，圍在方括號（square brackets）中的引數（arguments）都是選擇性的。

表 1.6 常見的字串方法

方法	描述
s.endswith(prefix [,start [,end]])	檢查一個字串是否以 prefix 結尾。
s.find(sub [, start [,end]])	找出所指定的子字串 sub 的第一個出現之處，或在找不到時回傳 -1。
s.lower()	轉換為小寫（lowercase）。
s.replace(old, new [,maxreplace])	替換一個子字串。
s.split([sep [,maxsplit]])	使用 sep 作為分隔符號（delimiter）來拆分一個字串。maxsplit 是要進行的最大拆分次數。
s.startswith(prefix [,start [,end]])	檢查一個字串是否以 prefix 開頭。
s.strip([chrs])	移除前導或尾隨的空白，或在 chrs 中提供的字元。
s.upper()	將一個字串轉換為大寫（uppercase）。

字串能以加號（+）運算子來串接（concatenate）：

```
g = a + 'ly'     # g = 'Hello Worldly'
```

Python 從不隱含地將一個字串的內容解讀為數值資料。因此，+ 所串接的永遠都是字串：

```
x = '37'
y = '42'
z = x + y      # z = '3742'（字串串接）
```

要進行數學計算，一個字串得先使用像是 int() 或 float() 的函式來轉換為一個數值。例如：

```
z = int(x) + int(y)    # z = 79（整數加法）
```

非字串值可以使用 str()、repr() 或 format() 函式來轉換成一個字串表徵（string representation）。這裡有個例子：

```
s = 'The value of x is ' + str(x)
s = 'The value of x is ' + repr(x)
s = 'The value of x is ' + format(x, '4d')
```

雖然 str() 與 repr() 兩者都會建立字串，但它們的輸出經常是不同的。str() 產生你使用 print() 函式時會得到的那種輸出，而 repr() 則會創建你輸入到一個程式中以精確表達一個物件之值的那種字串。例如：

```
>>> s = 'hello\nworld'
>>> print(str(s))
hello
world
>>> print(repr(s))
'hello\nworld'
>>>
```

除錯時，請使用 repr(s) 來產生輸出，因為它會顯示關於一個值及其型別的更多資訊。

format() 被用來將單一個值轉換為一個字串，並套用特定的格式。例如：

```
>>> x = 12.34567
>>> format(x, '0.2f')
'12.35'
>>>
```

給予 format() 的格式碼（format code）與你使用 f-string 來產生格式化輸出時的代碼相同。舉例來說，上面的程式碼能以下列程式碼取代：

```
>>> f'{x:0.2f}'
'12.35'
>>>
```

1.7　檔案輸入與輸出

下列程式會開啟一個檔案，並逐行讀取其內容為文字字串：

```
with open('data.txt') as file:
    for line in file:
        print(line, end='')     # end='' 省略額外的 newline
```

open() 函式回傳一個新的檔案物件（file object）。在它之前的 with 述句宣告一個述句區塊（或情境），其中那個檔案（即 file）會被使用。一旦控制離開了此區塊，該檔案就會自動關閉。如果你不使用 with 述句，程式碼看起來就得像這樣：

```
file = open('data.txt')
for line in file:
```

```
        print(line, end='')     # end='' 省略額外的 newline
    file.close()
```

那個呼叫 close() 的額外步驟很容易被忘記,所以最好還是使用 with 述句,讓它為你關閉檔案。

其中的 for 迴圈逐行迭代過那個檔案,直到沒有資料可取用為止。如果你想要把整個檔案讀取為一個字串,就像這樣使用 read() 方法:

```
with open('data.txt') as file:
    data = file.read()
```

如果你想要逐塊(in chunks)讀取一個大型檔案,就提供一個大小提示(size hint)給 read() 方法,如下:

```
with open('data.txt') as file:
    while (chunk := file.read(10000)):
        print(chunk, end='')
```

此例中所使用的 := 運算子對一個變數進行指定,並回傳其值,讓它可被 while 迴圈所測試以跳出迴圈。抵達一個檔案的結尾時,read() 會回傳一個空字串。撰寫上述功能的一種替代方式是使用 break:

```
with open('data.txt') as file:
    while True:
        chunk = file.read(10000)
        if not chunk:
            break
        print(chunk, end='')
```

要讓一個程式的輸出跑到一個檔案中,就提供一個檔案引數(file argument)給 print() 函式:

```
with open('out.txt', 'wt') as out:
    while year <= numyears:
        principal = principal * (1 + rate)
        print(f'{year:>3d} {principal:0.2f}', file=out)
        year += 1
```

此外,檔案物件支援一個 write() 方法,它可被用來寫入字串資料。舉例來說,前面例子中的 print() 函式可以寫成這樣:

```
out.write(f'{year:3d} {principal:0.2f}\n')
```

預設情況下，檔案含有被編碼（encoded）為 UTF-8 的文字。如果你要處理不同的文字編碼，就在開啟檔案時使用額外的 encoding 引數。例如：

```
with open('data.txt', encoding='latin-1') as file:
    data = file.read()
```

有的時候你可能會想要在主控台裡面讀取互動式輸入的資料。要那麼做，就用 input() 函式。例如：

```
name = input('Enter your name : ')
print('Hello', name)
```

input() 會回傳到終止的 newline（不包含）之前所輸入的所有文字。

1.8 串列

串列是任意物件的一種有序群集（ordered collection）。創建一個串列的方式是把值圍在方括號（square brackets）中：

```
names = [ 'Dave', 'Paula', 'Thomas', 'Lewis' ]
```

串列是以整數來索引的，從零開始計算。使用索引運算子來存取或修改串列的個別項目（items）：

```
a = names[2]          # 回傳此串列的第三個項目，即 'Thomas'
names[2] = 'Tom'      # 將第三個項目變更為 'Tom'
print(names[-1])      # 印出最後一個項目（'Lewis'）
```

要附加（append）新的項目到一個串列的尾端，就使用 append() 方法：

```
names.append('Alex')
```

要在串列中的某個特定位置插入（insert）一個項目，就用 insert() 方法：

```
names.insert(2, 'Aya')
```

要迭代過（iterate over）一個串列中的項目，就用一個 for 迴圈：

```
for name in names:
    print(name)
```

你可以使用切片運算子（slicing operator）來擷取或重新指定一個串列的某個部分：

```
b = names[0:2]        # b -> ['Dave', 'Paula']
c = names[2:]         # c -> ['Aya', 'Tom', 'Lewis', 'Alex']
```

```
names[1] = 'Becky'  # 以 'Becky' 取代 'Paula'
names[0:2] = ['Dave', 'Mark', 'Jeff'] # 替換頭兩個項目
                                      # 為 ['Dave','Mark','Jeff']
```

使用加號（+）運算子來串接串列：

```
a = ['x','y'] + ['z','z','y']  # 結果是 ['x','y','z','z','y']
```

建立一個空串列（empty list）有兩種方式可用：

```
names = []        # 一個空串列
names = list()    # 一個空串列
```

使用 [] 建立空串列是比較慣用的方式。list 是與串列型別（list type）關聯的類別
之名稱。比較常在把資料轉換成一個串列時，看到它被使用。例如：

```
letters = list('Dave')    # letters = ['D', 'a', 'v', 'e']
```

大多數情況下，一個串列中的所有項目都是相同的型別（例如一個數字串列或字串
串列）。然而，串列可以包含任何混合的 Python 物件，包括其他串列，如下面的例
子所示：

```
a = [1, 'Dave', 3.14, ['Mark', 7, 9, [100, 101]], 10]
```

巢狀串列（nested lists）中所含的項目能透過一次以上的索引運算來存取：

```
a[1]            # 回傳 'Dave'
a[3][2]         # 回傳 9
a[3][3][1]      # 回傳 101
```

下列的程式 pcost.py 說明如何把資料讀取到一個串列中，並進行簡單的計算。在此
例中，文字行被假設含有以逗號區隔的值（comma-separated values）。此程式計算兩
欄乘積的總和。

```
# pcost.py
#
# 讀取形式為 'NAME,SHARES,PRICE' 的輸入文字行。
# 例如：
#
#     SYM,123,456.78

import sys
if len(sys.argv) != 2:
    raise SystemExit(f'Usage: {sys.argv[0]} filename')

rows = []
```

```
with open(sys.argv[1], 'rt') as file:
    for line in file:
        rows.append(line.split(','))

# rows 是這種形式的一個串列
# [
#   ['SYM', '123', '456.78\n']
#   ...
# ]

total = sum([ int(row[1]) * float(row[2]) for row in rows ])
print(f'Total cost: {total:0.2f}')
```

這個程式的第一行使用 import 述句從 Python 程式庫載入 sys 模組。這個模組用來獲取命令列引數（command-line arguments），那些引數可在串列 sys.argv 中找到。最初的檢查確認是否有提供一個檔名。如果沒有，就會提出一個 SystemExit 例外，並給出有用的錯誤訊息。在此訊息中，sys.argv[0] 插入了正在執行的程式之名稱。

open() 函式使用在命令列上指定的檔名。for line in file 迴圈逐行讀取該檔案。每一行都被分割為一個小串列，使用逗號字元作為分隔符號。這個串列會被附加到 rows 上。最後的結果，也就是 rows，會是由串列組成的一個串列（a list of lists），還記得一個串列可以包含任何東西嗎？這包括其他的串列。

運算式 [int(row[1]) * float(row[2]) for row in rows] 透過迴圈迭代過 rows 中的所有串列，並計算第二和第三個項目的乘積，以建構出一個新的串列。建構串列的這種實用技巧被稱為串列概括式（list comprehension）。同樣的計算可以更冗贅地表達成這樣：

```
values = []
for row in rows:
    values.append(int(row[1]) * float(row[2]))
total = sum(values)
```

一般來說，串列概括式是進行簡單計算的首選技巧。內建的 sum() 函式可以計算一個序列中所有項目的總和（sum）。

1.9　元組

要建立簡單的資料結構，你可以將一組值打包成一個不可變的物件（immutable object），稱為一個元組（tuple）。創建一個元組的方式是把一組值圍在括弧（parentheses）中：

```
holding = ('GOOG', 100, 490.10)
address = ('www.python.org', 80)
```

為了完整性，也可以定義 0 個元素或 1 個元素的元組，但有特殊的語法：

```
a = ()          # 0-tuple（空的元組）
b = (item,)     # 1-tuple（注意到尾隨的逗號）
```

一個元組中的值能以數值索引來擷取，就像串列那樣。然而，更常見的是把元組拆分（unpack）到一組變數中，像這樣：

```
name, shares, price = holding
host, port = address
```

儘管元組支援與串列相同的大部分運算（如索引、切片和串接），但元組的元素在創建後不能被改變，也就是說，你不能替換、刪除或向現有的元組附加新元素。一個元組最好被看作是由數個部分構成的單一個不可變的物件，而不是像串列那樣由不同物件組成的一個群集。

元組和串列經常一起用來表示資料。舉例來說，這個程式展示如何讀取包含以逗號分隔的數欄資料的一個檔案：

```
# 檔案含有 ``name,shares,price" 這種形式的文字行
filename = 'portfolio.csv'

portfolio = []
with open(filename) as file:
    for line in file:
        row = line.split(',')
        name = row[0]
        shares = int(row[1])
        price = float(row[2])
        holding = (name, shares, price)
        portfolio.append(holding)
```

此程式所建立的結果串列 portfolio 看起來像是一個具有列（rows）與欄（columns）的二維陣列（two-dimensional array）。每個列都由一個元組所代表，並且可以像這樣存取：

```
>>> portfolio[0]
('AA', 100, 32.2)
>>> portfolio[1]
('IBM', 50, 91.1)
>>>
```

資料的個別項目能像這樣存取：

```
>>> portfolio[1][1]
50
>>> portfolio[1][2]
91.1
>>>
```

這裡是如何以迴圈跑過所有的記錄，並將欄位拆分到一組變數中：

```
total = 0.0
for name, shares, price in portfolio:
    total += shares * price
```

或者，你也可以使用一個串列概括式：

```
total = sum([shares * price for _, shares, price in portfolio])
```

迭代過元組時，變數 _ 可用來表示一個捨棄的值。在前面的計算中，它意味著我們會忽略第一個項目（即 name）。

1.10　集合

一個集合（set）是獨特物件（unique objects）的一個無序的群集（unordered collection）。集合被用來找出不同的值，或管理與成員資格（membership）有關的問題。要創建一個集合，就把一個群集的值圍在大括號（curly braces）中，或把一個現有的項目群集丟給 set()。例如：

```
names1 = { 'IBM', 'MSFT', 'AA' }
names2 = set(['IBM', 'MSFT', 'HPE', 'IBM', 'CAT'])
```

一個集合的元素通常會被限制為不可變的物件（immutable objects）。舉例來說，你可以製作出數字、字串或元組的一個集合。然而，你不能做出含有串列的一個集合。大多數常見的物件大概都能用於集合，不過要是有疑慮的話，就先試試看。

不同於串列和元組，集合是無序的，並且無法以數字來索引。此外，一個集合的元素永遠都不會重複。舉例來說，如果你檢視上面程式碼的 names2，你會得到下列資訊：

```
>>> names2
{'CAT', 'IBM', 'MSFT', 'HPE'}
>>>
```

注意到 'IBM' 只出現了一次。另外，項目的順序是無法預測的，輸出可能會與這裡所顯示的不同。即使是在同一部電腦上，其順序也可能在不同次的直譯器執行之間改變。

若處理的是現有的資料，你也可以使用一個集合概括式（set comprehension）來創建一個集合。舉例來說，這個述句會將前一節的資料中的所有股票名稱（stock names）轉為一個集合：

```
names = { s[0] for s in portfolio }
```

要創建一個空的集合，就用不帶引數的 set()：

```
r = set()      # 最初為空的集合
```

集合支援標準的一組運算，包括聯集（union）、交集（intersection）、差集（difference）和對稱差集（symmetric difference）。這裡有個例子：

```
a = t | s      # 聯集 {'MSFT', 'CAT', 'HPE', 'AA', 'IBM'}
b = t & s      # 交集 {'IBM', 'MSFT'}
c = t - s      # 差集 { 'CAT', 'HPE' }
d = s - t      # 差集 { 'AA' }
e = t ^ s      # 對稱差集 { 'CAT', 'HPE', 'AA' }
```

差集運算 s - t 給出在 s 中但不在 t 中的項目。對稱差集 s ^ t 給出在 s 或在 t 中，但不是兩者皆有的項目。

可以使用 add() 或 update() 來加入新項目：

```
t.add('DIS')                      # 新增單一個項目
s.update({'JJ', 'GE', 'ACME'})    # 新增多個項目到 s
```

一個項目可用 remove() 或 discard() 來移除：

```
t.remove('IBM')    # 移除 'IBM' 或在缺少該項目時提出 KeyError。
s.discard('SCOX')  # 如果它存在的話，就移除 'SCOX'。
```

remove() 和 discard() 之間的差異在於，discard() 不會在項目缺少時提出一個例外。

1.11　字典

一個字典（dictionary）是鍵值（keys）與值（values）之間的一個映射（mapping）。你創建一個字典的方式是把各自以一個冒號（colon）分隔的鍵值與值對組（key-value pairs）圍在大括號（{ }）中，像這樣：

```
s = {
    'name' : 'GOOG',
    'shares' : 100,
    'price' : 490.10
    }
```

要存取一個字典的成員，就用索引運算子，如下：

```
name = s['name']
cost = s['shares'] * s['price']
```

插入或修改物件的運作方式會像這樣：

```
s['shares'] = 75
s['date'] = '2007-06-07'
```

字典是定義由具名欄位（named fields）構成的物件的一種實用方式。然而，字典也常被當作一種映射，用於在無序資料上進行快速查找（lookups）。例如，這裡有一個股票價格（stock prices）的字典：

```
prices = {
    'GOOG' : 490.1,
    'AAPL' : 123.5,
    'IBM' : 91.5,
    'MSFT' : 52.13
}
```

給定了一個這樣的字典，你就能查找價格：

```
p = prices['IBM']
```

字典的成員資格是以 in 運算子來測試的：

```
if 'IBM' in prices:
    p = prices['IBM']
else:
    p = 0.0
```

這個特定的步驟順序也能使用 get() 方法更簡練地進行：

```
p = prices.get('IBM', 0.0)     # 如果存在就是 prices['IBM']，否則為 0.0
```

使用 del 述句來移除字典的一個元素（element）：

```
del prices['GOOG']
```

雖然字串是最常見的一種鍵值，你其實可以使用許多其他的 Python 物件，包括數字和元組。舉例來說，元組經常被用來建構複合（composite）或有多部分（multipart）的鍵值：

```
prices = { }
prices[('IBM', '2015-02-03')] = 91.23
prices['IBM', '2015-02-04'] = 91.42      # 括弧省略
```

任何種類的物件都可以被放到字典中，包括其他的字典。然而，可變的資料結構，如串列、集合和字典不能被用作鍵值。

字典經常被用作各種演算法和資料處理問題的構建組塊（building blocks）。一個這樣的問題就是製表（tabulation）。例如，這裡你可以計算前面資料中每個股票名稱的總股數（total number of shares）：

```
portfolio = [
    ('ACME', 50, 92.34),
    ('IBM', 75, 102.25),
    ('PHP', 40, 74.50),
    ('IBM', 50, 124.75)
]

total_shares = { s[0]: 0 for s in portfolio }
for name, shares, _ in portfolio:
    total_shares[name] += shares

# total_shares = {'IBM': 125, 'ACME': 50, 'PHP': 40}
```

在此範例中，{ s[0]: 0 for s in portfolio } 是字典概括式（dictionary comprehension）的一個例子。它從另一個資料群集創建出了鍵值與值對組的一個字

典。在此例中，它製作了一個初始字典，將股票名稱映射至 0。接下來的 for 迴圈迭代過了該字典，並將每個股票符號持有的全部股票加總起來。

像這樣的常見資料處理任務有許多已經由程式庫模組所實作了。例如，collections 模組有一個 Counter 物件，可以用來完成此任務：

```python
from collections import Counter

total_shares = Counter()
for name, shares, _ in portfolio:
    total_shares[name] += shares

# total_shares = Counter({'IBM': 125, 'ACME': 50, 'PHP': 40})
```

一個空的字典可由兩種方式創建：

```python
prices = {}        # 一個空字典
prices = dict()    # 一個空字典
```

更慣用的方式是使用 {} 作為一個空字典，雖然必須多加留意，因為這看起來好像你正試著創建一個空集合（使用 set() 來代替）。dict() 常用來從鍵值與值對組創建出字典。例如：

```python
pairs = [('IBM', 125), ('ACME', 50), ('PHP', 40)]
d = dict(pairs)
```

要獲取字典鍵值的一個串列，就將一個字典轉為一個串列：

```python
syms = list(prices)     # syms = ['AAPL', 'MSFT', 'IBM', 'GOOG']
```

又或者，你可以使用 dict.keys() 來獲取那些鍵值：

```python
syms = prices.keys()
```

這兩種方法的差別在於，keys() 回傳接附到字典上的一種特殊的「keys view（鍵值檢視窗口）」，它會主動反映出對該字典所做的變更。例如：

```python
>>> d = { 'x': 2, 'y':3 }
>>> k = d.keys()
>>> k
dict_keys(['x', 'y'])
>>> d['z'] = 4
>>> k
dict_keys(['x', 'y', 'z'])
>>>
```

這些鍵值總是以最初項目被插入字典的順序出現。上面的串列轉換將保留這個順序。當字典被用來表示從檔案或其他資料來源讀取的鍵值與值資料時,這可能很有用。字典會保留輸入的順序。這可能有助於可讀性和除錯。如果你想把資料寫回檔案,這也很有幫助。然而,在 Python 3.6 之前,這種順序是不被保證的,所以如果需要與舊版本的 Python 相容,就不能依靠它。如果發生了多次刪除和插入,順序也是不能保證的。

要獲得儲存在字典中的值,就用 `dict.values()` 方法。要獲得鍵值與值對組(key-value pairs),就用 `dict.items()`。舉例來說,這裡是以鍵值與值對組的形式迭代過一個字典全部內容的方式:

```python
for sym, price in prices.items():
    print(f'{sym} = {price}')
```

1.12　迭代與迴圈

最常使用的迴圈構造(looping construct)是 `for` 述句,用來迭代過一個群集的項目。迭代的一種常見形式是以迴圈跑過(loop over)一個序列(例如字串、串列或元組)的所有成員。這裡有個例子:

```python
for n in [1, 2, 3, 4, 5, 6, 7, 8, 9]:
    print(f'2 to the {n} power is {2**n}')
```

在此範例中,變數 n 會在每次迭代被指定為串列 [1, 2, 3, 4, ..., 9] 中連續的項目。因為用迴圈跑過一個範圍的整數是相當常見的,這裡有種捷徑:

```python
for n in range(1, 10):
    print(f'2 to the {n} power is {2**n}')
```

`range(i, j [,step])` 函式會建立表示一個整數範圍的物件,其包含的值從 i 遞增到(但並不包含)j。如果起始值被省略,預設就會是零。也可給予一個選擇性的步幅(stride)作為第三引數。這裡有些例子:

```python
a = range(5)        # a = 0, 1, 2, 3, 4
b = range(1, 8)     # b = 1, 2, 3, 4, 5, 6, 7
c = range(0, 14, 3) # c = 0, 3, 6, 9, 12
d = range(8, 1, -1) # d = 8, 7, 6, 5, 4, 3, 2
```

range() 所創建的物件會在被請求查找時，視需要計算出它所表示的值。因此，即使是範圍非常大的數字，用起來也很有效率。

for 述句並不僅限於整數序列。它可被用來迭代許多種類的物件，包括字串、串列、字典與檔案。這裡有個例子：

```python
message = 'Hello World'
# 印出訊息中的個別字元
for c in message:
    print(c)

names = ['Dave', 'Mark', 'Ann', 'Phil']
# 印出一個串列的成員
for name in names:
    print(name)

prices = { 'GOOG' : 490.10, 'IBM' : 91.50, 'AAPL' : 123.15 }
# 印出一個字典的所有成員

for key in prices:
    print(key, '=', prices[key])

# 印出一個檔案中的所有文字行
with open('foo.txt') as file:
    for line in file:
        print(line, end='')
```

for 迴圈是 Python 最強大的語言功能之一，因為你能創建為之提供一序列的值的自訂迭代器物件（iterator objects）和產生器函式（generator functions）。關於迭代器和產生器的更多細節可在後面的第 6 章中找到。

1.13　函式

使用 def 述句來定義一個函式（function）：

```python
def remainder(a, b):
    q = a // b        # // 是截斷式除法。
    r = a - q * b
    return r
```

要調用（invoke）一個函式，就使用其名稱（name），後面接著放在括弧（parentheses）中的它的引數（arguments），舉例來說，result = remainder(37, 15)。

函式的常見實務做法是包括一個說明文件字串（documentation string）作為其第一個述句。這個字串會提供資訊給 help() 命令，而且也可能會被 IDE 或其他開發工具所用，以協助程式設計師。例如：

```python
def remainder(a, b):
    '''
    計算 a 除以 b 的餘數（remainder）
    '''
    q = a // b
    r = a - q * b
    return r
```

如果一個函式的輸入和輸出無法從它們的名稱清楚看出，它們能以型別來注釋：

```python
def remainder(a: int, b: int) -> int:
    '''
    計算 a 除以 b 的餘數（remainder）
    '''
    q = a // b
    r = a - q * b
    return r
```

這種注釋（annotations）僅僅是資訊性質的，並不會在執行時期強制施加。還是可以用非整數值來呼叫上面的函式，例如 result = remainder(37.5, 3.2)。

使用一個元組（tuple）來從一個函式回傳多個值：

```python
def divide(a, b):
    q = a // b          # 如果 a 和 b 是整數，q 就是整數
    r = a - q * b
    return (q, r)
```

當多個值被放在一個元組中回傳，它們可以像這樣被拆分到個別的變數中：

```python
quotient, remainder = divide(1456, 33)
```

要指定一個預設值（default value）給函式參數，就用指定式：

```python
def connect(hostname, port, timeout=300):
    # 函式主體
    ...
```

如果一個函式定義中有給定預設值，它們就能在後續的函式呼叫中被省略。一個被省略的引數會使用所提供的預設值。這裡有個例子：

```
connect('www.python.org', 80)
connect('www.python.org', 80, 500)
```

預設引數（default arguments）經常用於選擇性的功能。如果這樣的引數有太多，可讀性就會蒙受其害。因此，建議的方式是使用關鍵字引數（keyword arguments）來指定這種引數，例如：

```
connect('www.python.org', 80, timeout=500)
```

如果你知道那些引數的名稱，那麼呼叫函式時，它們全都可以被指名。若被指名，它們被列出的順序就不重要了。例如：

```
connect(port=80, hostname='www.python.org')
```

當變數在一個函式中被創建或指定時，它們的範疇（scope）是區域性（local）的。也就是說，該變數只在函式主體內有定義，並會在函式回傳時被銷毀。函式也可以存取定義在函式之外的變數，只要它們是在同一個檔案中定義的就行了。比如說：

```
debug = True     # 全域變數（global variable）

def read_data(filename):
    if debug:
        print('Reading', filename)
    ...
```

範疇規則會在第 5 章中更詳細描述。

1.14　例外

若有錯誤在你的程式中發生，一個例外（exception）會被提出，並出現一個回溯（traceback）訊息：

```
Traceback (most recent call last):
  File "readport.py", line 9, in <module>
    shares = int(row[1])
ValueError: invalid literal for int() with base 10: 'N/A'
```

這個回溯訊息指出發生的錯誤之類型，連同其位置。一般來說，錯誤會導致一個程式終止。然而，你可以使用 try 和 except 述句來捕捉和處理例外，像這樣：

```
portfolio = []
with open('portfolio.csv') as file:
```

```
for line in file:
    row = line.split(',')
    try:
        name = row[0]
        shares = int(row[1])
        price = float(row[2])
        holding = (name, shares, price)
        portfolio.append(holding)
    except ValueError as err:
        print('Bad row:', row)
        print('Reason:', err)
```

在這段程式碼中，若有一個 ValueError 發生，有關錯誤原因的細節會被放在 err 中，而控制權會轉移到 except 區塊中的程式碼。如果有其他類型的例外發生，程式會像往常一樣崩潰。如果沒有錯誤發生，except 區塊中的程式碼會被忽略。當一個例外被處理後，程式的執行將從緊隨最後一個 except 區塊的述句中恢復。程式不會回到例外發生的位置。

raise 述句用來發出例外信號。你需要給出一個例外的名稱。舉例來說，這裡是提出 RuntimeError 的方式，它是一個內建的例外：

```
raise RuntimeError('Computer says no')
```

適當地管理系統資源，如鎖（locks）、檔和網路連線，在與例外處理相結合時往往很棘手。有時，有些動作無論發生什麼都必須執行。對於這種情況，可以使用 try-finally。下面是涉及到必須釋放鎖以避免鎖死（deadlock）的例子：

```
import threading
lock = threading.Lock()
...
lock.acquire()
# 若有獲得一個鎖，它就必須被釋放
try:
    ...
    statements
    ...
finally:
    lock.release()        # 永遠都會執行
```

為了簡化這種程式的設計，涉及到資源管理的大多數物件也都支援 with 述句。這裡是上面程式碼修改過的版本：

```
with lock:
    ...
```

```
    statements
    ...
```

在這個例子中，當 with 述句執行時，會自動獲取 lock 物件。當執行離開 with 區塊的情境（context）時，那個鎖會被自動釋放。不管 with 區塊內部發生了什麼，都會這樣做。舉例來說，如果發生例外，那麼控制權離開該區塊的情境時，鎖就會被釋放。

with 述句通常只相容於與系統資源或執行環境相關的物件，如檔案、連線和鎖。然而，使用者定義的物件可以有它們自己自訂的處理方式，如同第 3 章中會進一步描述。

1.15 程式終止

輸入的程式中沒有更多述句要執行，或是有未捕捉的 SystemExit 例外被提出時，程式就會終止（terminates）。如果你想要迫使一個程式退出，可以像這樣做：

```
raise SystemExit()                     # 不帶有錯誤訊息的退出
raise SystemExit("Something is wrong")  # 帶有錯誤的退出
```

退出時，直譯器會盡最大努力將所有活動的物件進行垃圾回收（garbage-collect）。然而，如果你需要進行特定的清理動作（刪除檔案、關閉連線），你能以 atexit 模組來註冊它，如下所示：

```
import atexit

# 範例
connection = open_connection("deaddot.com")

def cleanup():
    print "Going away..."
    close_connection(connection)

atexit.register(cleanup)
```

1.16　物件與類別

一個程式中使用的所有值（values）都是物件（objects）。一個物件由內部資料和進行涉及到該資料的各種運算之方法（methods）所組成。處理字串和串列等內建型別時，你就已經使用了物件和方法。例如：

```
items = [37, 42]        # 創建一個串列物件（list object）
items.append(73)        # 呼叫其 append() 方法
```

dir() 函式列出一個物件上可用的方法。沒有花俏的 IDE 可用時，它會是進行互動式實驗的有用工具。例如：

```
>>> items = [37, 42]
>>> dir(items)
['__add__', '__class__', '__contains__', '__delattr__', '__delitem__',
...
 'append', 'count', 'extend', 'index', 'insert', 'pop',
 'remove', 'reverse', 'sort']
>>>
```

檢視物件時，你會看到熟悉的方法被列出，例如 append() 和 insert()。然而，你也會看到特殊方法，其名稱以雙底線（double underscore）開頭和結尾。這些方法實作各種運算子（operators）。舉例來說，__add__() 用來實作 + 運算子。這些方法會在後續的章節中更詳細解說。

```
>>> items.__add__([73, 101])
[37, 42, 73, 101]
>>>
```

class 述句用來定義新型別（types）的物件，並用於物件導向程式設計（object-oriented programming）。舉例來說，下面這個類別（class）定義帶有 push() 和 pop()運算的一種堆疊（stack）：

```
class Stack:
    def __init__(self):            # 初始化此堆疊
        self._items = [ ]

    def push(self, item):
        self._items.append(item)

    def pop(self):
        return self._items.pop()

    def __repr__(self):
```

```
            return f'<{type(self).__name__} at 0x{id(self):x}, size={len(self)}>'

    def __len__(self):
        return len(self._items)
```

在類別定義中，方法是以 def 述句來定義的。每個方法的第一個引數總是指涉該物件本身。依照慣例，self 會是這個引數的名稱。涉及到一個物件之屬性（attributes）的所有運算都必須明確參考這個 self 變數。

帶有前導和尾隨雙底線的方法是特殊方法（special methods）。例如，__init__ 用來初始化一個物件。在此例中，__init__ 創建了一個內部串列來儲存堆疊資料。

要使用一個類別，請寫出像這樣的程式碼：

```
s = Stack()                # 創建一個堆疊
s.push('Dave')             # 推放一些東西到其上
s.push(42)
s.push([3, 4, 5])
x = s.pop()                # x 獲得 [3,4,5]
y = s.pop()                # y 獲得 42
```

在這個類別中，你會注意到方法使用了一個內部的 _items 變數。Python 並沒有任何隱藏或保護資料的機制。不過有一個程式設計慣例，即前面帶有單一個底線的名稱會被認為是「私有（private）」的。在這個例子中，_items 應該被（你）視為內部實作，不會在 Stack 類別本身之外使用。請注意，這個慣例並不會強制施行，如果你想存取 _items，你還是可以在任何時候那樣做。只是你得在你的同事審查你的程式碼時回答他們的問題。

__repr__() 和 __len__() 方法的存在是為了使物件與其餘的環境很好地配合。在此，__len__() 使一個 Stack 能與內建的 len() 函式並用，而 __repr__() 則改變了一個 Stack 的顯示和列印方式。總是定義 __repr__() 會是一個好主意，因為它可以簡化除錯工作。

```
>>> s = Stack()
>>> s.push('Dave')
>>> s.push(42)
>>> len(s)
2
>>> s
<Stack at 0x10108c1d0, size=2>
>>>
```

物件的一個主要功能是你可以藉由繼承（inheritance）來為現有的類別新增或重新定義其能力。

假設你想要新增一個方法來對調（swap）堆疊最頂端的兩個項目。你可能會寫出像這樣的一個類別：

```python
class MyStack(Stack):
    def swap(self):
        a = self.pop()
        b = self.pop()
        self.push(a)
        self.push(b)
```

MyStack 完全等同於 Stack，只不過它會有一個新的方法，即 swap()。

```python
>>> s = MyStack()
>>> s.push('Dave')
>>> s.push(42)
>>> s.swap()
>>> s.pop()
'Dave'
>>> s.pop()
42
>>>
```

繼承也可以用來改變一個現有方法的行為。假設你想要限制這種堆疊只存放數值資料（numeric data），就寫一個像這樣的類別：

```python
class NumericStack(Stack):
    def push(self, item):
        if not isinstance(item, (int, float)):
            raise TypeError('Expected an int or float')
        super().push(item)
```

在這個例子中，push() 方法已被重新定義為新增了額外的檢查。super() 運算是調用之前 push() 定義的一種方式。這裡是此類別運作起來的樣子：

```python
>>> s = NumericStack()
>>> s.push(42)
>>> s.push('Dave')
Traceback (most recent call last):
    ...
TypeError: Expected an int or float
>>>
```

經常，繼承並非最佳解法。假設你想要定義一個基於堆疊的有 4 個功能的簡單計算器（calculator），並希望其運作方式如下：

```
>>> # 計算 2 + 3 * 4
>>> calc = Calculator()
>>> calc.push(2)
>>> calc.push(3)
>>> calc.push(4)
>>> calc.mul()
>>> calc.add()
>>> calc.pop()
14
>>>
```

你讀了這段程式碼，發現有用到 push() 和 pop()，可能就會想說 Calculator 能以繼承自 Stack 的方式來定義。雖然那也行得通，但最好可能還是把 Calculator 定義為一個完全分開的類別：

```python
class Calculator:
    def __init__(self):
        self._stack = Stack()

    def push(self, item):
        self._stack.push(item)

    def pop(self):
        return self._stack.pop()

    def add(self):
        self.push(self.pop() + self.pop())

    def mul(self):
        self.push(self.pop() * self.pop())

    def sub(self):
        right = self.pop()
        self.push(self.pop() - right)

    def div(self):
        right = self.pop()
        self.push(self.pop() / right)
```

在這個實作中，一個 Calculator 包含一個 Stack 作為內部實作細節。這是合成（composition）的一個例子。push() 和 pop() 方法把工作委派（delegate）給了內部的 Stack。採取這種做法的主要原因是，你並沒有真的把 Calculator（計算器）當成一個 Stack（堆疊）。它是分別的概念，是不同種類的物件。以此類推，你的手機包含一個中央處理單元（central processing unit，CPU），但你通常不會認為你的手機是 CPU 的一種。

1.17　模組

隨著你的程式變大，你會想要把它們拆成多個檔案以便維護。要這麼做，請使用 import 述句。要創建一個模組（module），就把相關的述句和定義放到帶有 .py 後綴的一個檔案中，而其名稱與模組相同。這裡有個例子：

```
# readport.py
#
# 讀取由 'NAME,SHARES,PRICE' 資料所構成的一個檔案

def read_portfolio(filename):
    portfolio = []
    with open(filename) as file:
        for line in file:
            row = line.split(',')
            try:
                name = row[0]
                shares = int(row[1])
                price = float(row[2])
                holding = (name, shares, price)
                portfolio.append(holding)
            except ValueError as err:
                print('Bad row:', row)
                print('Reason:', err)
    return portfolio
```

要在其他檔案中使用你的模組，就用 import 述句。舉例來說，這裡有個 pcost.py 模組，它用到前面的 read_portfolio() 函式：

```
# pcost.py

import readport

def portfolio_cost(filename):
    '''
    計算一個投資組合（portfolio）的總股份（shares）乘以價格（price）
    '''
    port = readport.read_portfolio(filename)
    return sum(shares * price for _, shares, price in port)
```

import 述句創建了一個新的命名空間（namespace，或「環境」，environment），並在該命名空間中執行所關聯的 .py 檔案中的所有述句。要在匯入（import）後存取命名空間的內容，就用模組的名稱作為前綴，如前面例子中的 readport.read_portfolio()。

如果 import 述句失敗，出現 ImportError 例外，你就得在你的環境中檢查一些東西。首先，確保你有建立一個叫做 readport.py 的檔案。接著，檢查 sys.path 上列出的目錄。如果你的檔案不是儲存在那些目錄之一中，Python 將無法找到它。

如果你想用不同的名字匯入一個模組，就在 import 述句中提供一個選擇性的 as 限定詞（qualifier）：

```
import readport as rp
port = rp.read_portfolio('portfolio.dat')
```

要把特定的定義匯入到目前的命名空間，就用 from 述句：

```
from readport import read_portfolio
port = read_portfolio('portfolio.dat')
```

就跟物件一樣，dir() 函式也會列出一個模組的內容。它會是互動式實驗的實用工具。

```
>>> import readport
>>> dir(readport)
['__builtins__', '__cached__', '__doc__', '__file__', '__loader__',
  '__name__', '__package__', '__spec__', 'read_portfolio']
...
>>>
```

Python 提供了一個大型的模組標準程式庫，可以簡化某些程式設計任務。例如，csv 模組是一個處理逗號分隔值（comma-separated values）檔案的標準程式庫。你能在你的程式中使用它，如下：

```
# readport.py
#
# 讀取由 'NAME,SHARES,PRICE' 資料所構成的一個檔案

import csv

def read_portfolio(filename):
    portfolio = []
    with open(filename) as file:
        rows = csv.reader(file)
```

```
        for row in rows:
            try:
                name = row[0]
                shares = int(row[1])
                price = float(row[2])
                holding = (name, shares, price)
                portfolio.append(holding)
            except ValueError as err:
                print('Bad row:', row)
                print('Reason:', err)
    return portfolio
```

Python 也有為數眾多的第三方模組（third-party modules）可以安裝來解決幾乎是可以想像到的任何任務（包括讀取 CSV 檔案）。請參閱 https://pypi.org。

1.18   指令稿撰寫

任何檔案都可以作為一個指令稿（script）執行，或作為一個程式庫（library）以 import 匯入。為了對匯入有更好的支援，指令稿程式碼經常會圍有一個條件式，以檢查模組名稱：

```
# readport.py
#
# 讀取由 'NAME,SHARES,PRICE' 資料所構成的一個檔案

import csv

def read_portfolio(filename):
    ...

def main():
    portfolio = read_portfolio('portfolio.csv')
    for name, shares, price in portfolio:
        print(f'{name:>10s} {shares:10d} {price:10.2f}')

if __name__ == '__main__':
    main()
```

__name__ 是一個內建的變數，它總是包含外圍模組（enclosing module）的名稱。如果一個程式被作為主指令稿執行，使用像是 python readport.py 這樣的命令，__name__ 變數就會被設為 '__main__'。否則，如果是使用 import readport 這類的述句來匯入程式碼，__name__ 變數就會被設為 'readport'。

如前面所示，該程式被寫定要使用 'portfolio.csv' 這個檔名。取而代之，你可能想提示使用者輸入一個檔名，或接受檔名作為一個命令列引數。要做到這一點，可以使用內建的 input() 函式或 sys.argv 串列。舉例來說，這裡是那個 main() 函式修改過的版本：

```python
def main(argv):
    if len(argv) == 1:
        filename = input('Enter filename: ')
    elif len(argv) == 2:
        filename = argv[1]
    else:
        raise SystemExit(f'Usage: {argv[0]} [ filename ]')
    portfolio = read_portfolio(filename)
    for name, shares, price in portfolio:
        print(f'{name:>10s} {shares:10d} {price:10.2f}')

if __name__ == '__main__':
    import sys
    main(sys.argv)
```

這個程式可以從命令列以兩種不同方式執行：

```
bash % python readport.py
Enter filename: portfolio.csv
...
bash % python readport.py portfolio.csv
...
bash % python readport.py a b c
Usage: readport.py [ filename ]
bash %
```

對於非常簡單的程式，像前面那樣處理在 sys.argv 中的引數通常就夠了。對於更進階的用法，可以使用 argparse 標準程式庫。

1.19　套件

在大型程式中，將程式碼組織為套件（packages）是很常見的事。一個套件是模組所構成的一個階層架構式的群集（a hierarchical collection of modules）。在檔案系統（filesystem）上，把你的程式碼放在一個目錄中作為一個群集的檔案，像這樣：

```
tutorial/
    __init__.py
    readport.py
```

```
pcost.py
stack.py
...
```

這個目錄應該要有一個 `__init__.py` 檔案，它可以是空的。一旦你做好了這些，你應該就能發出巢狀的匯入述句（nested import statements）。例如：

```
import tutorial.readport

port = tutorial.readport.read_portfolio('portfolio.dat')
```

如果你不喜歡這麼長的名稱，你可以像這樣使用匯入來縮短它：

```
from tutorial.readport import read_portfolio

port = read_portfolio('portfolio.dat')
```

套件的一個比較棘手的議題是，在同一個套件中的檔案之間進行匯入。在前面的例子中，展示了一個 `pcost.py` 模組，其開頭帶有像這樣的一個匯入：

```
# pcost.py
import readport
...
```

如果 `pcost.py` 與 `readport.py` 被移到一個套件中，這個 `import` 述句就會出錯。要修正它，你必須使用一個具有完整資格修飾（fully qualified）的模組匯入：

```
# pcost.py
from tutorial import readport
...
```

又或者，你可以使用套件相對（package-relative）的匯入，像這樣：

```
# pcost.py
from . import readport
...
```

後面這種形式具有不會把套件名稱寫死的好處。這讓我們之後能夠更輕易重新命名一個套件，或在你的專案中移動它。

關於套件的其他細節將在之後涵蓋（參閱第 8 章）。

1.20　應用程式的結構

隨著你開始撰寫更多的 Python 程式碼，你可能會發現自己正在開發更大型的應用程式，其中混合了你自己的程式碼和第三方的依存關係（third-party dependencies）。管理所有的這些是一個複雜的主題，並持續發展中。關於什麼構成「最佳實務做法（best practice）」，也有許多相互矛盾的意見。然而，你應該知道它的幾個基本面向。

首先，標準的做法是將大型源碼庫（code bases）組織成套件（即包括特殊 __init__.py 檔案的 .py 檔案目錄）。這樣做的時候，要為頂層目錄（top-level directory）挑選一個唯一的套件名稱。這個套件目錄（package directory）的主要用途是管理 import 述句和寫程式時使用的模組之命名空間。你會希望把你的程式碼與其他人的程式碼隔離開來。

除了你主要專案的原始碼（source code）之外，你可能還有測試（tests）、範例（examples）、指令稿和說明文件（documentation）。這些額外的材料通常存在於一組單獨的目錄中，而不在包含你原始碼的套件中。因此，通常會為你的專案建立一個外圍的頂層目錄（enclosing top-level directory），並將你所有的作品放在這個目錄下。舉例來說，一個相當典型的專案組織方式看起來可能像這樣：

```
tutorial-project/
    tutorial/
        __init__.py
        readport.py
        pcost.py
        stack.py
        ...
    tests/
        test_stack.py
        test_pcost.py
        ...
    examples/
        sample.py
        ...
    doc/
        tutorial.txt
    ...
```

請記住，有不止一種方式可以做到這一點。你要解決的問題之本質可能決定了一種不同的結構。儘管如此，只要你主要的那組原始碼檔存在於一個適當的套件（同樣也是具有 __init__.py 檔案的目錄）裡，應該就沒有問題了。

1.21　管理第三方套件

Python 有一個龐大的套件程式庫，可以在 Python Package Index
（https://pypi.org）找到。你可能需要在自己的程式碼中依存這些套件中的某一
些。要安裝一個第三方的套件（third-party package），請使用 pip 之類的命令：

```bash
bash % python3 -m pip install somepackage
```

安裝好的套件被放置在一個特殊的 site-packages 目錄中，如果你檢視
sys.path 的值，就可以發現這個目錄。舉例來說，在 UNIX 機器上，套件可能被放在
/usr/local/lib/python3.8/site-packages 中。如果你想知道套件是從哪裡來的，可
以在直譯器中匯入一個套件後查看它的 __file__ 屬性：

```
>>> import pandas
>>> pandas.__file__
'/usr/local/lib/python3.8/site-packages/pandas/__init__.py'
>>>
```

安裝套件的一個潛在問題是，你可能沒有權限去改變本地安裝的 Python 版本。即使
你有權限，這可能也不是一個好主意。舉例來說，許多系統已經安裝了 Python 供各
種系統工具使用。更動所安裝的那個版本的 Python 通常是個壞主意。

要建立一個沙箱（sandbox），讓你可以安裝套件並在那裡工作，而不用擔心破壞任
何東西，就用這樣的命令創建一個虛擬環境（*virtual environment*）：

```bash
bash % python3 -m venv myproject
```

這會在一個叫做 myproject/ 的目錄中為你設置一個專用的 Python 安裝
（installation）。在這個目錄中，你會發現一個直譯器執行檔（interpreter
executable）和程式庫，在其中你可以安全地安裝套件。舉例來說，如果你執行
myproject/bin/python3，你會得到一個為你個人使用而配置的直譯器。你可以在這
個直譯器中安裝套件，而不必擔心破壞預設 Python 安裝的任何部分。要安裝一個套
件，就像之前一樣使用 pip，但要確保指定了正確的直譯器：

```bash
bash % ./myproject/bin/python3 -m pip install somepackage
```

有各種工具旨在簡化 pip 和 venv 的使用。這些問題也可能由你的 IDE 自動處理。由
於這是 Python 持續變動和不斷發展的一個部分，所以這裡沒有給出進一步的建議。

1.22　Python：你的大腦放得下它

在 Python 初期，「你的大腦能夠容納它（it fits your brain）」是一個常見的格言。即使在今天，Python 的核心也是一個小型的程式語言，連同一系列實用的內建物件，例如串列、集合和字典。即便只是本章介紹的基本功能，也有大量的實際問題都可以用它來解決。開始你的 Python 冒險時，這是值得牢記在心的一件好事：儘管總是有更複雜的方式能解決一個問題，但也可能有某種簡單的方式能透過 Python 已經提供的基本功能來完成。感到迷惘時，你可能會感謝過去的自己有這麼做。

運算子、運算式和資料操作

本章描述 Python 的運算式（expressions）、運算子（operators）以及與資料運算有關的估算規則（evaluation rules）。運算式是進行實用計算的核心所在。此外，第三方程式庫可以自訂 Python 的行為以提供更好的使用者體驗。本章在較高的層次上描述運算式。第 3 章描述可以用來自訂直譯器行為的底層協定（protocols）。

2.1 字面值

字面值（literal）是指直接輸入到程式中的值，例如 42、4.2 或 'forty-two'。

整數字面值（integer literals）表示一個任意大小的有號整數值（signed integer value）。可以用二進位（binary）、八進位（octal）或十六進位（hexadecimal）來指定整數：

```
42              # 十進位整數
0b101010        # 二進位整數
0o52            # 八進位整數
0x2a            # 十六進位整數
```

其基數（base）不會儲存為整數值的一部分。上述所有的字面值如果列印出來，都會顯示為 42。你可以使用內建函式 bin(x)、oct(x) 或 hex(x) 來將一個整數轉換為其值在不同基數之下的字串表徵。

浮點數（floating-point numbers）可以透過添加小數點或使用科學記號（scientific notation）寫出，其中 e 或 E 指定一個指數（exponent）。下面這些都是浮點數：

```
4.2
42.
.42
4.2e+2
```

```
4.2E2
-4.2e-2
```

在內部，浮點數會被儲存為 IEEE 754 雙精度（double-precision，64 位元）值。

在數字字面值中，單底線（underscore，_）可被用作數位（digits）之間的視覺分隔符。例如：

```
123_456_789
0x1234_5678
0b111_00_101
123.789_012
```

這種數位分隔符（digit separator）不會被儲存為數字的一部分，只是用來讓原始碼中大的數字字面值更容易閱讀。

Boolean 字面值寫成 True 和 False。

字串字面值的撰寫方式是以單、雙或三重引號圍住字元。單或雙引號字串必須出現在同一行。三引號字串（triple-quoted strings）可以跨越多行。例如：

```
'hello world'
"hello world"
'''hello world'''
"""hello world"""
```

元組、串列和字典字面值的撰寫方式如下：

```
(1, 2, 3)              # 元組
[1, 2, 3]              # 串列
{1, 2, 3}              # 集合
{'x':1, 'y':2, 'z':3}  # 字典
```

2.2　運算式和位置

一個運算式代表一個計算（computation），它會被估算（evaluates）為一個具體的值（value）。它由字面值、名稱、運算子和函式或方法呼叫的組合所構成。一個運算式永遠都可以出現在一個指定述句（assignment statement）的右手邊、在其他運算式的運算中被用作運算元（operand）使用，或者作為函式引數（function argument）傳遞。比如說：

```
value = 2 + 3 * 5 + sqrt(6+7)
```

運算子（operators），例如 +（加法）或 *（乘法），表示在作為運算元而提供的物件上所進行的運算（operation）。sqrt() 是套用到輸入引數的一個函式。

指定（assignment）的左手邊代表一個位置（location），用來儲存對某個物件的一個參考（reference）。這個位置，如前面的例子所示，可能是一個簡單的識別字（identifier），如 value。它也可以是一個物件的某個屬性（attribute）或一個容器（container）中的某個索引（index）。比如說：

```
a = 4 + 2
b[1] = 4 + 2
c['key'] = 4 + 2
d.value = 4 + 2
```

從一個位置讀回一個值，也是一個運算式。例如：

```
value = a + b[1] + c['key']
```

值的指定和運算式的估算是不同的概念。特別是，你不能把指定運算子當作運算式的一部分：

```
while line=file.readline():          # 語法錯誤（Syntax Error）
    print(line)
```

然而，一個「指定運算式（assignment expression）」運算子（:=）就可用來進行運算式估算和指定相結合的這種動作。例如：

```
while (line:=file.readline()):
    print(line)
```

:= 運算子通常會與 if 和 while 之類的述句組合使用，事實上，把它當作一個普通的指定運算子使用會導致語法錯誤，除非你在它周圍放上括弧。

2.3　標準運算子

我們可以讓 Python 物件與表 2.1 中的任何運算子一起工作。

通常這些運算子會有一個數值解讀方式（numeric interpretation）。然而，有一些值得注意的特例。舉例來說，+ 運算子也被用來串接序列；* 運算子會重複複製（replicates）序列；- 用於集合的差（set differences），而 % 進行字串格式化：

```
[1,2,3] + [4,5]      # [1,2,3,4,5]
[1,2,3] * 4          # [1,2,3,1,2,3,1,2,3,1,2,3]
'%s has %d messages' % ('Dave', 37)
```

對運算子的檢查是一個動態的過程。如果該運算有一個直觀意義上的運作方式，那麼涉及混合資料型別的運算通常就會「行得通（work）」。例如，你可以把整數和分數（fractions）相加：

```
>>> from fractions import Fraction
>>> a = Fraction(2, 3)
>>> b = 5
>>> a + b
Fraction(17, 3)
>>>
```

表 **2.1**　標準運算子

運算	描述
x + y	加法（Addition）
x - y	減法（Subtraction）
x * y	乘法（Multiplication）
x / y	除法（Division）
x // y	截斷式除法（Truncating division）
x @ y	矩陣乘法（Matrix multiplication）
x ** y	乘冪（Power，x 的 y 次方）
x % y	模數（Modulo，x mod y）。餘數（Remainder）。
x << y	左移（Left shift）
x >> y	右移（Right shift）
x & y	位元 AND（Bitwise and）
x | y	位元 OR（Bitwise or）
x ^ y	位元 XOR（Bitwise xor，exclusive or）
~x	位元否定（Bitwise negation）
-x	一元減（Unary minus）
+x	一元加（Unary plus）
abs(x)	絕對值（Absolute value）
divmod(x,y)	回傳 (x // y, x % y)
pow(x,y [,modulo])	回傳 (x ** y) % modulo
round(x,[n])	捨入（Rounds）至最接近的 10 的 -n 次方的倍數

然而，這並非總是萬無一失。舉例來說，它無法用於十進位數字（decimals）。

```
>>> from decimal import Decimal
>>> from fractions import Fraction
```

```
>>> a = Fraction(2, 3)
>>> b = Decimal('5')
>>> a + b
Traceback (most recent call last):
    File "<stdin>", line 1, in <module>
TypeError: unsupported operand type(s) for +: 'Fraction' and 'decimal.Decimal'
>>>
```

不過，對於大多數的數字組合，Python 都遵循 Booleans、整數、分數、浮點數和複數（complex numbers）的標準數字階層架構（standard numeric hierarchy）。混合型別的運算單純就是行得通，你不必擔心這種問題。

2.4　就地指定

Python 提供了「就地（in-place）」或「擴增（augmented）」的運算，如表 2.2 中所列。

表 2.2　擴增的指定運算子

運算	描述
x += y	x = x + y
x -= y	x = x - y
x *= y	x = x * y
x /= y	x = x / y
x //= y	x = x // y
x **= y	x = x ** y
x %= y	x = x % y
x @= y	x = x @ y
x &= y	x = x & y
x |= y	x = x | y
x ^= y	x = x ^ y
x >>= y	x = x >> y
x <<= y	x = x << y

這些不被視為運算式。取而代之，它們是就地更新一個值（updating a value in place）用的便利語法。例如：

```
a = 3
a = a + 1                    # a = 4
a += 1                       # a = 5
```

可變物件（mutable objects）能夠使用這些運算子來進行資料的就地變動（in-place mutation）運算，以作為一種最佳化方式。考慮這個例子：

```
>>> a = [1, 2, 3]
>>> b = a              # 創建對 a 的一個新參考
>>> a += [4, 5]        # 就地更新（不建立一個新的串列）
>>> a
[1, 2, 3, 4, 5]
>>> b
[1, 2, 3, 4, 5]
>>>
```

在這個例子中，a 和 b 都是對相同串列的參考。當 a += [4, 5] 被執行，它會就地更新那個串列物件，而不會創建一個新的串列。因此，b 也會看得到這個更新。這經常出人意料。

2.5　物件比較

相等性運算子（equality operator，x == y）測試 x 和 y 的值是否相等。在串列和元組的情況下，它們必須有相等的大小、有相同的元素，並且有同樣的順序。對於字典來說，只有當 x 和 y 具有相同的鍵值集合（set of keys），而且具有相同鍵值的物件都擁有相同的值之時，才會回傳 True。如果兩個集合有相同的元素，它們就是相等的。

在型別不相容的物件（例如一個檔案和一個浮點數）之間進行相等性比較時，不會引發錯誤，而是回傳 False。然而，有時不同型別的物件之間的比較會產生 True。舉例來說，比較一個整數和一個等值的浮點數：

```
>>> 2 == 2.0
True
>>>
```

同一性運算子（identity operators，x is y 和 x is not y）會測試兩個值，看看它們是否都參考到記憶體中的同一個物件（例如 id(x) == id(y)）。一般來說，x == y 可能成立，但 x is not y 不成立。例如：

```
>>> a = [1, 2, 3]
>>> b = [1, 2, 3]
>>> a is b
False
>>> a == b
```

```
True
>>>
```

實務上，用 `is` 運算子來比較物件幾乎永遠都不會是你想要的。所有的比較都使用 `==` 運算子，除非你有很好的理由預期兩個物件是同一個。

2.6　有序的比較運算子

表 2.3 中的有序比較運算子（ordered comparison operators）對數字來說有標準的數學解讀方式。它們會回傳一個 Boolean 值。

表 2.3　有序的比較運算子

運算	描述
x < y	小於（Less than）
x > y	大於（Greater than）
x >= y	大於或等於（Greater than or equal to）
x <= y	小於或等於（Less than or equal to）

對集合來說，`x < y` 測試 x 是否為 y 的嚴格子集（strict subset，即有較少的元素，但不等於 y）。

比較兩個序列（sequences）時，每個序列的第一個元素會被比較。如果它們不同，這就決定了結果。如果它們是相同的，比較動作就轉移到每個序列的第二個元素。這個流程會持續進行，直到找到兩個不同的元素，或者兩個序列中都沒有更多的元素存在了為止。若是到達了兩個序列的尾端，這兩個序列就會被視為是相等的。如果 a 是 b 的一個子序列（subsequence），那麼 `a < b`。

字串和位元組（bytes）的比較是使用詞典順序（lexicographical ordering）。每個字元都被分配一個唯一的數值索引，由字元集（character set，例如 ASCII 或 Unicode）所決定。如果一個字元的索引小於另一個字元的索引，那麼它就小於另一個字元。

不是所有的型別都支援有序比較。舉例來說，試圖在字典上使用 `<` 是未定義的，會導致 `TypeError`。同樣地，對不相容的型別（如字串和數字）套用有序比較會導致一個 `TypeError`。

2.7　Boolean 運算式和真假值

and、or 和 not 運算子可以構成複雜的 Boolean 運算式。這些運算子的行為如表 2.4 中所示。

表 2.4　邏輯運算子（Logical Operators）

運算子	描述
x or y	如果 x 為假（false），就回傳 y；否則回傳 x。
x and y	如果 x 為假，就回傳 x；否則回傳 y。
not x	如果 x 為假，就回傳 True；否則回傳 False。

當你使用運算式來判斷真假值時，True、任何非零的數字、非空的字串、串列、元組或字典，都會被認為是真（true）。False、零，None，和空的（empty）串列，元組，和字典都會被估算為假（false）。

Boolean 運算式會從左到右被估算，只有在確定最終值必須用到時，才會消耗右運算元。例如，a 和 b 只有在 a 為真時才會估算 b。這就是所謂的短路估算（short-circuit evaluation）。它對於簡化涉及測試和後續運算的程式碼來說很有用。比如說：

```
if y != 0:
    result = x / y
else:
    result = 0

# 替代方式
result = y and x / y
```

在第二個版本中，x / y 除法只會在 y 為非零時，才會進行。

仰賴物件的「真值性（truthiness）」可能會導致難以追查的臭蟲。舉例來說，考慮這個函式：

```
def foo(x, items=None):
    if not items:
        items = []
    items.append(x)
    return items
```

這個函式具有一個選擇性的引數，若沒提供，會導致一個新的串列被創建並回傳。例如：

```
>>> foo(4)
[4]
>>>
```

然而，如果你給它一個現有的空串列作為引數，此函式會有相當奇怪的行為：

```
>>> a = []
>>> foo(3, a)
[3]
>>> a          # 注意到 a 並沒有被更新
[]
>>>
```

這是一個真值檢查（truth-checking）的臭蟲。空串列會被估算為 False，所以這段程式碼會創建一個新的串列，而非使用傳入作為引數的那一個（a）。要修正這一點，你對 None 的檢查要更精確一點才行：

```
def foo(x, items=None):
    if items is None:
        items = []
    items.append(x)
    return items
```

撰寫條件式檢查時，精確一點總會是最佳的實務做法。

2.8　條件運算式

一個常見的程式設計模式是依據一個運算式的結果條件式地（conditionally）指定一個值。例如：

```
if a <= b:
    minvalue = a
else:
    minvalue = b
```

這段程式碼可以使用一個條件運算式（conditional expression）來縮短。例如：

```
minvalue = a if a <= b else b
```

在這樣的運算式中，中間的條件會先被估算。如果結果為 True，就會接著估算 if 左邊的運算式。否則，else 後面的運算式就會被估算。那個 else 子句（clause）是絕對必要的。

2.9　涉及可迭代物件的運算

迭代（iteration）是所有的 Python 容器（containers，例如串列、字典等等）、檔案以及產生器函式（generator functions）都支援的一個重要的 Python 功能。表 2.5 中的運算可以套用到任何的可迭代物件（iterable object）s。

表 2.5　可迭代物件上的運算

運算	描述
`for vars in s:`	迭代（Iteration）
`v1, v2, ... = s`	變數拆分（Variable unpacking）
`x in s`、`x not in s`	成員資格（Membership）
`[a, *s, b]`、`(a, *s, b)`、`{a, *s, b}`	串列、元組或集合字面值中的展開（Expansion）

可迭代物件上最基本的運算是 `for` 迴圈。這是你一個接著一個迭代過那些值的方式。所有其他的運算都建立在這個基礎之上。

`x in s` 運算子測試物件 x 是否作為可迭代物件 s 所產生的項目之一出現，並回傳 `True` 或 `False`。`x not in s` 運算子等同於 `not (x in s)`。對於字串，`in` 和 `not in` 運算子接受子字串（substrings）。舉例來說，`'hello' in 'hello world'` 會產生 `True`。請注意，`in` 運算子不支援通配符（wildcards）或任何類型的模式比對（pattern matching）。

支援迭代的任何物件都可以把它的值拆分到一系列的位置。比如說：

```
items = [ 3, 4, 5 ]
x, y, z = items          # x = 3, y = 4, z = 5

letters = "abc"
x, y, z = letters        # x = 'a', y = 'b', z = 'c'
```

左邊的位置並不一定要是簡單的變數名稱。能夠出現在一個等號左手邊的任何有效位置都是可接受的。因此，你可以寫出像這樣的程式碼：

```
items = [3, 4, 5]
d = { }
d['x'], d['y'], d['z'] = items
```

把值拆分到位置中時，左邊的位置數量必須與右邊可迭代物件中的項目數量完全匹配。對於巢狀資料結構（nested data structures），要透過遵循相同的結構模式來匹配位置和資料。考慮一下這個拆分兩個巢狀的 3 元組（3-tuples）的例子：

```
datetime = ((5, 19, 2008), (10, 30, "am"))
(month, day, year), (hour, minute, am_pm) = datetime
```

有時在拆分的時候，_ 變數會被用來表示要丟棄的值。舉例來說，如果你只在意日（day）和小時（hour），你可以用：

```
(_, day, _), (hour, _, _) = datetime
```

如果要拆分的項目數量是未知的，你可以使用一種擴充形式的拆分，即在其中包括一個帶星號的變數（starred variable），例如下列範例中的 *extra：

```
items = [1, 2, 3, 4, 5]
a, b, *extra = items      # a = 1, b = 2, extra = [3,4,5]
*extra, a, b              # extra = [1,2,3], a = 4, b = 5
a, *extra, b              # a = 1, extra = [2,3,4], b = 5
```

在這個例子中，*extra 會接收所有額外的項目。它永遠都會是一個串列。拆分單一個可迭代物件時，所用的星號變數不能超過一個。然而，拆分涉及到不同可迭代物件的更複雜的資料結構時，就能使用多個星號變數。例如：

```
datetime = ((5, 19, 2008), (10, 30, "am"))

(month, *_), (hour, *_) = datetime
```

撰寫串列、元組或集合字面值的時候，任何的可迭代物件都能被展開。這也是透過星號（*）的使用來進行的。例如：

```
items = [1, 2, 3]
a = [10, *items, 11]     # a = [10, 1, 2, 3, 11]        （串列）
b = (*items, 10, *items) # b = [1, 2, 3, 10, 1, 2, 3]   （元組）
c = {10, 11, *items}     # c = {1, 2, 3, 10, 11}        （集合）
```

在這個例子中，items 的內容單純會被複製到正在創建的串列、元組或集合中，就像你在那個位置上打字輸入一樣。這種展開（expansion）被稱為「splatting」。定義一個字面值時，你可以包括任意多個的 * 展開。然而，許多可迭代物件（如檔案或產生器）只支援一次性的迭代（one-time iteration）。如果你用了 * 展開，內容就會被消耗掉，而該可迭代物件在隨後的迭代中將不會再產生任何值。

有各式各樣的內建函式都接受可迭代的任何物件作為輸入。表 2.6 顯示了其中的一些運算。

表 **2.6**　消耗可迭代物件的函式

函式	描述
list(s)	從 s 創建出一個串列
tuple(s)	從 s 創建出一個元組
set(s)	從 s 創建出一個集合
min(s [,key])	s 中最小的項目（Minimum item）
max(s [,key])	s 中最大的項目（Maximum item）
any(s)	若 s 中有任何項目為真，就回傳 True
all(s)	若 s 中所有的項目都為真，就回傳 True
sum(s [, initial])	帶有一個選擇性初始值（initial value）的項目總和（Sum）
sorted(s [, key])	創建一個排序過的串列（sorted list）

這也適用於許多其他的程式庫函式，例如 **statistics** 模組中的函式。

2.10　序列上的運算

一個序列（sequence）是一個可迭代的容器（iterable container），它有一個大小（size），並允許透過從 0 起算的一個整數索引（integer index）來存取項目。例子包括字串、串列和元組。除了所有涉及迭代的運算外，表 2.7 中的運算子也可以套用到序列。

表 **2.7**　序列上的運算

運算	描述
s + r	串接（Concatenation）
s * n：、n * s	製作 s 的 n 個拷貝，其中 n 是一個整數
s[i]	索引（Indexing）
s[i:j]	切片（Slicing）
s[i:j:stride]	擴充式的切片（Extended slicing）
len(s)	長度（Length）

+ 運算子串接相同型別的兩個序列。例如：

```
>>> a = [3, 4, 5]
>>> b = [6, 7]
>>> a + b
[3, 4, 5, 6, 7]
>>>
```

s * n 運算子製作一個序列的 n 個拷貝（copies）。然而，那些會是淺層拷貝（shallow copies），僅透過參考（reference）來複製元素。考慮下列程式碼：

```
>>> a = [3, 4, 5]
>>> b = [a]
>>> c = 4 * b
>>> c
[[3, 4, 5], [3, 4, 5], [3, 4, 5], [3, 4, 5]]
>>> a[0] = -7
>>> c
[[-7, 4, 5], [-7, 4, 5], [-7, 4, 5], [-7, 4, 5]]
>>>
```

注意到對 a 的變更會如何修改串列 c 的每一個元素。在此例中，串列 a 的一個參考被放到串列 b 中。最後，當 a 被修改，這個變化會被傳播到 a 的所有其他副本中。序列乘法的這種行為往往不是程式設計師想要的。這種問題的一個變通之道是透過拷貝 a 的內容來手動建構所複製的序列。這裡有個例子：

```
a = [ 3, 4, 5 ]
c = [list(a) for _ in range(4)] # list() 製作 a 串列的一個拷貝
```

索引運算子 s[n] 回傳一個序列中的第 n 個物件；s[0] 是第一個物件。負值的索引可用來從序列的末端獲取字元。舉例來說，s[-1] 會回傳最後一個項目。除此之外，試圖存取超出範圍的元素，都會導致 IndexError 例外。

切片運算子 s[i:j] 從 s 中擷取由索引為 k 的元素所組成的一個子序列（subsequence），其中 i <= k < j。i 和 j 都必須是整數。若是省略了起始或結束索引，則分別假定為序列的開頭或結尾。負值索引是被允許的，並假定是相對於序列的結尾開始計算。

切片運算子可以被賦予一個選擇性的步幅（stride），即 s[i:j:stride]，它會使該切片跳過某些元素。然而，其行為是比較微妙難懂的。若有提供一個步幅，而 i 是起始索引，j 是結束索引，那麼產生的子序列會是 s[i]、s[i+stride]、s[i+2*stride] 等元素，以此類推，直到抵達索引 j（但不包含它）。這個 stride 也可以是負數。如果起始索引 i 被省略，而 stride 是正的，它將被設為序列的開頭；如果 stride 是負的，則會被設為序列的結尾。如果省略了結束索引 j，而 stride 為正數，它將被設為序列的結尾；如果 stride 為負數，它將被設為序列的開頭。這裡有些例子：

```
a = [0, 1, 2, 3, 4, 5, 6, 7, 8, 9]
a[2:5]      # [2, 3, 4]
a[:3]       # [0, 1, 2]
a[-3:]      # [7, 8, 9]
a[::2]      # [0, 2, 4, 6, 8 ]
a[::-2]     # [9, 7, 5, 3, 1 ]
a[0:5:2]    # [0, 2, 4]
a[5:0:-2]   # [5, 3, 1]
a[:5:1]     # [0, 1, 2, 3, 4]
a[:5:-1]    # [9, 8, 7, 6]
a[5::1]     # [5, 6, 7, 8, 9]
a[5::-1]    # [5, 4, 3, 2, 1, 0]
a[5:0:-1]   # [5, 4, 3, 2, 1]
```

花俏的切片動作可能會導致之後難以理解的程式碼。因此，可能需要做一些判斷。切片（slices）可以用 slice() 來命名。比如說：

```
firstfive = slice(0, 5)
s = 'hello world'
print(s[firstfive])      # 印出 'hello'
```

2.11　可變序列上的運算

字串和元組是不可變的，創建後無法修改。串列或其他可變序列（mutable sequence）的內容能以表 2.8 中的運算子就地修改。

表 2.8　可變序列的運算

運算	描述
s[i] = x	索引指定（Index assignment）
s[i:j] = r	切片指定（Slice assignment）
s[i:j:stride] = r	擴充的切片指定
del s[i]	刪除一個元素
del s[i:j]	刪除一個切片
del s[i:j:stride]	刪除一個擴充式切片（extended slice）

s[i] = x 運算子把一個序列中的元素 i 改為參考物件 x，增加 x 的參考計數
（reference count）。負值索引相對於串列的結尾來計算，而試著為超出範圍的索引
進行指定會導致 IndexError 例外。切片指定運算子 s[i:j] = r 用序列 r 中的元素替
換元素 k，其中 i <= k < j。索引的含義與切片相同。若有必要，序列 s 的大小可以
擴展或縮減，以容納 r 中的所有元素。這裡有個例子：

```
a = [1, 2, 3, 4, 5]
a[1] = 6              # a = [1, 6, 3, 4, 5]
a[2:4] = [10, 11]     # a = [1, 6, 10, 11, 5]
a[3:4] = [-1, -2, -3] # a = [1, 6, 10, -1, -2, -3, 5]
a[2:] = [0]           # a = [1, 6, 0]
```

你可以提供一個選擇性的步幅（stride）引數給切片指定（slicing assignment）。然
而，這種行為有更多的限制，即右邊的引數必須與被替換的片段有完全相同的元素
數目。這裡有個例子：

```
a = [1, 2, 3, 4, 5]
a[1::2] = [10, 11]      # a = [1, 10, 3, 11, 5]
a[1::2] = [30, 40, 50]  # ValueError。左邊的切片中只有兩個元素。
```

del s[i] 運算子從一個序列中刪除元素 i，並遞減其參考計數。del s[i:j] 刪除一
個片段中的所有元素。你也可以提供一個步幅，像 del s[i:j:stride] 這樣。

這裡描述的語意適用於內建的串列型別。涉及序列切片的運算是第三方套件中一個
豐富的客製化領域。你可能會發現，在非串列物件上的切片對於物件的重新指定、
刪除和共用有不同的規則。舉例來說，熱門的 numpy 套件有與 Python 串列不同的切
片語意。

2.12　集合上的運算

一個集合（set）是唯一值的一個無序群集（an unordered collection of unique values）。
表 2.9 中的運算可以在集合上進行。

表 2.9　集合上的運算

運算	描述
s | t	s 與 t 的聯集（Union）
s & t	s 與 t 的交集（Intersection）
s - t	差集（Set difference，即在 s 中但不在 t 中的項目）

運算	描述
s ^ t	對稱差集（Symmetric difference，不是同時在 s 與 t 中的項目）
len(s)	集合中的項目數（Number of items）
item in s、item not in s	成員資格測試（Membership test）
s.add(item)	新增（Add）一個項目到集合 s
s.remove(item)	從 s 移除（Remove）一個項目，如果它存在的話（否則會是錯誤）
s.discard(item)	從 s 丟棄（Discard）一個項目，如果它存在的話

這裡有些例子：

```
>>> a = {'a', 'b', 'c' }
>>> b = {'c', 'd'}
>>> a | b
{'a', 'b', 'c', 'd'}
>>> a & b
>>> {'c' }
>>> a - b
{'a', 'b'}
>>> b - a
{'d'}
>>> a ^ b
{'a', 'b', 'd'}
>>>
```

集合運算在字典的 key-view（鍵值檢視）和 item-view（項目檢視）物件上也行得通。舉例來說，要找出兩個字典有哪些共同的鍵值，就這樣做：

```
>>> a = { 'x': 1, 'y': 2, 'z': 3 }
>>> b = { 'z': 3, 'w': 4, 'q': 5 }
>>> a.keys() & b.keys()
{ 'z' }
>>>
```

2.13 映射上的運算

一個映射（mapping）是鍵值（keys）與值（values）之間的一種關聯（association）。內建的 dict 型別就是一個例子。表 2.10 中的運算可以套用到映射。

表 **2.10**　映射上的運算

運算	描述
x = m[k]	以鍵值索引（Indexing by key）
m[k] = x	以鍵值指定（Assignment by key）
del m[k]	以鍵值刪除一個項目（Deletes an item by key）
k in m	成員資格測試（Membership testing）
len(m)	映射中的項目數（Number of items）
m.keys()	回傳映射包含的鍵值（keys）
m.values()	回傳映射包含的值（values）
m.items()	回傳 (key, value) 對組（pairs）

鍵值可以是任何不可變的物件（immutable object），例如字串、數字或元組。使用一個元組（tuple）作為鍵值時，你可以省略括弧並像這樣寫出以逗號分隔的值：

```
d = { }
d[1,2,3] = "foo"
d[1,0,3] = "bar"
```

在此例中，鍵值代表一個元組，使得上面的指定等同於下列這些：

```
d[(1,2,3)] = "foo"
d[(1,0,3)] = "bar"
```

使用一個元組作為鍵值是在一個映射中建立複合鍵值（composite keys）的一種常見技巧。舉例來說，一個鍵值可能由一個「first name（名字）」和一個「last name（姓氏）」所構成。

2.14　串列、集合與字典概括式

涉及到資料的一個最常見的運算是將一個群集（collection）的資料變換為另一個資料結構。舉例來說，這裡我們拿取一個串列中的所有項目，套用一個運算，然後創建一個新串列：

```
nums = [1, 2, 3, 4, 5]
squares = []
for n in nums:
    squares.append(n * n)
```

因為這種運算太過常見，它也作為一種叫做串列概括式（list comprehension）的運算子以供使用。這裡有上面那段程式碼更精簡的版本：

```
nums = [1, 2, 3, 4, 5]
squares = [n * n for n in nums]
```

套用一個過濾器（filter）到該運算也是可能的：

```
squares = [n * n for n in nums if n > 2] # [9, 16, 25]
```

串列概括式的一般語法如下：

```
[expression for item1 in iterable1 if condition1
            for item2 in iterable2 if condition2
            ...
            for itemN in iterableN if conditionN ]
```

這個語法等同於下列程式碼：

```
result = []
for item1 in iterable1:
    if condition1:
        for item2 in iterable2:
            if condition2:
                ...
                for itemN in iterableN:
                    if conditionN:
                        result.append(expression)
```

串列概括式是處理各種形式串列資料的一種非常實用的方法。這裡有一些實際的例子：

```
# 某些資料（由字典所構成的一個串列）
portfolio = [
  {'name': 'IBM', 'shares': 100, 'price': 91.1 },
  {'name': 'MSFT', 'shares': 50, 'price': 45.67 },
  {'name': 'HPE', 'shares': 75, 'price': 34.51 },
  {'name': 'CAT', 'shares': 60, 'price': 67.89 },
  {'name': 'IBM', 'shares': 200, 'price': 95.25 }
]

# 收集所有名稱：['IBM', 'MSFT', 'HPE', 'CAT', 'IBM' ]
names = [s['name'] for s in portfolio]

# 找出擁有超過 100 個股份的所有條目：['IBM']
more100 = [s['name'] for s in portfolio if s['shares'] > 100 ]
```

```
# 找出股份（shares）* 價格（price）的總額
cost = sum([s['shares']*s['price'] for s in portfolio])

# 收集 (name, shares) 元組
name_shares = [ (s['name'], s['shares']) for s in portfolio ]
```

在一個串列概括式內使用的所有變數都是那個概括式私有的。你不用擔心這種變數會覆寫同名的其他變數。例如：

```
>>> x = 42
>>> squares = [x*x for x in [1,2,3]]
>>> squares
[1, 4, 9]
>>> x
42
>>>
```

除了創建一個串列（list），你也可以透過把方括號（brackets，或稱「中括號」）改成大括號（curly braces，或稱「曲括號」）來創建一個集合（set）。這被稱為集合概括式（set comprehension）。集合概括式會帶給你一組各自不同的值。例如：

```
# 集合概括式
names = { s['name'] for s in portfolio }
# names = { 'IBM', 'MSFT', 'HPE', 'CAT' }
```

如果你指定的是 key:value 對組（pairs），你所創建的會變成一個字典（dictionary）。這被稱為一個字典概括式（dictionary comprehension）。例如：

```
prices = { s['name']:s['price'] for s in portfolio }
# prices = { 'IBM': 95.25, 'MSFT': 45.67, 'HPE': 34.51, 'CAT': 67.89 }
```

建立集合和字典時，要小心後續的條目（entries）可能會覆寫前面的條目。舉例來說，在 prices 字典中，你得到的是 'IBM' 最後的價格。第一個價格遺失了。

在一個概括式中，你沒辦法包括任何種類的例外處理。如果這是問題，那就考慮用一個函式包裹例外，如這裡所示：

```
def toint(x):
    try:
        return int(x)
    exceptValueError:
        return None

values = [ '1', '2', '-4', 'n/a', '-3', '5' ]
data1 = [ toint(x) for x in values ]
```

```
# data1 = [1, 2, -4, None, -3, 5]

data2 = [ toint(x) for x in values if toint(x) is not None ]
# data2 = [1, 2, -4, -3, 5]
```

最後一個例子中 toint(x) 的雙重估算能透過 := 運算子的使用來避免。例如：

```
data3 = [ v for x in values if (v:=toint(x)) is not None ]
# data3 = [1, 2, -4, -3, 5]

data4 = [ v for x in values if (v:=toint(x)) is not None and v >= 0 ]
# data4 = [1, 2, 5]
```

2.15　產生器運算式

一個產生器運算式（generator expression）是會跟串列概括式進行同樣的計算但迭代地（iteratively）產生結果的一種物件。其語法和串列概括式相同，只不過你改用括弧（parentheses）而非方括號（brackets）。這裡有個例子：

```
nums = [1,2,3,4]
squares = (x*x for x in nums)
```

不同於串列概括式，一個產生器運算式並不會實際創建一個串列或即刻估算括弧內的運算式。取而代之，它會建立一個產生器物件，經由迭代動作（iteration）視需要產生那些值。如果你檢視上述例子的結果，你會看到下列訊息：

```
>>> squares
<generator object at 0x590a8>
>>> next(squares)
1
>>> next(squares)
4
...
>>> for n in squares:
...     print(n)
9
16
>>>
```

一個產生器運算式只能被使用一次。如果你試著進行第二次迭代，你什麼都不會得到：

```
>>> for n in squares:
...     print(n)
...
>>>
```

串列概括式跟產生器運算式之間有重要但微妙的差異。使用一個串列概括式時，Python 會實際創建含有結果資料的一個串列。使用一個產生器運算式時，Python 會建立一個產生器（generator），它只知道如何在有需要時產生資料。在特定的應用中，這可以大幅改善效能和記憶體的使用率。這裡有個例子：

```
# 讀取一個檔案
f = open('data.txt')                          # 開啟一個檔案
lines = (t.strip() for t in f)                # 讀取文字行，剝除（strip）
                                              # 尾隨和前導的空白
                                              # （trailing/leading whitespace）
comments = (t for t in lines if t[0] == '#')  # 所有的註解（comments）
for c in comments:
    print(c)
```

在這個例子中，擷取文字行和剝除空白的產生器運算式實際上並沒有把整個檔案讀取到並保存在記憶體中。擷取註解的運算式也是如此。取而代之，當程式開始在後面的 for 迴圈中進行迭代時，檔案的文字行才會逐一被讀取。在這個迭代過程中，檔案的文字行是根據需要產生並進行相應的過濾。事實上，在這個過程中，不會有整個檔案都被載入到記憶體中的時候。因此，這是從 1 GB 大小的 Python 原始碼檔案中擷取註解的高效率方法。

與串列概括式不同，產生器運算式並不會創建一個運作起來像序列（sequence）的物件。它不能被索引，而且一般的串列運算（例如 append()）都將無法運作。然而，由產生器運算式所產生的項目可以用 list() 轉換為一個串列：

```
clist = list(comments)
```

傳入作為單一個函式引數時，那一組括弧可以移除。舉例來說，下列述句是等效的：

```
sum((x*x for x in values))
sum(x*x for x in values)        # 額外的括弧移除了
```

在這兩種情況中，都會建立一個產生器 (x*x for x in values)，並將之傳入 sum() 函式。

2.16   屬性（.）運算子

. 點號（dot）運算子用來存取一個物件的屬性（attributes）。這裡有個例子：

```
foo.x = 3
print(foo.y)
a = foo.bar(3,4,5)
```

單一個運算式中可以出現多個點號運算子，例如 foo.y.a.b。點號運算子也可以套用到函式的中間結果（intermediate results），例如 a = foo.bar(3,4,5).spam。然而，從風格上看，程式建立長串屬性查找鏈（chains of attribute lookups）的情況並不常見。

2.17   ()函式呼叫運算子

f(args) 用 來 在 f 上 發 出 一 個 函 式 呼 叫（function call）。函 式 的 每 個 引 數（argument）都是一個運算式。在呼叫函式之前，所有的引數都會從左到右完整的估算過。這被稱為應用次序估算（applicative order evaluation）。關於函式的更多資訊可在第 5 章中找到。

2.18   估算次序

表 2.11 列出了 Python 運算子的運算順序（優先序規則，即「precedence rules」）。除了乘冪（power，**）運算子之外，所有的運算子都是從左到右進行估算的，並且在表中從最高到最低列出了優先序。也就是說，在表格前面先列出的運算子會在後面列出的運算子之前被估算。包含在同一子區段中的運算子，如 x * y、x / y、x // y、x @ y 以及 x % y，都具有相等的優先序。

表 2.11 中的估算順序不會由 x 和 y 的型別（type）決定。因此，即便使用者定義的物件（user-defined objects）可以重新定義個別運算子，也不可能自訂底層的估算次序（evaluation order）、優先序（precedence）和結合性規則（associativity rules）。

表 2.11　估算次序（最高優先序到最低）

運算子	名稱
(...)、[...]、{...}	創建元組、串列和字典
s[i]、s[i:j]	索引和切片
s.attr	屬性查找
f(...)	函式呼叫
+x、-x、~x	一元運算子
x ** y	乘冪（右結合）
x * y、x / y、x // y、x % y、x @ y	乘法、除法、floor 除法、模數、矩陣乘法
x + y、x - y	加法、減法
x << y、x >> y	位元移位
x & y	位元 AND
x ^ y	位元 XOR
x | y	位元 OR
x < y、x <= y、x > y、x >= y、x == y、x !=y、x is y、x is not y、x in y、x not in y	比較、同一性以及序列的成員資格測試
not x	邏輯否定
x and y	邏輯 AND
x or y	邏輯 OR
lambda args: expr	匿名函式
expr if expr else expr	條件運算式
name := expr	指定運算式

優先序規則常導致混淆的一個時機，是在位元 AND（&）和位元 OR（|）被用來表示邏輯 AND（and）和邏輯 OR（or）的時候。例如：

```
>>> a = 10
>>> a <= 10 and 1 < a
True
>>> a <= 10 & 1 < a
False
>>>
```

後面的運算式被估算為 a <= (10 & 1) < a 或 a <= 0 < a。你可以加上括弧來修正這點：

```
>>> (a <= 10) & (1 < a)
True
>>>
```

這看起來好像是一個奧祕的邊緣案例，但它在 numpy 和 pandas 等資料導向的套件有一定的機率會出現。邏輯運算子 and 和 or 無法自訂，所以就用那些位元運算子來代替，儘管它們有更高的優先序，而且在 Boolean 關係中使用時，估算的方式會有所不同。

2.19　結語：資料的秘密生活

Python 最常見的用途之一是在涉及資料操作和分析的應用中。這裡，Python 提供了一種用於思考問題的「領域語言（domain language）」。內建的運算子和運算式是這個語言的核心，其他的東西都是從那開始建立出來的。因此，一旦你以 Python 的內建物件和運算為中心鍛鍊出了某種直覺，你會發現你的這種直覺在任何地方都適用。

舉個例子，假設你正在處理一個資料庫（database），你想迭代過一個查詢（query）所回傳的記錄（records）。很有可能的是，你會使用 for 述句來做這件事。或者，假設你正在處理數值陣列（numeric arrays），想在陣列上進行逐個元素的數學運算。你可能會認為標準的數學運算子會起作用，而你的直覺是正確的。又或者，假設你正在使用一個程式庫透過 HTTP 擷取資料，而且你想存取 HTTP 標頭（headers）的內容。那麼有很高的機會，資料會以一種看起來像字典的方式呈現。

關於 Python 內部協定以及如何自訂它們的更多資訊，將在第 4 章中提供。

3

程式結構和流程控制

本章涵蓋程式結構（program structure）和流程控制（control flow）的細節。主題包括條件式（conditionals）、迴圈（looping）、例外（exceptions）和情境管理器（context managers）。

3.1　程式結構和執行

Python 程式的結構由一連串的述句（statements）所組成的。所有的語言功能，包括變數指定（variable assignment）、運算式（expressions）、函式定義（function definitions）、類別（classes）和模組匯入（module imports），都是與其他所有述句具有同等地位的述句，這意味著任何述句幾乎都可以放在程式的任何地方（雖然有某些述句，如 return，只能出現在函式內部）。舉例來說，這段程式碼在一個條件式中定義了兩個不同版本的函式：

```
if debug:
    def square(x):
        if not isinstance(x,float):
            raise TypeError('Expected a float')
        return x * x
else:
    def square(x):
        return x * x
```

載入原始碼檔案（source files）時，直譯器會以述句出現的順序來執行它們，直到沒有述句要執行為止。這種執行模型（execution model）適用於你作為主程式執行的檔案，也適用於經由 import 載入的程式庫檔案。

3.2　條件式執行

if、else 與 elif 述句控制條件式的程式碼執行（conditional code execution）。一個條件式述句（conditional statement）的一般格式是：

```
if expression:
    statements
elif expression:
    statements
elif expression:
    statements
...
else:
    statements
```

如果沒有要採取什麼動作，你可以省略一個條件式的 else 及 elif 子句。若是某個特定的子句不存在有述句，那就使用 pass：

```
if expression:
    pass                # 待處理：請實作
else:
    statements
```

3.3　迴圈與迭代

你使用 for 和 while 述句來實作迴圈（loops）。這裡有個例子：

```
while expression:
    statements

for i in s:
    statements
```

while 述句會執行一些述句，直到關聯的運算式被估算為假（false）為止。for 述句會迭代過 s 的所有元素，直到沒有更多的元素可用為止。for 述句適用於支援迭代的任何物件。這包括內建的序列型別（sequence types），如串列、元組和字串，但也包括實作了迭代器協定（iterator protocol）的任何物件。

在述句 for i in s 中，變數 i 被稱為迭代變數（iteration variable）。在迴圈的每次迭代中，它都會從 s 接收到一個新的值。迭代變數的範疇（scope）並非 for 述句私屬的。如果之前定義的某個變數有相同的名稱，那麼該值就會被覆寫。此外，迭代變數在迴圈完成後還會保留最後的值。

如果迭代產生的元素是大小相同的可迭代物件（iterables），你可以用這樣的述句將它們的值拆分（unpack）到個別的迭代變數中：

```
s = [ (1, 2, 3), (4, 5, 6) ]

for x, y, z in s:
    statements
```

在這個例子中，s 必須包含或產生可迭代物件，每個都有三個元素。在每次迭代中，變數 x、y 和 z 的內容會被指定為相應的可迭代物件之項目。雖然最常見的是在 s 為一個元組序列（sequence of tuples）時如此使用，但只要 s 中的項目是任何種類的可迭代物件，包括串列、產生器和字串，拆分動作（unpacking）都會是有效的。

有時，在進行拆分時，會使用一個用完即丟的變數（throw-away variable），例如 _。舉例來說：

```
for x, _, z in s:
    statements
```

在這個例子中，仍然會有一個值被放到 _ 變數中，但該變數的名稱暗示著它不怎麼有趣，或不會在後續的述句中使用。

如果一個可迭代物件所產生的項目有不同的大小，你可以使用通配符拆分（wildcard unpacking）來把多個值放到一個變數中。例如：

```
s = [ (1, 2), (3, 4, 5), (6, 7, 8, 9) ]

for x, y, *extra in s:
    statements           # x = 1, y = 2, extra = []
                         # x = 3, y = 4, extra = [5]
                         # x = 6, y = 7, extra = [8, 9]
                         # ...
```

在這個例子中，至少需要兩個值 x 和 y，但 *extra 會接收可能出現的任何其餘的值（extra values）。這些值永遠都會被放到一個串列中。最多只有一個帶星號的變數（starred variable）可以出現在單一次拆分中，但它可以出現在任何位置。因此，這兩種變體都是合法的：

```
for *first, x, y in s:
    ...

for x, *middle, y in s:
    ...
```

跑迴圈時，除了資料值之外，追蹤記錄數值索引（numerical index）有時也有用處。
這裡有個例子：

```
i = 0
for x in s:
    statements
    i += 1
```

Python 提供了一個內建函式 enumerate()，它可被用來簡化這種程式碼：

```
for i, x in enumerate(s):
    statements
```

enumerate(s) 會創建一個迭代器，它會產生元組 (0, s[0])、(1, s[1])、(2, s[2])
等，以此類推。可以透過 enumerate() 的 start 關鍵字引數提供一個開始計數的不同
起始值（starting value）：

```
for i, x in enumerate(s, start=100):
    statements
```

在這個例子中，(100, s[0])、(101, s[1]) 等等的這種形式的元組會被產生出來。另
一個常見的迴圈問題是平行迭代兩個或更多個可迭代物件，舉例來說，寫出一個迴
圈在每次迭代從不同的序列拿取項目：

```
# s 和 t 是兩個序列
i = 0
while i < len(s) and i < len(t):
    x = s[i]    # 從 s 拿取一個項目
    y = t[i]    # 從 t 拿取一個項目
    statements
    i += 1
```

這段程式碼可以用 zip() 函式來簡化。例如：

```
# s 和 t 是兩個序列
for x, y in zip(s, t):
    statements
```

zip(s, t) 把可迭代物件 s 和 t 結合成一個可迭代物件，由元組 (s[0], t[0])、
(s[1], t[1])、(s[2], t[2]) 等所構成，若是長度不等，就會停止在 s 和 t 中最短的
那個。zip() 的結果是一個迭代器（iterator），它會在被迭代時產生結果。如果你希
望這結果被轉換為一個串列，就用 list(zip(s, t))。

要跳出一個迴圈，就使用 break 述句。舉例來說，這段程式碼會從一個檔案讀取文字行，直到遇到一個空的文字行為止：

```
with open('foo.txt') as file:
    for line in file:
        stripped = line.strip()
        if not stripped:
            break           # 一個空白行，停止讀取
        # 處理剔除後的文字行（stripped line）
    ...
```

要跳到一個迴圈的下次迭代（next iteration，即跳過迴圈主體剩餘的部分），就用 continue 述句。當反轉一個測試和再縮排另一層會讓程式內嵌得太深或不必要的複雜，這個述句就很有用。作為一個例子，下列迴圈會跳過一個檔案中所有的空白行：

```
with open('foo.txt') as file:
    for line in file:
        stripped = line.strip()
        if not stripped:
            continue        # 跳過空白行
        # 處理剔除後的文字行
        ...
```

break 與 continue 述句只適用於所執行的最內層迴圈（innermost loop）。如果你需要跳出一個深層內嵌（deeply nested）的迴圈結構，你可以使用一個例外（exception）。Python 並沒有提供某種「goto」述句。你也可以把 else 述句接附到迴圈構造上，如下列範例所示：

```
# for-else
with open('foo.txt') as file:
    for line in file:
        stripped = line.strip()
        if not stripped:
            break
        # 處理剔除後的文字行
        ...
    else:
        raise RuntimeError('Missing section separator')
```

一個迴圈的 else 子句只會在迴圈跑到完成時被執行。這要不是即刻發生（若是迴圈完全沒執行的話），就是發生在最後一次迭代之後。如果迴圈使用 break 述句提早終止了，其 else 子句就會被跳過。

迴圈的 else 子句主要的用例是在迭代過資料、但必須設定或檢查迴圈是否過早中斷的某種旗標（flag）或條件的程式碼中。舉例來說，如果你沒有使用 else，前一段程式碼可能必須以一個旗標變數（flag variable）來改寫如下：

```
found_separator = False

with open('foo.txt') as file:
    for line in file:
        stripped = line.strip()
        if not stripped:
            found_separator = True
            break
        # 處理剝除後的文字行
        ...
    if not found_separator:
        raise RuntimeError('Missing section separator')
```

3.4   例外

例外（exceptions）表示錯誤（errors），並且會脫離一個程式正常的控制流程。例外是用 raise 述句來提出（raise）的。raise 述句的一般格式是 raise Exception([value])，其中 Exception 是例外型別（exception type），而 value 是一個選擇性的值，給出關於例外的具體細節。下面是一個例子：

```
raise RuntimeError('Unrecoverable Error')
```

要捕捉一個例外，就用 try 和 except 述句，如這裡所示：

```
try:
    file = open('foo.txt', 'rt')
except FileNotFoundError as e:
    statements
```

當一個例外發生，直譯器就會停止執行 try 區塊中的述句，並尋找一個與所發生的例外型別相匹配的 except 子句。若有找到，控制權就會傳遞給那個 except 子句中的第一個述句。在 except 子句執行完畢後，控制權就會轉交給出現在整個 try-except 區塊之後的第一個述句繼續執行。

try 述句沒有必要匹配所有可能發生的例外。如果找不到匹配的 except 子句，那麼例外就會繼續傳播，並可能在他處能夠實際處理該例外的不同 try-except 區塊中被捕獲。就程式設計風格（programming style）而言，你應該只捕捉你的程式碼可以實際恢復的那些例外。如果恢復是不可能的，那麼讓例外繼續傳播往往會是更好的做法。

如果一個例外在沒有被捕獲的情況下，一路上升到程式的頂層，直譯器就會以一個錯誤訊息來放棄執行。

如果 raise 述句單獨被使用，最後產生的例外會再次被提出。這只在處理先前提出的例外時會起作用。例如：

```
try:
    file = open('foo.txt', 'rt')
except FileNotFoundError:
    print("Well, that didn't work.")
    raise          # 重新提出目前的例外
```

每個 except 子句都可以和 as var 修飾符（modifier）一起使用，這給出了一個變數的名稱，若有例外發生，該例外型別的一個實體就會被放到這個變數中。例外處理器（exception handlers）可以檢視這個值來找出關於例外原因的更多資訊。舉例來說，你可以使用 isinstance() 來檢查例外型別。

例外有一些標準的屬性（standard attributes），在需要對錯誤採取進一步動作的程式碼中可能很有用：

e.args

提出例外時提供的引數元組（tuple of arguments）。在大多數情況下，這會是一個單項元組（one-item tuple）帶著描述錯誤的一個字串。對於 OSError 例外，該值會是一個 2-tuple（雙項元組）或 3-tuple（三項元組），含有一個整數的錯誤號碼（error number）、字串錯誤訊息（error message）和一個選擇性的檔名（filename）。

e.__cause__

如果例外是在處理另一個例外時，作為回應所刻意提出的，那這就是前一個例外（previous exception）。關於鏈串的例外（chained exceptions），請參閱後續章節。

e.__context__

如果例外是在處理另一個例外的過程中被提出的，那這就是前一個例外。

e.__traceback__

　　與例外關聯的堆疊回溯物件（stack traceback object）。

用來存放一個例外值的變數只能在關聯的 except 區塊內取用。一旦控制離開了該區塊，那個變數就會變為未定義（undefined）的。例如：

```
try:
    int('N/A')               # 提出 ValueError
except ValueError as e:
    print('Failed:', e)

print(e)      # 失敗 -> NameError: 'e' 未定義。
```

可以使用多個 except 子句來指定多個例外處理區塊（exception-handling blocks）：

```
try:
    do something
except TypeError as e:
    # 處理型別錯誤（Type error）
    ...
except ValueError as e:
    # 處理值的錯誤（Value error）
    ...
```

單一個處理器（handler）可以捕捉多個例外型別，像這樣：

```
try:
    do something
except (TypeError, ValueError) as e:
    # 處理型別或值的錯誤
    ...
```

要忽略一個例外，就像下面這樣使用 pass 述句：

```
try:
    do something
except ValueError:
    pass               # 什麼都不做（聳肩）
```

默默忽略錯誤往往是很危險的，也是難以追查的失誤之來源。即使真的忽略了，通常比較明智的做法是選擇性地在某個記錄（log）或其他地方中回報錯誤，以便後續查看。

除了與程式退出相關的那些例外，若要捕捉所有的例外，就像這樣使用 Exception：

```
try:
    do something
except Exception as e:
    print(f'An error occurred : {e!r}')
```

捕捉所有的例外時，你應該非常仔細地向使用者報告準確的錯誤資訊。舉例來說，在前面的程式碼中，有一個錯誤訊息和關聯的例外值被列印出來。如果你沒有包含關於例外值的任何資訊，那麼要除錯那些因為你意想不到的理由而失敗的程式碼，就會變得非常困難。

try 述句也支援一個 else 子句，它必須跟在最後一個 except 子句的後面。如果 try 區塊中的程式碼沒有提出例外，那段程式碼就會被執行。這裡有個例子：

```
try:
    file = open('foo.txt', 'rt')
except FileNotFoundError as e:
    print(f'Unable to open foo : {e}')
    data = ''
else:
    data = file.read()
    file.close()
```

finally 定義必定會執行的某個清理動作（cleanup action），不管 try-except 區塊中發生了什麼。這裡是一個例子：

```
file = open('foo.txt', 'rt')
try:
    # 做某些事情
    ...
finally:
    file.close()
    # 不管發生了什麼，檔案都會被關閉
```

finally 子句並非用來捕捉錯誤。取而代之，它用於永遠都必須執行的程式碼，無論是否發生錯誤。若沒有例外被提出，finally 子句中的程式碼將在 try 區塊中的程式碼之後立即執行。若有例外發生，首先會執行相應的那個 except 區塊（如果有的話），然後將控制權傳遞給 finally 子句的第一個述句。如果，在那段程式碼執行完畢後，仍有一個例外等待處理，那麼該例外將被重新提出，由另一個例外處理器（exception handler）來捕獲。

3.4.1　例外階層架構

處理例外的一個挑戰是管理你的程式中可能發生的大量例外。例如，光是內建的例外就有 60 多種。再加上標準程式庫的其他部分，就變成了數百種可能的例外。此外，通常沒有辦法輕易地事先確定任何部分的程式碼可能提出什麼樣的例外。例外並不會作為函式的呼叫特徵式（calling signature）的一部分被記錄起來，也沒有任何一種編譯器能驗證你程式碼中的例外處理是否正確。因此，例外處理有時會讓人覺得雜亂無章、沒有組織。

認識到例外透過繼承（inheritance）被組織成一個階層架構（hierarchy）是有幫助的。與其針對特定的錯誤，不如關注更普遍的錯誤種類，可能更為容易。舉例來說，考慮在容器（container）中查找值的時候可能出現的不同錯誤：

```
try:
    item = items[index]
except IndexError:      # 如果項目是一個序列，就提出
    ...
except KeyError:        # 如果項目是一個映射，就提出
    ...
```

與其編寫程式碼來處理兩個非常特定的例外，不如這樣做可能會更容易：

```
try:
    item = items[index]
except LookupError:
    ...
```

LookupError 是代表一個例外高階分組（higher-level grouping of exceptions）的一個類別。IndexError 和 KeyError 都繼承自 LookupError，所以這個 except 子句可以捕獲其中任何一個。然而，LookupError 並沒有廣泛到會包括與查找（lookup）無關的錯誤。

表 3.1 描述了最常見的內建例外類別。

BaseException 類別很少在例外處理中直接使用，因為它可以匹配所有可能的例外。這包括影響流程控制的特殊例外，如 SystemExit、KeyboardInterrupt 和 StopIteration。捕捉這些很少會是你想要的。取而代之，所有與程式有關的正常錯誤都繼承自 Exception。ArithmeticError 是所有數學相關錯誤的基礎，如 ZeroDivisionError、FloatingPointError 和 OverflowError。ImportError 是所有匯入相關錯誤的基礎。LookupError 是所有容器查找相關錯誤的基礎。OSError 是所有源

於作業系統和環境的錯誤之基礎。OSError 包含了與檔案、網路連線、權限、管線、逾時等廣泛的相關例外。ValueError 例外通常是在給了運算一個壞的輸入值時提出的。UnicodeError 是 ValueError 的一個子類別，將所有與 Unicode 相關的編解碼錯誤歸為一組。

表 3.1　例外種類

例外類別	描述
BaseException	所有例外的根類別
Exception	所有與程式有關的錯誤的基礎類別
ArithmeticError	所有數學相關錯誤的基礎類別
ImportError	匯入相關錯誤的基礎類別
LookupError	所有容器查找錯誤的基礎類別
OSError	所有系統相關錯誤的基礎類別。IOError 和 EnvironmentError 是別名
ValueError	與值有關的錯誤的基礎類別，包括 Unicode
UnicodeError	與 Unicode 字串編碼有關的錯誤的基礎類別

表 3.2 顯示了一些常見的內建例外，它們直接繼承自 Exception，但並不是更大的例外分組的一部分。

表 3.2　其他內建例外

例外類別	描述
AssertionError	失敗的 assert 述句
AttributeError	在一個物件上的屬性查找出錯
EOFError	檔案結尾
MemoryError	可恢復的記憶體用盡錯誤
NameError	在區域或全域命名空間中沒有找到名稱
NotImplementedError	未實作的功能
RuntimeError	通用的「發生了壞事」的錯誤
TypeError	運算套用到一個型別錯誤的物件
UnboundLocalError	在指定一個值前用了區域變數

3.4.2　例外和流程控制

通常情況下，例外是為處理錯誤而保留的。然而，有一些例外被用來改變控制流程。這些例外，如表 3.3 所示，直接繼承自 BaseException。

表 3.3　用於流程控制的例外

例外類別	描述
SystemExit	提出以表示程式退出
KeyboardInterrupt	當程式透過 Control-C 被中斷時提出
StopIteration	提出以表示迭代結束

SystemExit 例外是用來使程式刻意終止的。作為一個引數，你可以提供一個整數的退出碼（exit code）或者一個字串訊息。如果給了一個字串，它將被列印到 sys.stderr，程式將以 1 的退出碼終止。這裡有一個典型的例子：

```
import sys

if len(sys.argv) != 2:
    raise SystemExit(f'Usage: {sys.argv[0]} filename)

filename = sys.argv[1]
```

當程式收到一個 SIGINT 訊號（signal）時（通常是透過在終端機中按下 Control-C），KeyboardInterrupt 例外就會被提出。這個例外有點不尋常，因為它是非同步（asynchronous）的，也就是說，它幾乎可能在任何時間和程式中的任何述句發生。Python 的預設行為是在這種情況發生時單純終止。如果你想控制 SIGINT 的傳遞，可以使用 signal 程式庫模組（請參閱第 9 章）。

StopIteration 例外是迭代協定（iteration protocol）的一部分，是迭代結束的訊號。

3.4.3　定義新的例外

所有內建的例外都是以類別來定義的。要創建一個新的例外，需要建立一個繼承自 Exception 的新類別定義，比如下面的例子：

```
class NetworkError(Exception):
    pass
```

要使用你的新例外,請使用 raise 述句,如下所示:

```
raise NetworkError('Cannot find host')
```

提出一個例外時,以 raise 述句提供的選擇性值會被用作例外類別建構器(class constructor)的引數。大多數情況下,這是包含某種錯誤訊息的一個字串。然而,使用者定義的例外可以被寫成接受一個或多個例外值,如本例所示:

```
class DeviceError(Exception):
    def __init__(self, errno, msg):
        self.args = (errno, msg)
        self.errno = errno
        self.errmsg = msg

# 提出一個例外(多個引數)
raise DeviceError(1, 'Not Responding')
```

當你建立了一個重新定義 __init__() 的自訂例外類別時,重要的是將包含 __init__() 引數的一個元組指定給屬性 self.args,如前面所示。這個屬性是在列印例外回溯訊息(traceback messages)時使用。如果你不定義它,那麼錯誤發生時,使用者將無法看到關於例外的任何有用資訊。

例外可以使用繼承來組織成一個階層架構。舉例來說,前面定義的 NetworkError 例外可以作為各種更具體錯誤的基礎類別(base class)。下面是一個例子:

```
class HostnameError(NetworkError):
    pass

class TimeoutError(NetworkError):
    pass

def error1():
    raise HostnameError('Unknown host')

def error2():
    raise TimeoutError('Timed out')

try:
    error1()
except NetworkError as e:
    if type(e) is HostnameError:
        # 為這種錯誤進行特殊動作
        ...
```

在這種情況下，except NetworkError 子句可以捕獲從 NetworkError 衍生出來的任何例外。要找到被提出的具體錯誤型別，就用 type() 檢視執行值的型別。

3.4.4　鏈串的例外

有時，為了回應一個例外，你可能想提出一個不同的例外。要做到這一點，就要提出一個鏈串的例外（chained exception）：

```
class ApplicationError(Exception):
    pass

def do_something():
    x = int('N/A')     # 提出 ValueError

def spam():
    try:
        do_something()
    except Exception as e:
        raise ApplicationError('It failed') from e
```

如果發生未捕獲的 ApplicationError，你會得到包括兩個例外的一個訊息。比如說：

```
>>> spam()
Traceback (most recent call last):
  File "c.py", line 9, in spam
    do_something()
  File "c.py", line 5, in do_something
    x = int('N/A')
ValueError: invalid literal for int() with base 10: 'N/A'
```

上述例外是下面例外的直接原因：

```
Traceback (most recent call last):
  File "<stdin>", line 1, in <module>
  File "c.py", line 11, in spam
    raise ApplicationError('It failed') from e
__main__.ApplicationError: It failed
>>>
```

如果你捕捉到一個 ApplicationError，所產生例外的 __cause__ 屬性將包含其他的例外。例如：

```
try:
    spam()
```

```
except ApplicationError as e:
    print('It failed. Reason:', e.__cause__)
```

如果你想提出一個新的例外而不包括其他例外的串鏈，可以像這樣從 None 提出一個
錯誤：

```
def spam():
    try:
        do_something()
    except Exception as e:
        raise ApplicationError('It failed') from None
```

出現在 except 區塊中的程式設計錯誤也會導致鏈串的例外，但其運作方式略有不
同。舉例來說，假設你有一些像這樣有錯的程式碼：

```
def spam():
    try:
        do_something()
    except Exception as e:
        print('It failed:', err)      # err 未定義（打錯字）
```

由此產生的例外回溯訊息略有不同：

```
>>> spam()
Traceback (most recent call last):
  File "d.py", line 9, in spam
    do_something()
  File "d.py", line 5, in do_something
    x = int('N/A')
ValueError: invalid literal for int() with base 10: 'N/A'
```

在處理上述例外的過程中，發生了另一個例外：

```
Traceback (most recent call last):
  File "<stdin>", line 1, in <module>
  File "d.py", line 11, in spam
    print('It failed. Reason:', err)
NameError: name 'err' is not defined
>>>
```

若有一個未預期的例外在處理另一個例外時被提出，__context__ 屬性（而非
__cause__）就會持有錯誤發生時正在處理的那個例外的資訊。比如說：

```
try:
    spam()
except Exception as e:
```

```
    print('It failed. Reason:', e)
    if e.__context__:
        print('While handling:', e.__context__)
```

在例外串鏈中，預期的例外和意外的例外之間有一個重要的區別。在第一個例子中，程式碼撰寫的方式有預見例外發生的可能性。例如，程式碼被明確地包裹在一個 try-except 區塊中：

```
try:
    do_something()
except Exception as e:
    raise ApplicationError('It failed') from e
```

在第二種情況下，except 區塊中存在一個程式設計錯誤：

```
try:
    do_something()
except Exception as e:
    print('It failed:', err)      # err 未定義
```

這兩種情況的區別是很微妙的，但也很重要。這就是為什麼例外鏈資訊被放在 __cause__ 或 __context__ 屬性中。__cause__ 屬性是保留給當你預期有失敗的可能性時使用的。__context__ 屬性在這兩種情況下都會被設置，但是對於在處理另一個例外時提出的未預期例外，它將是唯一的資訊來源。

3.4.5 例外回溯

例外有一個關聯的堆疊回溯（stack traceback），提供關於錯誤發生位置的資訊。這個回溯訊息儲存在例外的 __traceback__ 屬性中。為了報告或除錯的目的，你可能想自己產生回溯訊息。可以使用 traceback 模組來實作這一目的。比如說：

```
import traceback

try:
    spam()
except Exception as e:
    tblines = traceback.format_exception(type(e), e, e.__traceback__)
    tbmsg = ''.join(tblines)
    print('It failed:')
    print(tbmsg)
```

在這段程式碼中，format_exception() 產生一個字串串列，其中包含 Python 通常會在回溯訊息中產生的輸出。作為輸入，你提供例外型別、值和回溯資訊。

3.4.6 例外處理的建議

例外處理是大型程式中最難做對的事情之一。然而，有幾條經驗法則可以使這更容易。

第一條規則是不要捕捉那些在程式碼中特定位置上無法處理的例外。考慮一下這樣的一個函式：

```python
def read_data(filename):
    with open(filename, 'rt') as file:
        rows = []
        for line in file:
            row = line.split()
            rows.append((row[0], int(row[1]), float(row[2])))
    return rows
```

假設 open() 函式由於檔名錯誤而失敗。這是否是一個應該在這個函式中用 **try-except** 述句來捕獲的錯誤？可能不是。如果呼叫者給出了一個壞的檔名，就沒有合理的方式來恢復。沒有檔案可以打開、沒有資料可以讀取，也沒有其他可能。最好的辦法是讓運算失敗並向呼叫者回報一個例外。避免在 read_data() 中進行錯誤檢查並不意味著該例外在任何地方都不會被處理，這只意味著 read_data() 的作用不在於此。或許提示使用者輸入檔名的程式碼會處理這個例外。

這個建議似乎與那些慣於仰賴特殊錯誤碼或包裹結果型別（wrapped result types）的語言的程式設計師之經驗相反。在那些語言中，非常注意確保在所有的運算中總是有檢查錯誤的回傳碼。在 Python 中你不需要那樣做。如果一個運算可能失敗，而你又沒有辦法恢復，那最好是讓它失敗。例外會傳播到程式的上層，在那裡通常會由其他的一些程式碼來處理。

另一方面，一個函式可能得以從壞資料中恢復。比如說：

```python
def read_data(filename):
    with open(filename, 'rt') as file:
        rows = []
        for line in file:
            row = line.split()
            try:
                rows.append((row[0], int(row[1]), float(row[2])))
            except ValueError as e:
                print('Bad row:', row)
                print('Reason:', e)
    return rows
```

捕捉錯誤時,儘量使你 except 子句針對的範圍縮小。上面的程式碼本來可以透過使用 except Exception 來捕獲所有的錯誤。然而,這樣做會使程式碼捕捉到可能不應該被忽略的合法錯誤。不要這樣做,這會使除錯變得困難。

最後,如果你要明確地提出一個例外,可以考慮製作你自己的例外型別。比如說:

```python
class ApplicationError(Exception):
    pass

class UnauthorizedUserError(ApplicationError):
    pass

def spam():
    ...
    raise UnauthorizedUserError('Go away')
    ...
```

在大型源碼庫(code bases)中,一個更具挑戰性的問題是程式失敗的責任歸屬。如果你製作自己的例外,你就能更好地分辨刻意提出的錯誤與合法的程式設計失誤。如果你的程式因為上面定義的某種 ApplicationError 而崩潰,你會立即知道為什麼那個錯誤被提出,因為你寫了程式碼來做那件事。另一方面,如果程式透過 Python 內建的例外之一而當掉(如 TypeError 或 ValueError),這可能表明有更嚴重的問題。

3.5　情境管理器和 with 述句

對系統資源(如檔案、鎖和連線)的正確管理在與例外相結合時往往是一種棘手的問題。舉例來說,一個被提出的例外可能導致控制流程繞過負責釋放關鍵資源的述句,例如鎖(lock)。

with 述句允許一系列的述句在一個執行時期情境(runtime context)中執行,該情境由作為情境管理器(context manager)的一個物件所控制。下面是一個例子:

```python
with open('debuglog', 'wt') as file:
    file.write('Debugging\n')
    statements
    file.write('Done\n')

import threading
lock = threading.Lock()
with lock:
```

```
# 關鍵區（Critical section）
statements
# 關鍵區結尾
```

在第一個例子中，當控制流程離開後面的述句區塊時，with 述句自動導致已開啟的檔案被關閉。在第二個例子中，當控制流程進入和離開後面的述句區塊時，with 述句會自動獲取和釋放一個鎖。

with obj 述句允許物件 obj 管理當控制流程進入和離開接在後面的關聯述句區塊時會發生什麼事。當 with obj 述句執行時，它會呼叫方法 obj.__enter__() 來指出正在進入一個新的情境。當控制流程離開情境時，方法 obj.__exit__(type, value, traceback) 就會執行。如果沒有例外被提出，那麼 __exit__() 的三個引數都會被設置為 None。否則，它們包含與導致控制流程離開情境的例外有關的型別（type）、值（value）和回溯（traceback）。如果 __exit__() 方法回傳 True，就表示所提出的例外已被處理，並且不應該再傳播了。回傳 None 或 False 將導致例外的傳播。

with obj 述句接受一個選擇性的 as var 指定符（specifier）。若有給定，obj.__enter__() 所回傳的值將被放入 var 中。這個值通常與 obj 相同，因為這能讓一個物件在同一步驟中被建構出來並作為情境管理器使用。例如，考慮這個類別：

```
class Manager:
    def __init__(self, x):
        self.x = x

    def yow(self):
        pass

    def __enter__(self):
        return self

    def __exit__(self, ty, val, tb):
        pass
```

有了它，你可以在單一步驟中創建並使用一個實體（instance）作為情境管理器：

```
with Manager(42) as m:
    m.yow()
```

下面是涉及串列交易（list transactions）的一個更有趣的例子：

```python
class ListTransaction:
    def __init__(self,thelist):
        self.thelist = thelist

    def __enter__(self):
        self.workingcopy = list(self.thelist)
        return self.workingcopy

    def __exit__(self, type, value, tb):
        if type is None:
            self.thelist[:] = self.workingcopy
        return False
```

這個類別允許你對一個現有的串列進行一系列的修改。然而，這些修改只在沒有例外情況發生時才會生效。否則，原來的串列將維持不變。例如：

```python
items = [1,2,3]

with ListTransaction(items) as working:
    working.append(4)
    working.append(5)
print(items)        # 產生 [1,2,3,4,5]

try:
    with ListTransaction(items) as working:
        working.append(6)
        working.append(7)
        raise RuntimeError("We're hosed!")
except RuntimeError:
    pass

print(items)    # 產生 [1,2,3,4,5]
```

contextlib 標準程式庫模組含有與更進階的情境管理器用法相關的功能性。如果你發現自己經常創建情境管理器，這可能值得一看。

3.6   斷言和 __debug__

assert 述句可將除錯程式碼引入一個程式中。assert 的一般形式為：

```
assert test [, msg]
```

其中 test 是一個運算式，應該估算為 True 或 False。如果 test 估算結果為 False，assert 會提出一個 AssertionError 例外，並在 assert 述句中提供選擇性的訊息 msg。下面是一個例子：

```
def write_data(file, data):
    assert file, 'write_data: file not defined!'
    ...
```

assert 述句不應該用於必須執行以使程式正確運作的程式碼，因為若是 Python 在最佳化模式（optimized mode）下執行（用直譯器的 -O 選項指定），它就不會被執行。特別是，使用 assert 來檢查使用者輸入或一些重要運算的成功與否，會是個錯誤。取而代之，assert 述句是用來檢查那些應該永遠為真的不變式（invariants）的；若有其中一個不成立，這就代表了程式中的錯誤，而非使用者的錯誤。

舉例來說，如果前面顯示的函式 write_data() 是要給終端用戶使用的，那麼 assert 述句應該被一個傳統的 if 述句和所需的錯誤處理所取代。

assert 的一個常見用途是在測試中。例如，你可以用它來包括對於一個函式最低限度的測試：

```
def factorial(n):
    result = 1
    while n > 1:
        result *= n
        n -= 1
    return result

assert factorial(5) == 120
```

這種測試的目的不是要做到面面俱到，而是要作為一種「煙霧測試（smoke test）」。如果函式中出現了明顯的問題，程式碼會在匯入時帶著失敗的斷言立即崩潰。

斷言在指定一種關於預期輸入和輸出的程式設計合約（programming contract）方面也很有用。比如說：

```
def factorial(n):
    assert n > 0, "must supply a positive value"
    result = 1
    while n > 1:
        result *= n
        n -= 1
    return result
```

同樣，這不是為了檢查使用者的輸入。它更像是對內部程式一致性（consistency）的一種檢查。如果其他程式碼試圖計算負的階乘（factorials），該斷言將失敗，並指出違規程式碼，以便你可以為之除錯。

3.7　結語

雖然 Python 支援各種涉及函式和物件的不同程式設計風格，但程式執行的基本模型還是命令式程式設計（imperative programming）。也就是說，程式是由述句（statements）組成的，按照它們在原始檔（source file）中出現的順序一個接一個執行。基本的流程控制結構只有三種：if 述句、while 迴圈和 for 迴圈。涉及到理解 Python 如何執行你的程式時，幾乎沒有什麼神秘之處可言。

到目前為止，最複雜和最容易出錯的功能是例外（exceptions）。事實上，本章的大部分內容都集中在如何正確思考例外處理。即使你遵循這些建議，例外仍然是設計程式庫、框架（frameworks）和 API 時，需要謹慎處理的部分。例外也會對資源的正確管理造成破壞，這是一個透過使用情境管理器（context managers）和 with 述句來解決的問題。

本章沒有涵蓋的是可以用來自訂幾乎所有 Python 語言功能的技巧，包括本章中描述的內建運算子，甚至是流程控制的各個面向。儘管 Python 程式的結構表面上看起來很簡單，但在幕後往往會有大量令人驚訝的魔法在運作。其中大部分將在下一章中描述。

4

物件、型別以及協定

Python 程式操作各種型別（types）的物件（objects）。有多種內建型別（built-in types），如數字、字串、串列、集合和字典。此外，你可以使用類別來製作你自己的型別。本章描述了底層的 Python 物件模型（object model）和使所有物件得以運作的機制。我們會特別關注的是定義各種物件核心行為的「協定（protocols）」。

4.1　基本概念

儲存在程式中的每一塊資料都是一個物件。每個物件都有一個識別碼（identity）、一個型別（也被稱為其類別）和一個值（value）。例如，當你寫 a = 42 時，就會創建出一個整數物件，其值為 42。物件的識別碼是一個數字，代表它在記憶體中的位置（location）；a 是一個標籤（label），指的就是這個特定的位置，儘管這個標籤並非物件本身的一部分。

一個物件的型別（type），也被稱為物件的類別（object's class），定義了物件的內部資料表徵（data representation）以及支援的方法（methods）。當一個特定型別的物件被創建時，該物件被稱為該型別的一個實體（*instance*）。一個實體被創建後，它的識別碼不會改變。如果一個物件的值可以被修改，那麼該物件就被稱為是可變（mutable）的。如果值不能被修改，該物件就被稱為不可變（immutable）的。一個持有對其他物件之參考（references）的物件被稱為一個容器（container）。

物件的特徵是取決於它們的屬性（attributes）。一個屬性是與一個物件關聯的一個值，可以使用點運算子（.）來存取。一個屬性可能是一個簡單的資料值，例如一個數字。然而，一個屬性也可以是被調用來執行一些運算的一個函式。這樣的函式被稱為方法（methods）。下面的例子說明了對屬性的存取：

```
a = 34                  # 創建一個整數
n = a.numerator         # 取得分子（numerator，它為一個屬性）

b = [1, 2, 3]           # 創建一個串列
b.append(7)             # 使用 append 方法新增一個元素
```

物件也可以實作各種運算子，例如 + 運算子。例如：

```
c = a + 10              # c = 34 + 10
d = b + [4, 5]          # d = [1, 2, 3, 7, 4, 5]
```

儘管運算子（operators）使用不同的語法，但它們最終都會被映射到方法。例如，寫 a + 10 會執行一個方法 a.__add__(10)。

4.2　物件識別碼與型別

內建函式 id() 回傳一個物件的識別碼（identity）。識別碼是一個整數，通常對應於該物件在記憶體中的位置。is 和 is not 運算子比較兩個物件的識別碼。type() 回傳一個物件的型別。下面這個例子展示你可以用不同的方式來比較兩個物件：

```
# 比較兩個物件
def compare(a, b):
    if a is b:
        print('same object')
    if a == b:
        print('same value')
    if type(a) is type(b):
        print('same type')
```

此函式的運作方式如下：

```
>>> a = [1, 2, 3]
>>> b = [1, 2, 3]
>>> compare(a, a)
same object
same value
same type
>>> compare(a, b)
same value
same type
>>> compare(a, [4,5,6])
same type
>>>
```

一個物件的型別本身就是一個物件，被稱為物件的類別（object's class）。這個物件是唯一定義的，對於一個給定型別之所有實體來說總是相同的。類別通常有名稱（list、int、dict 等），可以用來創建實體、執行型別檢查（type checking），並提供型別提示（type hints）。例如：

```
items = list()

if isinstance(items, list):
    items.append(item)
def removeall(items: list, item) -> list:
    return [i for i in items if i != item]
```

一個子型別（*subtype*）是透過繼承（inheritance）定義的一個型別。它帶有原型別的所有特徵，加上額外的或重新定義的方法。繼承在第 7 章中會有更詳細的討論，不過這裡有定義串列（list）的一個子型別的例子，其中加入了一個新的方法：

```
class mylist(list):
    def removeall(self, val):
        return [i for i in self if i != val]

# 範例
items = mylist([5, 8, 2, 7, 2, 13, 9])
x = items.removeall(2)
print(x)       # [5, 8, 7, 13, 9]
```

isinstance(instance, type) 函式是把一個值與一個型別做比對的首選方法，因為它可以察覺子型別。它還可以檢查多個可能的型別。例如：

```
if isinstance(items, (list, tuple)):
    maxval = max(items)
```

儘管可以在程式中加入型別檢查，但這往往不是你所想像的那樣有用。首先，過多的檢查會影響效能。其次，程式並不總是會定義完全符合一個漂亮的型別階層架構（type hierarchy）的物件。例如，如果上面的 isinstance(items, list) 述句的目的是測試 items 是否「類似於串列」，那麼它就不能和那些與串列具有相同程式設計介面、但不直接繼承於內建 list 型別的物件一起作業（一個例子是來自 collections 模組的 deque）。

4.3　參考計數和垃圾回收

Python 透過自動垃圾回收（automatic garbage collection）來管理物件。所有的物件都經過參考計數（reference-counted）。每當一個物件被指定到一個新的名字，或者被放到一個容器（container，如串列、元組或字典）中，它的參考計數就會增加：

```
a = 37        # 創建一個值為 37 的物件
b = a         # 增加 37 的參考計數
c = []
c.append(b)   # 增加 37 的參考計數
```

這個例子創建了一個包含值 37 的單一物件。a 是一個名稱，最初指的是那個新創建的物件。當 b 被指定為 a 時，b 成了同一個物件的新名稱，而該物件的參考計數增加了。當你把 b 放入一個串列時，該物件的參考計數又增加了。在整個例子中，只有一個物件對應到 37。其他所有的運算都是在建立對該物件的參考（references）。

一個物件的參考計數會在使用 del 述句，或者當一個參考超出範疇（out of scope）或被重新指定（reassigned）時減少。下面是一個例子：

```
del a      # 減少 37 的參考計數
b = 42     # 減少 37 的參考計數
c[0] = 2.0 # 減少 37 的參考計數
```

一個物件目前的參考計數（reference count）可以使用 sys.getrefcount() 函式來獲得。例如：

```
>>> a = 37
>>> import sys
>>> sys.getrefcount(a)
7
>>>
```

參考計數往往比你想像的要高得多。對於像數字和字串這樣的不可變資料，直譯器會積極地在程式的不同部分之間共用物件，以節省記憶體。你沒有注意到這一點，只是因為這些物件是不可變的。

當一個物件的參考計數達到零時，它就會被垃圾回收。然而，在某些情況下，循環依存性（circular dependency）可能存在於不再使用的物件群集中。這裡有一個例子：

```
a = { }
b = { }
a['b'] = b      # a 含有對 b 的參考
```

```
b['a'] = a        # b 含有對 a 的參考
del a
del b
```

在這個例子中，del 述句減少了 a 和 b 的參考計數，並銷毀了用來參考底層物件的名稱。然而，由於這每個物件都包含對另一個物件的參考，參考計數並沒有下降為零，這些物件仍然是配置好的。直譯器不會洩漏記憶體，但是物件的銷毀將被推遲，直到循環偵測器（cycle detector）執行，找到並刪除那些無法存取的物件。當直譯器在執行過程中配置（allocate）了越來越多的記憶體時，循環偵測演算法（cycle-detection algorithm）會定期執行。確切的行為可以透過 gc 標準程式庫模組中的函式進行微調和控制。gc.collect() 函式可以用來立即調用循環垃圾回收器（cyclic garbage collector）。

在大多數程式中，垃圾回收是你不需要多想就會發生的事情。然而，在某些情況下，手動刪除物件可能是合理的。處理龐大的資料結構時，就會出現這樣的情況。例如，考慮這段程式碼：

```
def some_calculation():
    data = create_giant_data_structure()
    # 把 data 用在計算的某個部分
    ...
    # 釋放 data
    del data

    # 計算持續進行
    ...
```

在這段程式碼中，del data 述句的使用表示不再需要 data 變數了。如果這導致參考計數達到 0，那麼該物件在這時就會被垃圾回收了。如果沒有 del 述句，該物件會持續存在一段不定的時間，直到函式結束，data 變數超出範疇之時。你可能只會在試圖弄清楚為什麼你的程式用了比它應該使用的更多的記憶體時，才會注意到這一點。

4.4　參考和拷貝

當一個程式進行指定（assignment）時，例如 b = a，就會創建對 a 的一個新參考（reference）。對於像數字和字串那樣的不可變物件（immutable objects），這個指定似乎是建立了 a 的一個拷貝（儘管實際情況並非如此）。然而，對於可變物件（mutable objects），如串列和字典，其行為就會顯得非常不同。這裡有一個例子：

```
>>> a = [1,2,3,4]
>>> b = a                    # b 是對 a 的一個參考
>>> b is a
True
>>> b[2] = -100              # 變更 b 中的一個元素
>>> a                        # 注意到 a 也改變了
[1, 2, -100, 4]
>>>
```

因為在這個例子中，a 和 b 指的是同一個物件，對其中一個變數的更改會反映在另一個變數上。為了避免這種情況，你必須創建一個物件的拷貝（copy）而不是一個新的參考。

有兩種類型的拷貝運算適用於容器物件（例如串列和字典）：淺層拷貝（shallow copy）和深層拷貝（deep copy）。淺層拷貝創建一個新的物件，但用原物件中所包含的項目之參考來充填它。這裡有一個例子：

```
>>> a = [ 1, 2, [3,4] ]
>>> b = list(a)              # 創建 a 的一個淺層拷貝
>>> b is a
False
>>> b.append(100)            # 附加元素到 b
>>> b
[1, 2, [3, 4], 100]
>>> a                        # 注意到 a 沒改變
[1, 2, [3, 4]]
>>> b[2][0] = -100           # 修改 b 內的一個元素
>>> b
[1, 2, [-100, 4], 100]
>>> a                        # 注意到 a 內的改變
[1, 2, [-100, 4]]
>>>
```

在這種情況下，a 和 b 是獨立的串列物件，但它們包含的元素是共用的。因此，對 a 的一個元素的修改也會修改到 b 的一個元素，如前所示。

深層拷貝會創建一個新的物件，並遞迴地（recursively）拷貝它所包含的所有物件。沒有內建的運算子得以創建物件的深層拷貝，但你可以使用標準程式庫中的 copy. deepcopy() 函式：

```
>>> import copy
>>> a = [1, 2, [3, 4]]
>>> b = copy.deepcopy(a)
>>> b[2][0] = -100
```

```
>>> b
[1, 2, [-100, 4]]
>>> a                 # 注意到 a 沒改變
[1, 2, [3, 4]]
>>>
```

在大多數的程式中，我們都不會鼓勵使用 deepcopy()。拷貝一個物件是很慢的，而且往往是不必要的。deepcopy() 要保留到你真正需要一個拷貝的情況下，因為你要改變資料，而你不希望你的改變影響到原始物件。另外，要注意 deepcopy() 對於涉及系統或執行時期（runtime）狀態的物件（如開啟的檔案、網路連線、執行緒、產生器等）會失敗。

4.5　物件的表徵和列印

程式經常需要顯示（display）物件，例如，向使用者展現資料或為除錯目的列印資料。如果你向 print(x) 函式提供一個物件 x，或者用 str(x) 將其轉換為字串，你通常會得到該物件值的一個「美觀」的、人類可讀的表徵（representation）。例如，考慮一個涉及日期的例子：

```
>>> from datetime import date
>>> d = date(2012, 12, 21)
>>> print(d)
2012-12-21
>>> str(d)
'2012-12-21'
>>>
```

這種「美觀」的物件表徵可能並不足以用於除錯。例如，在上述程式碼的輸出中，沒有明顯的辦法可以知道變數 d 是一個 date 實體還是包含文字 '2012-12-21' 的一個簡單字串。為了獲得更多的資訊，可以使用 repr(x) 函式，該函式會建立一個字串，其中包含了你要創建該物件而必須在原始碼中輸入的那種表徵。比如說：

```
>>> d = date(2012, 12, 21)
>>> repr(d)
'datetime.date(2012, 12, 21)'
>>> print(repr(d))
datetime.date(2012, 12, 21)
>>> print(f'The date is: {d!r}')
The date is: datetime.date(2012, 12, 21)
>>>
```

在字串的格式化中，!r 後綴可被加到一個值之後來產生其 repr() 值，而非進行一般
的字串轉換。

4.6 一級物件

Python 中的所有物件都可以說是**一級**（*first-class*）的。這意味著所有可以被指定到
一個名稱的物件也都可以被當作資料。身為資料，物件可以儲存為變數、作為引數
傳遞、從函式中回傳、與其他物件做比較，諸如此類。舉例來說，這裡有一個包含
兩個值的簡單字典：

```
items = {
    'number' : 42
    'text' : "Hello World"
}
```

物件的一級本質可以藉由新增一些不尋常的項目到這個字典中而顯現出來：

```
items['func'] = abs             # 新增 abs() 函式
import math
items['mod'] = math             # 新增一個模組
items['error'] = ValueError     # 新增一個例外型別
nums = [1,2,3,4]
items['append'] = nums.append   # 新增另一個物件的方法
```

在這個例子中，items 字典現在包含一個函式、一個模組、一個例外和另一個物件的
方法。如果你想要，你可以用 items 上的字典查找（dictionary lookups）來代替原來
的名稱，而程式碼仍然可以運作。例如：

```
>>> items['func'](-45)          # 執行 abs(-45)
45
>>> items['mod'].sqrt(4)        # 執行 math.sqrt(4)
2.0
>>> try:
...     x = int('a lot')
... except items['error'] as e: # 等同於：except ValueError as e
...     print("Couldn't convert")
...
Couldn't convert
>>> items['append'](100)        # 執行 nums.append(100)
>>> nums
[1, 2, 3, 4, 100]
>>>
```

「在 Python 中所有的東西都是一級的」這一事實往往沒有被新手完全理解。然而，它可以用來編寫非常精簡和靈活的程式碼。

舉例來說，假設你有一行文字，如「ACME,100,490.10」，而你想透過適當的型別轉換把它轉換成值的一個串列。這裡有一個巧妙的方式，透過創建型別（它們也是一級物件）的一個串列，並執行一些常見的串列處理運算來達成這點：

```
>>> line = 'ACME,100,490.10'
>>> column_types = [str, int, float]
>>> parts = line.split(',')
>>> row = [ty(val) for ty, val in zip(column_types, parts)]
>>> row
['ACME', 100, 490.1]
>>>
```

把函式或類別放到一個字典中，是消除複雜 **if-elif-else** 述句的一種常見的技巧。舉例來說，如果你有像這樣的程式碼：

```
if format == 'text':
    formatter = TextFormatter()
elif format == 'csv':
    formatter = CSVFormatter()
elif format == 'html':
    formatter = HTMLFormatter()
else:
    raise RuntimeError('Bad format')
```

你能用一個字典來改寫它：

```
_formats = {
    'text': TextFormatter,
    'csv': CSVFormatter,
    'html': HTMLFormatter
}

if format in _formats:
    formatter = _formats[format]()
else:
    raise RuntimeError('Bad format')
```

後面這種形式也比較有彈性，因為新的案例可以藉由插入更多的條目到字典中來新增，而無須修改一個大型的 **if-elif-else** 述句區塊。

4.7　把 None 用於選擇性或缺少的資料

有時程式需要表示一個選擇性（optional）的或欠缺（missing）的值。None 是為此目的保留的一個特殊實體。None 會被那些沒有明確回傳值的函式所回傳。None 也經常被用作選擇性引數（optional arguments）的預設值，這樣函式就可以檢測呼叫者是否真的為該引數傳遞了一個值。None 沒有屬性，在 Boolean 運算式中會估算為 False。

在內部，None 被儲存為一個單體（singleton），也就是說，直譯器中只有一個 None 值。因此，以 None 來測試一個值的常用方式是使用 is 運算子，像這樣：

```
if value is None:
    statements
    ...
```

使用 == 運算子來測試 None 也行得通，但這不是建議的做法，而且可能被程式碼檢查工具標識為風格錯誤（style error）。

4.8　物件協定（Object Protocols）和資料抽象化

大多數的 Python 語言功能都是由協定（*protocols*）所定義。考慮下列函式：

```
def compute_cost(unit_price, num_units):
    return unit_price * num_units
```

現在，問你自己這個問題：什麼輸入是被允許的？答案看起來很簡單：所有的東西都被允許！乍看之下，這個函式看似可以套用到數字之上：

```
>>> compute_cost(1.25, 50)
62.5
>>>
```

確實，它會如預期運作。然而，該函式能作用的東西比這多更多。你可以使用特化的數字，例如分數（fractions）或十進位數字（decimals）：

```
>>> from fractions import Fraction
>>> compute_cost(Fraction(5, 4), 50)
Fraction(125, 2)
>>> from decimal import Decimal
>>> compute_cost(Decimal('1.25'), Decimal('50'))
Decimal('62.50')
>>>
```

不僅如此，這函式也可用在來自 numpy 那類套件的陣列（arrays）和其他複雜結構。
例如：

```
>>> import numpy as np
>>> prices = np.array([1.25, 2.10, 3.05])
>>> units = np.array([50, 20, 25])
>>> compute_cost(prices, units)
array([62.5 , 42. , 76.25])
>>>
```

該函式甚至可能以意想不到的方式運作：

```
>>> compute_cost('a lot', 10)
'a lota lota lota lota lota lota lota lota lota lot'
>>>
```

然而，某些型別的組合會失敗：

```
>>> compute_cost(Fraction(5, 4), Decimal('50'))
Traceback (most recent call last):
  File "<stdin>", line 1, in <module>
  File "<stdin>", line 2, in compute_cost
TypeError: unsupported operand type(s) for *: 'Fraction' and 'decimal.Decimal'
>>>
```

與靜態語言（static language）的編譯器不同，Python 並沒有事先驗證正確的程式行
為。取而代之，一個物件的行為是由某種動態流程決定的，這個流程涉及到所謂的
「特殊（special）」或「魔術（magic）」方法的調度（dispatch）。這些特殊方法的名
稱總是以雙底線（__）為前綴和後綴。這些方法會在程式執行過程中由直譯器自動
觸發。舉例來說，運算 x * y 是由方法 x.__mul__(y) 來進行的。這些方法的名稱和
它們相應的運算子是固定連接好（hard-wired）的。任何給定物件的行為完全取決於
它所實作的那組特殊方法。

接下來的幾個章節描述了與不同種類的核心直譯器功能關聯的特殊方法。這些種類
有時被稱為「協定（protocols）」。一個物件，包括使用者定義的類別，可以定義這
些功能的任何組合，以使物件以不同的方式行事。

4.9 物件協定

表 4.1 中的方法與物件的總體管理有關。這包括物件的創建（creation）、初始化（initialization）、解構（destruction）和表徵（representation）。

表 4.1 用於物件管理的方法

方法	描述
__new__(cls [,*args [,**kwargs]])	呼叫來創建一個新實體（instance）的靜態方法（static method）。
__init__(self [,*args [,**kwargs]])	一個新實體創建之後被呼叫來將之初始化的方法。
__del__(self)	一個實體被摧毀時呼叫。
__repr__(self)	創建一個字串表徵（string representation）。

__new__() 與 __init__() 一起用來創建並初始化實體。呼叫 SomeClass(args) 來建立一個物件時，這會被轉譯為下列步驟：

```
x = SomeClass.__new__(SomeClass, args)
if isinstance(x, SomeClass):
    x.__init__(args)
```

通常情況下，這些步驟都是在幕後處理的，你不需要擔心它們。在一個類別中，最常實作的方法是 __init__()。__new__() 的使用幾乎總是代表與實體創建相關的進階魔術存在（例如，這會被用在想要繞過 __init__() 的類別方法中，或者用於某些創建設計模式中，如單體或快取）。__new__() 的實作不一定得回傳目標類別的一個實體，如果不是，那麼在創建時對 __init__() 的後續呼叫將被跳過。

__del__() 方法會在一個實體即將被垃圾回收時調用。這個方法只會在一個實體不再被使用時被呼叫。注意到述句 del x 只會遞減實體的參考計數，並不一定會導致這個函式的調用。__del__() 幾乎從不被定義，除非一個實體在銷毀時需要執行額外的資源管理步驟。

由內建的 repr() 函式呼叫的 __repr__() 方法，會創建一個物件的字串表徵（string representation），在除錯和列印時非常有用。你在互動式直譯器中檢視變數時看到的輸出，也是由此方法負責創造的。慣例是讓 __repr__() 回傳一個運算式字串（expression string），可以使用 eval() 進行估算來重新創建出物件。比如說：

```
a = [2, 3, 4, 5]    # 創建一個串列
s = repr(a)         # s = '[2, 3, 4, 5]'
b = eval(s)         # 把 s 變回一個串列
```

若是無法建立出一個字串表徵，慣例是讓 __repr__() 回傳 <...message...> 這種形式的字串，如這裡所示：

```
f = open('foo.txt')
a = repr(f)
# a = "<_io.TextIOWrapper name='foo.txt' mode='r' encoding='UTF-8'>
```

4.10　數字協定

表 4.2 列出了物件必須實作以提供數學運算的特殊方法。

表 4.2　用於數學運算的方法

方法	運算
__add__(self, other)	self + other
__sub__(self, other)	self - other
__mul__(self, other)	self * other
__truediv__(self, other)	self / other
__floordiv__(self, other)	self // other
__mod__(self, other)	self % other
__matmul__(self, other)	self @ other
__divmod__(self, other)	divmod(self, other)
__pow__(self, other [, modulo])	self ** other, pow(self, other, modulo)
__lshift__(self, other)	self << other
__rshift__(self, other)	self >> other
__and__(self, other)	self & other
__or__(self, other)	self | other
__xor__(self, other)	self ^ other
__radd__(self, other)	other + self
__rsub__(self, other)	other - self
__rmul__(self, other)	other * self
__rtruediv__(self, other)	other / self
__rfloordiv__(self, other)	other // self

方法	運算
__rmod__(self, other)	other % self
__rmatmul__(self, other)	other @ self
__rdivmod__(self, other)	divmod(other, self)
__rpow__(self, other)	other ** self
__rlshift__(self, other)	other << self
__rrshift__(self, other)	other >> self
__rand__(self, other)	other & self
__ror__(self, other)	other	self
__rxor__(self, other)	other ^ self
__iadd__(self, other)	self += other
__isub__(self, other)	self -= other
__imul__(self, other)	self *= other
__itruediv__(self, other)	self /= other
__ifloordiv__(self, other)	self //= other
__imod__(self, other)	self %= other
__imatmul__(self, other)	self @= other
__ipow__(self, other)	self **= other
__iand__(self, other)	self &= other
__ior__(self, other)	self |= other
__ixor__(self, other)	self ^= other
__ilshift__(self, other)	self <<= other
__irshift__(self, other)	self >>= other
__neg__(self)	-self
__pos__(self)	+self
__invert__(self)	~self
__abs__(self)	abs(self)
__round__(self, n)	round(self, n)
__floor__(self)	math.floor(self)
__ceil__(self)	math.ceil(self)
__trunc__(self)	math.trunc(self)

遇到像 x + y 這樣的運算式時，直譯器會調用 x.__add__(y) 或 y.__radd__(x) 方法的組合來進行該運算。最初的選擇是在所有的情況下都先嘗試 x.__add__(y)，除了 y 剛好是 x 的一個子型別的特殊情況，在那種情況下，y.__radd__(x) 會先執行。如

果初始方法因回傳 NotImplemented 而失敗，我們會嘗試用相反的運算元來調用該運算，如 y.__radd__(x)。如果這第二次嘗試失敗了，整個運算就會失敗。這裡有個例子：

```
>>> a = 42       # int
>>> b = 3.7      # float
>>> a.__add__(b)
NotImplemented
>>> b.__radd__(a)
45.7
>>>
```

這個例子似乎會令人感到驚訝，但它反映了這樣的一個事實：整數實際上對浮點數一無所知，但是，浮點數知道整數，因為整數在數學上是一種特殊的浮點數。因此，反轉的運算元會產生正確的答案。

__iadd__()、__isub__() 等方法用來支援就地進行的算術運算子（in-place arithmetic operators），如 a += b 和 a -= b（也被稱為擴增指定）。這些運算子和標準的算術方法之間做了區隔，因為就地運算子的實作可能得以提供某些自訂功能或效能的最佳化。舉例來說，如果物件不是共用的，那麼物件的值可以被就地修改，而不需要為結果配置一個新創建的物件。如果就地運算子沒有被定義，那麼像 a += b 這樣的運算就會改以 a = a + b 這種形式估算。

沒有任何方法可以用來定義邏輯 and、or、或 not 運算子的行為。and 和 or 運算子實作了短路估算（short-circuit evaluation），如果最終結果已經可以確定，估算動作就會停止。例如：

```
>>> True or 1/0    # 沒有估算 1/0
True
>>>
```

涉及到未估算的子運算式（unevaluated subexpressions）的這種行為無法以正常函式或方法的估算規則（evaluation rules）來表達。因此，沒有協定或任何一組方法可以用來將之重新定義。取而代之，深埋藏在 Python 本身的實作中，這被當作一種特例來處理。

4.11　比較協定

物件能以各種方式進行比較。最基本的檢查是以 is 運算子進行同一性檢查（identity check），例如 a is b。同一性（identity）並不考慮儲存在物件中的值，即使它們剛好相同也是如此。舉例來說：

```
>>> a = [1, 2, 3]
>>> b = a
>>> a is b
True
>>> c = [1, 2, 3]
>>> a is c
False
>>>
```

is 運算子是 Python 內部一個無法重新被定義的部分。其他所有在物件上進行的比較都是由表 4.3 中的方法所實作。

表 4.3　用於實體比較（Comparison）和雜湊（Hashing）的方法

方法	描述
__bool__(self)	為真假值測試回傳 False 或 True
__eq__(self, other)	self == other
__ne__(self, other)	self != other
__lt__(self, other)	self < other
__le__(self, other)	self <= other
__gt__(self, other)	self > other
__ge__(self, other)	self >= other
__hash__(self)	計算出一個整數的雜湊索引（hash index）

當一個物件被用作某個條件或條件運算式的一部分進行測試時，__bool__() 方法若有出現，就會被用來決定真假值。例如：

```
if a:              # 執行 a.__bool__()
    ...
else:
    ...
```

如果 __bool__() 未定義，那麼 __len__() 會被當作備用的。如果 __bool__() 和 __len__() 都未定義，一個物件將單純被視為 True。

__eq__() 方法用來判斷基本的相等性（equality），與 == 和 != 運算子一起使用。
__eq__() 的預設實作使用 is 運算子來比較物件的同一性。__ne__() 方法，如果存在
的話，可以用來實作對 != 的特殊處理，但通常只要 __eq__() 有定義，它就非必要
了。

次序（Ordering）是由關係運算子（<、>、<= 與 >=）所決定的，用到了例如
__lt__() 和 __gt__() 之類的方法。跟其他數學運算一樣，其估算規則也很微妙。
要估算 a < b，直譯器會先嘗試執行 a.__lt__(b)，除非 b 是 a 的子型別。在那一種
特殊情況下，會改為先執行 b.__gt__(a)。如果那個初始方法沒有被定義或回傳了
NotImplemented，直譯器將嘗試反向比較，呼叫 b.__gt__(a)。類似的規則適用於 <=
和 >= 這類的運算子。舉例來說，估算 <= 時，會先試著估算 a.__le__(b)。如果沒有
實作（not implemented），就會嘗試 b.__ge__(a)。

這每一個比較方法都接受兩個引數，並允許回傳任何一種值，包括一個 Boolean
值、一個串列或其他任何的 Python 型別。舉例來說，一個數值套件（numerical
package）可以用這來進行兩個矩陣（matrices）間逐個元素的比較（element-wise
comparison），回傳帶有結果的一個矩陣。如果比較是不可能的，這些方法應該回傳
內建物件 NotImplemented。這跟 NotImplementedError 例外不一樣。例如：

```
>>> a = 42       # int
>>> b = 52.3     # float
>>> a.__lt__(b)
NotImplemented
>>> b.__gt__(a)
True
>>>
```

對於一個有序物件（ordered object）來說，沒有必要實作表 4.3 中所有的比較運算。
如果你希望能夠對物件進行排序或使用諸如 min() 或 max() 之類的函式，那麼至少
必須定義 __lt__()。如果你要在使用者定義的一個類別中添加比較運算，functools
模組中的 @total_ordering 類別裝飾器（class decorator）可能會有一些用處。它可以
產生所有的方法，只要你至少有實作 __eq__() 和其他的比較方法之一。

__hash__() 方法被定義在那些要放入一個集合或在一個映射（字典）中作為鍵值
（key）的實體上。回傳的值是一個整數，對於兩個比較起來相等的實體，它應該是
相同的。此外，__eq__() 應該總是和 __hash__() 一起定義，因為這兩個方法是一起
作業的。__hash__() 所回傳的值通常被用作各種資料結構的內部實作細節。然而，
兩個不同的物件有可能有相同的雜湊值。因此，__eq__() 是必要的，以解決潛在的
衝突（collisions）。

4.12　轉換協定

有的時候，你必須將一個物件轉換為某種內建型別，例如一個字串或數字。表 4.4 中的方法能為此目的而定義。

表 4.4　用於轉換的方法

方法	描述
__str__(self)	轉換為一個字串
__bytes__(self)	轉換為位元組（bytes）
__format__(self, format_spec)	建立一個格式化的表徵（formatted representation）
__bool__(self)	bool(self)
__int__(self)	int(self)
__float__(self)	float(self)
__complex__(self)	complex(self)
__index__(self)	轉換為一個整數索引 [self]

__str__() 方法會由內建的 str() 函式以及與列印相關的函式所呼叫。__format__() 由 format() 函式或字串的 format() 方法所呼叫。format_spec 引數是含有格式規格（format specification）的一個字串。這個字串等同於 format() 的 format_spec 引數。例如：

```
f'{x:spec}'             # 呼叫 x.__format__('spec')
format(x, 'spec')       # 呼叫 x.__format__('spec')
'x is {0:spec}'.format(x)  # 呼叫 x.__format__('spec')
```

格式規格的語法是任意的，可以在每個物件的基礎上進行自訂。然而，有一套用於內建型別的標準慣例。關於字串格式化的更多資訊，包括格式指定符（format specifier）的一般形式，可以在第 9 章找到。

若有一個實體被傳遞給 bytes()，__bytes__() 方法會被用來建立一個位元組表徵（byte representation）。並非所有的型別都支援位元組轉換。

數值轉換 __bool__()、__int__()、__float__()、和 __complex__() 預期會產生相應內建型別的一個值。

Python 從不使用這些方法進行隱含的型別轉換（implicit type conversions）。因此，即使一個物件 x 實作了一個 __int__() 方法，運算式 3 + x 仍然會產生一個 TypeError。執行 __int__() 的唯一方式是明確使用 int() 函式。

當一個物件被用於需要整數值的一個運算中時，__index__() 方法會對它進行整數轉換。這包括在序列運算中的索引（indexing）動作。例如，如果 items 是一個串列，進行像是 items[x] 的運算，將嘗試執行 items[x.__index__()]，如果 x 不是一個整數的話。__index__() 也被用於各種基數轉換（base conversions），如 oct(x) 和 hex(x)。

4.13　容器協定

表 4.5 中的方法會由想要實作各類容器（containers，例如串列、字典、集合等等）的物件所用。

表 4.5　用於容器的方法

方法	描述
__len__(self)	回傳 self 的長度（length）
__getitem__(self, key)	回傳 self[key]
__setitem__(self, key, value)	設定 self[key] = value
__delitem__(self, key)	刪除 self[key]
__contains__(self, obj)	obj in self

這裡有一個例子：

```
a = [1, 2, 3, 4, 5, 6]
len(a)                 # a.__len__()
x = a[2]               # x = a.__getitem__(2)
a[1] = 7               # a.__setitem__(1,7)
del a[2]               # a.__delitem__(2)
5 in a                 # a.__contains__(5)
```

__len__() 方法由內建的 len() 函式所呼叫，以回傳一個非負的長度。此函式也會決定真假值，除非已經定義了 __bool__() 方法。

對於個別項目（items）的存取，__getitem__() 方法可以藉由鍵值回傳一個項目。鍵值可以是任何的 Python 物件，但對於有序序列（ordered sequences，如串列和陣列），它應該是一個整數。__setitem__() 方法指定一個值給一個元素。當 del 運算被套用到單一個元素時，__delitem__() 方法就會被調用。__contains__() 方法用來實作 in 運算子。

切片運算（slicing operations），例如 x = s[i:j] 也是使用 __getitem__()、__setitem__() 和 __delitem__() 來實作。對於切片（slices），有一個特殊的 slice 實體被傳遞作為鍵值。這個實體具有的屬性用以描述所請求的片段範圍。舉例來說：

```python
a = [1,2,3,4,5,6]
x = a[1:5]              # x = a.__getitem__(slice(1, 5, None))
a[1:3] = [10,11,12]     # a.__setitem__(slice(1, 3, None), [10, 11, 12])
del a[1:4]              # a.__delitem__(slice(1, 4, None))
```

Python 的切片功能比許多程式設計師所意識到的還要強大。例如，下面這些擴充式切片（extended slicing）的變體全都有支援，對於多維資料結構（multidimensional data structures，如矩陣和陣列）的處理，可能很有用：

```python
a = m[0:100:10]         # 有指定步幅的切片（stride=10）
b = m[1:10, 3:20]       # 多維切片
c = m[0:100:10, 50:75:5]  # 帶有步幅的多維處理
m[0:5, 5:10] = n        # 擴充式切片的指定
del m[:10, 15:]         # 擴充式切片的刪除
```

一個擴充式切片（extended slice）的每個維度的一般格式是 i:j[:stride]，其中 stride 是選擇性的。與普通切片一樣，你可以省略一個切片各部分的起始或結束值。

此外，Ellipsis（寫成 ...）可用來表示擴充式切片中任何數量的尾綴或前導維度：

```python
a = m[..., 10:20]       # 使用 Ellipsis 的擴充式切片存取
m[10:20, ...] = n
```

使用擴充式切片時，__getitem__()、__setitem__() 和 __delitem__() 方法分別實作取用、修改和刪除。然而，傳遞給這些方法的值不是一個整數，而是包含切片或 Ellipsis 物件組合的一個元組。比如說：

```python
a = m[0:10, 0:100:5, ...]
```

會如下呼叫 __getitem__()：

```python
a = m.__getitem__((slice(0,10,None), slice(0,100,5), Ellipsis))
```

Python 的字串、元組和串列目前提供了對擴充式切片的一些支援。Python 或其標準程式庫的任何部分都沒有使用多維切片（multidimensional slicing）或 Ellipsis。這些功能純粹是為第三方程式庫和框架而保留的。或許你最常看到它們的地方是在像 numpy 那樣的程式庫中。

4.14　迭代協定

如果一個實體 obj 支援迭代（iteration），它會提供一個方法 obj.__iter__() 來回傳一個迭代器（iterator），而一個迭代器 iter 則實作了單一個方法 iter.__next__() 來回傳下一個物件（next object），或提出 StopIteration 表示迭代的結束。這些方法被 for 述句的實作以及其他會隱含執行迭代的運算所使用。舉例來說，述句 for x in s 是透過執行這些步驟來進行的：

```
_iter = s.__iter__()
while True:
    try:
        x = _iter.__next__()
    except StopIteration:
        break
    # 執行 for 迴圈主體中的述句
    ...
```

如果一個物件實作了 __reversed__() 特殊方法，它可以選擇性地提供一個反向的迭代器（reversed iterator）。這個方法應該回傳一個迭代器物件，其介面與正常的迭代器相同（也就是一個會在迭代結束時提出 StopIteration 的 __next__() 方法）。這個方法由內建的 reversed() 函式所用。比如說：

```
>>> for x in reversed([1,2,3]):
...     print(x)
3
2
1
>>>
```

迭代的一個常見的實作技巧是使用一個涉及 yield 的產生器函式（generator function）。例如：

```
class FRange:
    def __init__(self, start, stop, step):
        self.start = start
        self.stop = stop
```

```
        self.step = step

    def __iter__(self):
        x = self.start
        while x < self.stop:
            yield x
            x += self.step

# 範例用法：
nums = FRange(0.0, 1.0, 0.1)
for x in nums:
    print(x)     # 0.0, 0.1, 0.2, 0.3, ...
```

這之所以行得通，是因為產生器函式本身遵循迭代協定。以這種方式實作迭代器會簡單一點，因為你只需要擔心 __iter__() 方法。迭代機制的其餘部分已經由產生器所提供。

4.15　屬性協定

表 4.6 中的方法分別使用點號（.）運算子和 del 運算子來讀寫和刪除一個物件的屬性（attributes）。

表 4.6　用於屬性存取的方法

方法	描述
__getattribute__(self, name)	回傳屬性 self.name
__getattr__(self, name)	如果透過 __getattribute__() 沒找到，就回傳 self.name
__setattr__(self, name, value)	設定屬性 self.name = value
__delattr__(self, name)	刪除屬性 del self.name

每當一個屬性被存取，__getattribute__() 方法就會被調用。若有找到該屬性，它的值將被回傳。否則就會調用 __getattr__() 方法。__getattr__() 的預設行為是提出一個 AttributeError 例外。設定一個屬性時，__setattr__() 方法永遠都會被調用，而刪除一個屬性時，則總是會調用 __delattr__() 方法。

這些方法是相當直接的，它們允許一個型別完全重新定義對所有屬性的存取。使用者定義的類別可以定義特性（properties）和描述元（descriptors），允許對屬性存取進行更精細的控制。這將在第 7 章進一步討論。

4.16 函式協定

一個物件可以透過提供 __call__() 方法來模擬（emulate）一個函式。如果一個物件 x 有提供這個方法，它就可以像一個函式一樣被調用。也就是說，x(arg1, arg2, ...) 調用 x.__call__(arg1, arg2, ...)。

有許多內建型別支援函式呼叫。舉例來說，型別實作 __call__() 來創建新的實體。已繫結的方法（bound methods）實作 __call__() 來傳遞 self 引數給實體方法（instance methods）。程式庫函式，如 functools.partial() 也會創建模擬函式的物件。

4.17 情境管理器協定

with 述句能讓一序列的述句在稱為情境管理器（context manager）的一個實體的控制之下執行。其一般語法如下：

```
with context [ as var]:
    statements
```

在此展示的情境物件預期實作了表 4.7 中所列的方法。

表 4.7　用於情境管理器的方法

方法	描述
__enter__(self)	會在進入一個新情境（context）時被呼叫。回傳值會放在以 with 述句的 as 指定符所列的變數中。
__exit__(self, type, value, tb)	離開一個情境時被呼叫。若有例外發生，type、value 和 tb 會有例外的型別、值和回溯資訊（traceback information）。

with 述句執行時，__enter__() 方法會被調用。這個方法所回傳的值會被放到用選擇性的 as var 指定符所列出的變數中。當控制流程離開與 with 述句關聯的述句區塊時，__exit__() 方法就會被呼叫。作為引數，__exit__() 會在有例外被提出時，接收當前的例外型別及其值，還有一個回溯資訊。如果沒有錯誤要處理，這三個值都會被設置為 None。__exit__() 方法應該回傳 True 或 False 來表明已被提出的一個例外是否有被處理。若是回傳 True，任何待處理的例外都會被清除，而程式的執行會在 with 區塊之後的第一個述句繼續正常進行。

情境管理介面的主要用途是為涉及系統狀態（例如已開啟的檔案、網路連線和鎖）的物件簡化資源的控制。藉由實作這個介面，執行離開某個物件在其中被使用的一個情境時，該物件就能安全地清理資源。進一步的細節可以在第 3 章找到。

4.18　結語：關於成為 Pythonic

一個經常被引用的設計目標是編寫出「Pythonic」的程式碼。這可以有很多含義，但基本上它鼓勵你遵循 Python 其他部分已經在使用的既有慣用語（established idioms）。這意味著了解 Python 用於容器、可迭代物件、資源管理等等的協定。有許多最流行的 Python 框架都是使用這些協定來提供良好的使用者體驗。你也應該致力於此。

在不同的協定中，有三個值得特別注意，因為它們被廣泛使用。一個是使用 __repr__() 方法建立出合適的物件表徵。Python 程式經常是在互動式的 REPL 中進行除錯和實驗的。使用 print() 或記錄程式庫（logging library）來輸出物件也很常見。如果你讓觀察物件狀態的工作變得很容易，就會使所有的這些事情變得更加容易。

第二，對資料進行迭代是最常見的程式設計任務之一。如果你要那麼做，你就應該讓你的程式碼能與 Python 的 for 述句一起工作。Python 的許多核心部分和標準程式庫都是為了與可迭代物件一起作業而設計的。藉由以通用的方式支援迭代，你將自動獲得大量的額外功能，而且你的程式碼對其他程式設計師來說也會是直觀的。

最後，使用情境管理器和 with 述句來處理一種常見的程式設計模式，在這種模式中，述句被夾在某些啟動和拆卸的步驟之間，例如開啟和關閉資源、獲取和釋放鎖、訂閱和取消訂閱，諸如此類。

函式

函式是大多數 Python 程式的一個基本構件。本章描述了函式定義、函式應用、範疇規則（scoping rules）、閉包（closures）、裝飾器（decorators）和其他函式型程式設計（functional programming）的特色。特別關注不同的程式設計慣用語（idioms）、估算模型（evaluation models）以及與函式相關的模式。

5.1　函式定義

函式是用 def 述句定義的：

```python
def add(x, y):
    return x + y
```

函式定義的第一部分指出函式名稱（function name）和代表輸入值的參數名稱（parameter names）。函式的主體（body）是一連串的述句，會在函式被呼叫（called）或應用（applied）時執行。你會把一個函式應用到引數（arguments），方法是在函式名稱後面加上圍在括弧（parentheses）內的那些引數：a = add(3, 4)。在執行函式主體之前，引數會從左到右被完全估算。舉例來說，add(1+1, 2+2) 會在呼叫函式之前先被化簡為 add(2, 4)。這就是所謂的應用估算次序（*applicative evaluation order*）。引數的順序和數量必須與函式定義中給出的參數相匹配。若不匹配，就會產生一個 TypeError 例外。函式呼叫之結構（比如需要幾個引數）被稱為函式的呼叫特徵式（call signature）。

5.2   預設引數

你可以透過在函式定義中指定值來為函式參數附加預設值（default values）。例如：

```
def split(line, delimiter=','):
    statements
```

當一個函式定義了帶有預設值的一個參數，那該參數和跟在其後的所有參數都會是選擇性（optional）的。你不可能在具有預設值的任何參數之後指定一個沒有預設值的參數。

預設的參數值在第一次定義函式時會被估算一次，而不是在每次呼叫函式時估算。如果可變物件（mutable objects）被用作預設值，這往往會導致令人驚訝的行為：

```
def func(x, items=[]):
    items.append(x)
    return items

func(1)       # 回傳 [1]
func(2)       # 回傳 [1, 2]
func(3)       # 回傳 [1, 2, 3]
```

注意到那個預設引數仍然會是之前調用所修改後的值。要避免這種情形，最好是使用 None 並且加上一個檢查，如下：

```
def func(x, items=None):
    if items is None:
        items = []
    items.append(x)
    return items
```

為了避免這種令人訝異的情況，作為一種通用的實務做法，請只使用不可變物件（immutable objects）作為預設引數值，例如數字、字串 Boolean 值、None 等。

5.3   可變引數（Variadic Arguments）

如果最後一個參數名稱上使用了一個星號（*）作為前綴（prefix），那麼函式就能接受數目可變的引數（variable number of arguments）。例如：

```
def product(first, *args):
    result = first
    for x in args:
```

```
        result = result * x
    return result

product(10, 20)      # -> 200
product(2, 3, 4, 5)  # -> 120
```

在這種情況下，額外的所有引數都會被放到 args 變數中作為一個元組（tuple）。然後你就能運用標準的序列運算（迭代、切片、拆分等等）來操作那些引數。

5.4 關鍵字引數

函式引數可以藉由明確地指名每個參數並為之指定一個值的方式來提供。這被稱為關鍵字引數（keyword arguments）。這裡有個例子：

```
def func(w, x, y, z):
    statements

# 關鍵字引數調用
func(x=3, y=22, w='hello', z=[1, 2])
```

就關鍵字引數而言，引數的順序並不重要，只要每個必要的參數都有得到一個值就行了。如果你省略了任何的必要引數，或者一個關鍵字的名稱與函式定義中的任何一個參數名稱都不匹配，就會有一個 TypeError 例外被提出。關鍵字引數的估算次序與它們在函式呼叫中被指定的順序相同。

位置引數（positional arguments）和關鍵字引數可以出現在同一個函式呼叫中，前提是所有的位置引數都要先出現，而所有的非選擇性引數都有為之提供值，並且沒有引數得到一個以上的值。下面是一個例子：

```
func('hello', 3, z=[1, 2], y=22)
func(3, 22, w='hello', z=[1, 2])    # TypeError：w 有多個值
```

如果想要，強迫關鍵字引數的使用也是可能的。要這麼做，就在一個 * 引數之後列出參數，或單純在定義中包含單一個 *。例如：

```
def read_data(filename, *, debug=False):
    ...

def product(first, *values, scale=1):
    result = first * scale
    for val in values:
        result = result * val
    return result
```

在此例中，`read_data()` 的 debug 引數只能藉由關鍵字來指定。這種限制通常能增進程式碼的可讀性：

```
data = read_data('Data.csv', True)        # NO：TypeError
data = read_data('Data.csv', debug=True)  # Yes
```

`product()` 函式接受任意數目的位置引數，以及一個選擇性的僅限關鍵字引數（keyword-only argument）。例如：

```
result = product(2,3,4)            # Result = 24
result = product(2,3,4, scale=10)  # Result = 240
```

5.5　可變的關鍵字引數

如果一個函式定義的最後一個引數前綴有 `**`，那麼額外的所有關鍵字引數（沒有匹配到任何其他參數名稱的那些）會被放在一個字典中，並傳入函式。這個字典中項目的順序保證會與那些關鍵字引數被提供時的順序相同。

任意的關鍵字引數可能很適合用來定義接受大量潛在的開放式組態選項（configuration options）的函式，那些選項如果作為參數列出就顯得太笨拙了。這裡有一個例子：

```
def make_table(data, **parms):
    # 從 parms（一個字典）取得組態參數
    fgcolor = parms.pop('fgcolor', 'black')
    bgcolor = parms.pop('bgcolor', 'white')
    width = parms.pop('width', None)
    ...
    # 沒有選項了
    if parms:
        raise TypeError(f'Unsupported configuration options {list(parms)}')

make_table(items, fgcolor='black', bgcolor='white', border=1,
                  borderstyle='grooved', cellpadding=10,
                  width=400)
```

字典的 `pop()` 方法會從一個字典移除一個項目，並回傳它的值，若未定義就回傳一個預設值。這段程式碼中所用的 `parms.pop('fgcolor', 'black')` 運算式模仿有指定預設值的一個關鍵字引數之行為。

5.6　接受所有輸入的函式

藉由同時使用 * 和 **，你可以寫出接受任何引數組合的一個函式。其中的位置引數會作為元組傳遞，而關鍵字引數則作為字典。例如：

```
# 接受數目不定的位置或關鍵字引數
def func(*args, **kwargs):
    # args 是由位置引數構成的一個元組
    # kwargs 是關鍵字引數所成的一個字典
    ...
```

*args 和 **kwargs 的這種結合用法常被用來撰寫包裹器（wrappers）、裝飾器、代理器（proxies）或類似的函式。舉例來說，假設你有一個函式要用來剖析（parse）從一個可迭代物件（iterable）取出的文字行：

```
def parse_lines(lines, separator=',', types=(), debug=False):
    for line in lines:
        ...
        statements
        ...
```

現在，假設你想要改為製作藉由指定的檔名讀取一個檔案的資料並進行剖析的特例函式。要那麼做，你可以寫：

```
def parse_file(filename, *args, **kwargs):
    with open(filename, 'rt') as file:
        return parse_lines(file, *args, **kwargs)
```

這種做法的好處是，parse_file() 函式並不需要知道關於 parse_lines() 的引數的任何事情。它接受呼叫者所提供的任何額外引數，並將它們傳遞下去。這也簡化了 parse_file() 函式的維護工作。舉例來說，如果有新的引數被加到了 parse_lines()，那些引數也會很神奇地能與 parse_file() 函式一起使用。

5.7　僅限位置引數

Python 的許多內建函式只接受依照位置傳入的引數。你會在各種輔助工具或 IDE 所顯示的函式呼叫特徵式中看到這點，其中會出現一個斜線（/）。舉例來說，你可能會看到類似 func(x, y, /) 的東西。這意味著出現在斜線之前的所有引數只能透過位置來指定。因此，你可以用 func(2, 3) 來呼叫函式，但不能用 func(x=2, y=3)。為了完整起見，定義函式時也可以使用這種語法。例如，你可以像下面這樣寫：

```
def func(x, y, /):
    pass

func(1, 2)      # 沒問題
func(1, y=2)    # 錯誤
```

這種形式的定義很少會在程式碼中看到，因為最初是在 Python 3.8 才開始支援的。
然而，這可以是避免潛在的引數名稱衝突的一種有效方式。舉例來說，考慮下列程
式碼：

```
import time

def after(seconds, func, /, *args, **kwargs):
    time.sleep(seconds)
    return func(*args, **kwargs)

def duration(*, seconds, minutes, hours):
    return seconds + 60 * minutes + 3600 * hours

after(5, duration, seconds=20, minutes=3, hours=2)
```

在這段程式碼中，seconds 是作為一個關鍵字引數傳遞，但它是要與傳遞給 after()
的 duration 函式一起使用的。在 after() 中使用僅限位置引數防止了與先出現的
seconds 引數的名稱衝突。

5.8　名稱、說明文件字串以及型別提示

函式的標準命名慣例是使用小寫字母，以及一個底線（_）作為單詞的分隔符號
（word separator），舉例來說，是 read_data() 而不是 readData()。如果一個函式不
打算直接使用，因為它是一個輔助器（helper）或某種內部實作細節，它的名稱通常
會有一個底線作為前綴，例如 _helper()。然而，這些只是慣例（conventions）。只
要該名稱是一個有效的識別字（identifier），你可以自由地給函式取任何名稱。

一個函式的名稱可以透過 __name__ 屬性獲得。這在除錯的時候有時是很有用的。

```
>>> def square(x):
...     return x * x
...
>>> square.__name__
'square'
>>>
```

很常可以看到一個函式的第一個述句是描述其用法的一個說明文件字串
（documentation string）。例如：

```
def factorial(n):
    '''
    Computes n factorial. For example:

    >>> factorial(6)
    120
    >>>
    '''
    if n <= 1:
        return 1
    else:
        return n*factorial(n-1)
```

這個說明文件字串是儲存在函式的 **__doc__** 屬性中。它通常會由 IDE 所取用來提供
互動式協助。

函式也能以型別提示（type hints）來加以注釋。例如：

```
def factorial(n: int) -> int:
    if n <= 1:
        return 1
    else:
        return n * factorial(n - 1)
```

型別提示並不會改變函式的估算方式。也就是說，提示的存在不提供任何效能上的
好處或額外的執行時期錯誤檢查（runtime error checking）。這些提示單純只會被儲
存在函式的 **__annotations__** 屬性中，它是一個字典，將引數名稱映射到所提供的
提示。第三方工具，例如 IDE 和程式碼檢查器，可能會為了各種目的而使用這些
提示。

有時你會看到型別提示被附加到函式中的區域變數（local variable）。比如說：

```
def factorial(n:int) -> int:
    result: int = 1              # 帶有型別提示的區域變數
    while n > 1:
        result *= n
        n -= 1
    return result
```

這樣的提示會被直譯器完全忽略。它們不會被檢查、儲存，甚至不會被估算。同樣地，提示的目的是為了幫助第三方的程式碼檢查工具。除非你有在積極運用會用到型別提示的程式碼檢查工具，否則並不建議為函式添加型別提示。我們很容易會錯誤地指定型別提示，而且，除非你有在使用會對它們進行檢查的工具，不然在其他人決定在你的程式碼上執行型別檢查工具（type-checking tool）之前，錯誤都不會被發現。

5.9　函式應用和參數傳遞

當一個函式被呼叫，其函式參數會是被繫結到（bound to）所傳遞的輸入物件上的區域名稱（local names）。Python 會把所提供的物件「依照原樣（as is）」傳入給函式，不會進行任何額外的拷貝動作。如果傳遞的是可變物件，如串列或字典，就需要特別留意。如果做了變更，那些變化會反映在原本的物件中。這裡有一個例子：

```python
def square(items):
    for i, x in enumerate(items):
        items[i] = x * x           # 就地修改項目
a = [1, 2, 3, 4, 5]
square(a)               # a 變為 [1, 4, 9, 16, 25]
```

那些會改變其輸入值的函式，或會在幕後改變程式其他部分之狀態的函式，被稱為具有「副作用（side effects）」。一般來說，最好是避免副作用。隨著程式規模和複雜性的增加，它們可能會成為細微難察的程式設計錯誤之來源，因為單是閱讀函式呼叫可能看不出一個函式是否具有副作用。這樣的函式與涉及執行緒（threads）和共時性（concurrency）的程式的互動性也很差，因為副作用通常需要用鎖（locks）來保護。

在修改（modifying）一個物件和重新指定（reassigning）一個變數名稱之間做出區分是很重要的。考慮一下這個函式：

```python
def sum_squares(items):
    items = [x*x for x in items]   # 重新指定 "items" 名稱
    return sum(items)

a = [1, 2, 3, 4, 5]
result = sum_squares(a)
print(a)                           # [1, 2, 3, 4, 5]（沒變）
```

在這個例子中，看起來好像 sum_squares() 函式覆寫了傳入的 items 變數。沒錯，區域性的 items 標籤被重新指定為一個新的值。但是原本的輸入值（a）並沒有因為那個運算而改變。取而代之，區域變數名稱 items 被繫結到一個完全不同的物件，也就是內部那個串列概括式的結果。指定一個變數名稱和修改一個物件之間是有差別的。當你指定一個值給一個名稱，你並沒有覆寫已經存在的物件，你只是把那個名稱重新指定給一個不同的物件。

就程式寫作風格而言，有副作用的函式通常會回傳 None 作為結果。作為一個例子，考慮串列的 sort() 方法：

```
>>> items = [10, 3, 2, 9, 5]
>>> items.sort()              # 觀察：沒有回傳值
>>> items
[2, 3, 5, 9, 10]
>>>
```

sort() 方法對串列的項目進行就地排序。它沒有回傳任何結果。結果的缺乏是具有副作用的一種強力指標，在此例中，副作用就是串列中的元素被重新排列了。

有時你已經具備放在一個序列或映射中的資料，而你想把它傳入一個函式。要做到這一點，你可以在函式調用（function invocations）中使用 * 和 **。比如說：

```
def func(x, y, z):
    ...

s = (1, 2, 3)
# 傳入一個序列作為引數
result = func(*s)

# 傳入一個映射作為關鍵字引數
d = { 'x':1, 'y':2, 'z':3 }
result = func(**d)
```

你可以從多個來源獲取資料，甚至明確地提供其中的一些引數，只要函式有獲得所有必要的引數、沒有重複，而且其呼叫特徵式中所有的東西都正確對齊，就行得通了。你甚至可以在同一個函式呼叫中不止一次地使用 * 和 **。如果你少給了一個引數或為一個引數指定了重複的值，你就會得到一個錯誤。Python 永遠都不會讓你用不符合其特徵式的引數來呼叫一個函式。

5.10　回傳值

return 述句會從一個函式回傳（returns）一個值。若沒有指定值，或你省略了回傳述句，那就會回傳 None。要回傳多個值，就把它們放在一個元組中：

```python
def parse_value(text):
    '''
    將 name=val 這種形式的文字拆解成 (name, val)
    '''
    parts = text.split('=', 1)
    return (parts[0].strip(), parts[1].strip())
```

作為元組回傳的那些值可被拆分（unpacked）到個別的變數：

```python
name, value = parse_value('url=http://www.python.org')
```

有時會使用具名元組（named tuples）來替代：

```python
from typing import NamedTuple

class ParseResult(NamedTuple):
    name: str
    value: str

def parse_value(text):
    '''
    將 name=val 這種形式的文字拆解成 (name, val)
    '''
    parts = text.split('=', 1)
    return ParseResult(parts[0].strip(), parts[1].strip())
```

一個具名元組的運作方式跟正常的元組相同（你可以進行相同的所有運算和拆分），但你還能使用具名屬性（named attributes）來參考所回傳的值：

```python
r = parse_value('url=http://www.python.org')
print(r.name, r.value)
```

5.11　錯誤處理

前一節中 parse_value() 函式的一個問題是錯誤處理（error handling）。如果輸入文字的形式不對而沒有正確的結果可以回傳，那應該採取什麼行動呢？

有一個做法是把結果視為選擇性的，也就是說，該函式運作的方式要不是回傳一個答案，就是回傳常被用來代表值缺乏的 None。舉例來說，該函式可以修改成這樣：

```python
def parse_value(text):
    parts = text.split('=', 1)
    if len(parts) == 2:
        return ParseResult(parts[0].strip(), parts[1].strip())
    else:
        return None
```

在這種設計中，檢查選擇性結果的責任改交由呼叫者來承擔：

```python
result = parse_value(text)
if result:
    name, value = result
```

或者，在 Python 3.8 以上的版本中，可以更精簡地表達如下：

```python
if result := parse_value(text):
    name, value = result
```

除了回傳 None，你也可以藉由提出一個例外（exception）來把格式不正確的文字視為一種錯誤。例如：

```python
def parse_value(text):
    parts = text.split('=', 1)
    if len(parts) == 2:
        return ParseResult(parts[0].strip(), parts[1].strip())
    else:
        raise ValueError('Bad value')
```

在這種情況下，呼叫者被賦予了以 try-except 來處理不良值的選項。舉例來說：

```python
try:
    name, value = parse_value(text)
    ...
except ValueError:
    ...
```

是否使用例外的決定並不總是很容易做出。一般來說，例外是處理異常結果比較常見的方式。然而，如果例外經常發生，成本也會是很昂貴的。如果你在寫的程式碼很注重效能，那麼回傳 None、False、-1 或者其他的特殊值來表示失敗，可能會更好。

5.12   範疇規則

一個函式每次執行時，都會創建一個區域命名空間（local namespace）。這個命名空間是一個環境（environment），其中包含了函式參數的名稱與值，以及在函式主體內指定的所有變數。名稱的繫結（binding）是在一個函式定義時就已經事先知道了，而所有在函式主體內指定的名稱都會被繫結到區域環境。其他有用到但沒有在函式主體中指定的所有名稱（那些自由變數）都是在全域命名空間（global namespace）中動態尋找的，而這個全域命名空間永遠都是函式定義處的外圍模組（enclosing module）。

函式執行過程中，有兩種與名稱有關的錯誤可能發生。在全域環境中查找（looking up）一個未定義的自由變數（free variable）名稱，會導致 NameError 例外。查找尚未被指定一個值的區域變數，會產生一個 UnboundLocalError 例外。後面這種錯誤往往是流程控制錯誤的結果。比如說：

```
def func(x):
    if x > 0:
        y = 42
    return x + y    # 若條件式為假，y 就沒有被指定

func(10)    # 回傳 52
func(-10)   # UnboundLocalError：y 在指定前就被參考了
```

UnboundLocalError 有時也可能是由就地指定運算子（in-place assignment operators）的誤用所引起。像是 n += 1 這樣的述句會作為 n = n + 1 來處理。若是在 n 被指定一個初始值之前就使用，它就會失敗。

```
def func():
    n += 1    # 錯誤：UnboundLocalError
```

要強調的一個重點是，變數名稱永遠都不會改變它們的範疇（scope），它們要不是全域變數（global variables），就是區域變數（local variables），而這是在函式定義時期就決定好的。這裡有個例子說明了這點：

```
x = 42
def func():
    print(x)    # 失敗：UnboundLocalError
    x = 13

func()
```

在這個例子中，看起來 print() 函式好像會輸出全域變數 x 的值。然而，後面出現的 x 的指定將 x 標示為一個區域變數。這裡的錯誤源自於存取尚未被指定值的一個區域變數。

如果你移除 print() 函式，你得到的程式碼看起來會像是要重新指定一個全域變數的值。舉例來說，考慮這個：

```
x = 42
def func():
    x = 13
func()
# x 仍然是 42
```

這段程式碼執行時，x 保留了它的值 42，儘管它看起來好像是在函式 func 內部修改了全域變數 x。在函式中指定變數時，它們總是作為區域變數被繫結，因此，函式主體中的變數 x 指的是包含值 13 的一個全新物件，而非外層的變數。要改變這種行為，就用 global 述句。global 宣告名稱屬於全域命名空間，若需要修改全域變數，它就是必要的。下面是一個例子：

```
x = 42
y = 37
def func():
    global x        # 'x' 是在全域命名空間中
    x = 13
    y = 0
func()
# x 現在是 13。y 仍然是 37。
```

應該注意的是，使用 global 述句通常被認為是不良的 Python 風格。如果你寫的程式碼中，有個函式需要在幕後變動狀態，可以考慮使用一個類別定義，透過變動一個實體（instance）或類別變數（class variable）來修改狀態。舉例來說：

```
class Config:
    x = 42

def func():
    Config.x = 13
```

Python 允許巢狀的函式定義（nested function definitions）。這裡有個例子：

```
def countdown(start):
    n = start
    def display():                # 巢狀函式定義
        print('T-minus', n)
```

```
    while n > 0:
        display()
        n -= 1
```

巢狀函式中的變數是使用語彙範疇（lexical scoping）來繫結的。也就是說，名稱會先在區域範疇中被解析，然後在從最內層範疇到最外層範疇連續的那些外圍範疇（enclosing scopes）中解析。同樣地，這不是一個動態過程：名稱的繫結在函式定義時就根據語法一次確定了。就跟全域變數一樣，內層函式不能重新指定在外層函式中定義的區域變數值。舉例來說，這段程式碼不起作用：

```
    def countdown(start):
        n = start
        def display():
            print('T-minus', n)
        def decrement():
            n -= 1              # 失敗：UnboundLocalError
        while n > 0:
            display()
            decrement()
```

要修正它，你可以像這樣宣告 n 為 nonlocal：

```
    def countdown(start):
        n = start
        def display():
            print('T-minus', n)
        def decrement():
            nonlocal n
            n -= 1 # 修改外層的 n
        while n > 0:
            display()
            decrement()
```

nonlocal 不能用來參考全域變數：它必須參考外層範疇（outer scope）中的區域變數。因此，如果一個函式要對某個全域值（global）進行指定，你仍然應該像前面描述的那樣使用 global 宣告。

使用巢狀函式和 nonlocal 不是一種常見的程式設計風格。舉例來說，內層函式沒有外部可見性，這可能會使測試和除錯變得複雜。儘管如此，巢狀函式有時還是很有用的，可以將複雜的計算分解成較小的部分，並隱藏內部的實作細節。

5.13　遞迴

Python 支援遞迴函式（recursive functions）。例如：

```python
def sumn(n):
    if n == 0:
        return 0
    else:
        return n + sumn(n-1)
```

然而，遞迴函式的呼叫深度是有限制的。函式 `sys.getrecursionlimit()` 會回傳目前的最大遞迴深度，而函式 `sys.setrecursionlimit()` 可以用來改變那個值。預設值是 1000。儘管有可能增加該值，但程式仍然受到所在作業系統強制施加的堆疊大小限制。超出遞迴深度限制時，會有一個 `RuntimeError` 例外被提出。如果該限制增加得太多，Python 可能會因為分段故障（segmentation fault）或其他作業系統錯誤而崩潰。

實務上，只有在處理深度內嵌的遞迴資料結構（例如 trees 或 graphs）時，才會出現遞迴限制的問題。許多涉及樹狀結構（trees）的演算法自然就很適合遞迴解法，而如果你的資料結構太大，就可能會突破堆疊限制。然而，有一些巧妙的變通方法存在，請參閱第 6 章關於產生器（generators）的例子。

5.14　lambda 運算式

你能用一個 lambda 運算式定義一個匿名（anonymous）或未具名（unnamed）的函式：

```python
lambda args: expression
```

`args` 是逗號分隔的一串引數，而 `expression` 則是涉及那些引數的一個運算式。這裡有個例子：

```python
a = lambda x, y: x + y
r = a(2, 3)              # r 會得到 5
```

以 lambda 定義的程式碼必定要是一個有效的運算式。多重述句（multiple statements）或非運算式述句（nonexpression statements，例如 try 和 while）都不能出現在一個 lambda 運算式中。lambda 運算式遵循跟函式相同的範疇規則。

lambda 的主要用途之一是定義小型的回呼函式（callback functions）。舉例來說，你可能會看到它與內建的運算（例如 sorted()）並用。例如：

```
# 依據唯一字母的數目來排序一個字詞串列
result = sorted(words, key=lambda word: len(set(word)))
```

當一個 lambda 運算式含有自由變數（沒有指定為參數的那些），就得提高警覺。考慮這個範例：

```
x = 2
f = lambda y: x * y
x = 3
g = lambda y: x * y
print(f(10))        # --> 印出 30
print(g(10))        # --> 印出 30
```

在這個例子中，你可能預期呼叫 f(10) 會列印出 20，反映出定義時 x 是 2 的事實。然而，實際上並非如此。作為一個自由變數，f(10) 的估算（evaluation）使用了 x 在估算時期剛好擁有的任何值。這可能與定義那個 lambda 函式時所持有的值不同。有時這種行為被稱為**晚期繫結**（*late binding*）。

如果在定義時捕捉一個變數的值是很重要的，那就使用一個預設引數（default argument）：

```
x = 2
f = lambda y, x=x: x * y
x = 3
g = lambda y, x=x: x * y
print(f(10))            # --> 印出 20
print(g(10))            # --> 印出 30
```

這之所以行得通，是因為預設的引數值只會在函式定義時期被估算一次，因此會捕捉到 x 當時的值。

5.15　高階函式

Python 支援高階函式（*higher-order functions*）的概念。這意味著函式可以作為引數傳遞給其他函式、放在資料結構中，或由一個函式回傳作為結果。函式被稱為**一級物件**（*first-class objects*），代表你處理函式的方式與處理其他任何種類資料之間都沒有區別。這裡有一個範例函式，它接受另外一個函式作為輸入，並會在某個時間延遲之後呼叫它，例如為了模擬雲端中某項微服務（microservice）的效能：

```python
import time

def after(seconds, func):
    time.sleep(seconds)
    func()

# 範例用法
def greeting():
    print('Hello World')

after(10, greeting)        # 在 10 秒之後印出 'Hello World'
```

在此，`after()` 的 `func` 引數是被稱為回呼函式（*callback function*）的一個實例。這指的是 `after()` 函式會「回頭呼叫（calls back）」作為引數而提供的那個函式之事實。

一個函式作為資料傳遞時，它隱含地攜帶著與該函式定義處的環境有關的資訊。舉例來說，假設 `greeting()` 函式像這樣使用一個變數：

```python
def main():
    name = 'Guido'
    def greeting():
        print('Hello', name)
    after(10, greeting)            # 產生：'Hello Guido'

main()
```

在這個例子中，變數 `name` 由 `greeting()` 所用，但它是外層 `main()` 函式的一個區域變數。`greeting` 被傳遞給 `after()` 時，該函式會記住它的環境，並使用必要的 `name` 變數的值。這依靠的是一種被稱為 *closure*（閉包）的功能。一個 closure 是一個函式連同內含執行函式主體所需的所有變數的一個環境。

當你根據惰性（lazy）或延遲（delayed）估算的概念編寫程式碼時，closures 和巢狀函式（nested functions）就會很有用。上面所示的 `after()` 函式，就是這種概念很好的說明。它接收一個沒有被立即估算的函式：那只會發生在後來的某個時間點。這是在其他情境下會出現的一種常見的程式設計模式。舉例來說，一個程式可能有一些函式只會為了對事件做出反應而執行，例如按鍵、滑鼠移動、網路封包的到來等等。在所有的這些情況下，函式的估算被推遲，直到感興趣的事情發生才進行。當函式最終執行時，一個 closure 可以確保函式得到它所需的一切。

你也可以編寫會創建並回傳其他函式的函式。比方說：

```
def make_greeting(name):
    def greeting():
        print('Hello', name)
    return greeting

f = make_greeting('Guido')
g = make_greeting('Ada')

f()      # 產生：'Hello Guido'
g()      # 產生：'Hello Ada'
```

在這個例子中，make_greeting() 函式並沒有進行任何有趣的計算。取而代之，它創建並回傳會進行實際工作的一個函式 greeting()。這只會在之後那個函式被估算時發生。

此例中，那兩個變數 f 和 g 持有兩個不同版本的 greeting() 函式。儘管建立那些函式的 make_greeting() 函式沒有在執行了，那些 greeting() 函式仍然記得當初定義的 name 變數，它是每個函式的 closure 的一部分。

關於 closure 要特別注意的一個地方是，對變數名稱的繫結不是一個「快照（snapshot）」，而是一個動態過程：這意味著那個 closure 指向 name 變數和它最新近被指定的值。這很微妙，不過這裡有一個例子來說明問題可能出現的地方：

```
def make_greetings(names):
    funcs = []
    for name in names:
        funcs.append(lambda: print('Hello', name))
    return funcs

# 試著使用它
a, b, c = make_greetings(['Guido', 'Ada', 'Margaret'])
a()     # 印出 'Hello Margaret'
b()     # 印出 'Hello Margaret'
c()     # 印出 'Hello Margaret'
```

在這個例子中，製作了由不同函式組成的一個串列（使用 lambda）。看起來它們似乎都在使用唯一的 name 值，因為那在 for 迴圈的每次迭代中都會改變。但事實並非如此。所有的函式最終都使用相同的 name 值：即外層 make_greetings() 函式回傳時它所持有的值。

這可能是意料之外的，也不是你所要的。如果你想捕捉一個變數的拷貝，請將其作為預設引數來捕捉，如前面所述：

```python
def make_greetings(names):
    funcs = []
    for name in names:
        funcs.append(lambda name=name: print('Hello', name))
    return funcs

# 試著使用它
a, b, c = make_greetings(['Guido', 'Ada', 'Margaret'])
a()     # 印出 'Hello Guido'
b()     # 印出 'Hello Ada'
c()     # 印出 'Hello Margaret'
```

在前兩個例子中，函式是使用 lambda 來定義的。這經常被用作創建小型回呼函式的一種捷徑。然而，這並非嚴格的要求。你大可寫成這樣：

```python
def make_greetings(names):
    funcs = []
    for name in names:
        def greeting(name=name):
            print('Hello', name)
        funcs.append(greeting)
    return funcs
```

選擇何時何地使用 lambda 是個人偏好的問題，也是程式碼清晰度的問題。如果它使程式碼更難讀，也許就應該避免使用。

5.16　回呼函式中的引數傳遞

回呼函式（callback functions）具有挑戰性的一個問題是如何向所提供的函式傳遞引數。考慮一下前面寫的 after() 函式：

```python
import time

def after(seconds, func):
    time.sleep(seconds)
    func()
```

在這段程式碼中，func() 被寫定是不帶引數呼叫的。如果你想要傳入額外的引數，你就不怎麼走運了。舉例來說，你可能想嘗試這樣：

```
def add(x, y):
    print(f'{x} + {y} -> {x+y}')
    return x + y

after(10, add(2, 3))    # 失敗：add() 會立即被呼叫
```

在這個例子中，add(2, 3) 函式會立即執行，回傳 5。after() 函式則會在 10 秒後當
掉，因為它試著執行 5()。這絕對不是你想要的。然而，如果 add() 被呼叫時要帶有
所需的引數，似乎沒有明顯的方法使其行得通。

這個問題暗示著一個更大的設計議題，涉及到函式的使用和一般所說的函式型程
式設計（functional programming）：函式合成（function composition）。當函式以各種
方式混合在一起時，你需要考慮函式的輸入和輸出如何連接在一起。這並不總是那
麼簡單。

在這種情況下，一個解決方案是用 lambda 將計算工作打包成一個零引數的函式
（zero-argument function）。比如說：

```
after(10, lambda: add(2, 3))
```

像這樣小型的零引數函式有時被稱為一個 *thunk*。基本上，它是一個運算式，會在最
終作為一個零引數函式被呼叫時，才進行估算。這可以成為一種通用的方式，將任
何運算式的估算推遲到稍後的時間點：將運算式放在一個 lambda 中，並在你真正需
要那個值的時候再呼叫該函式。

作為使用 lambda 的一種替代方式，你可以用 functools.partial() 來建立一個部分
估算過的函式（partially evaluated function），像這樣：

```
from functools import partial

after(10, partial(add, 2, 3))
```

partial() 會創建一個可呼叫物件（callable），其中的一或多個引數已經指定好並快
取（cached）起來了。這可以成為一種實用的方法，使不符合要求的函式在回呼和
其他應用中匹配預期的呼叫特徵式。下面是使用 partial() 的一些例子：

```
def func(a, b, c, d):
    print(a, b, c, d)

f = partial(func, 1, 2)        # 固定 a=1, b=2
f(3, 4)                        # func(1, 2, 3, 4)
f(10, 20)                      # func(1, 2, 10, 20)
```

```
g = partial(func, 1, 2, d=4)  # 固定 a=1, b=2, d=4
g(3)                          # func(1, 2, 3, 4)
g(10)                         # func(1, 2, 10, 4)
```

partial() 和 lambda 有類似的用途，但這兩種技巧之間有一個重要的語意區別。使用 partial() 的時候，引數在部分函式（partial function）初次定義時就會被估算並繫結。使用零引數的 lambda，引數是在 lambda 函式實際執行之後才會被估算和繫結的（所有東西的估算都被推延了）。舉例說明：

```
>>> def func(x, y):
...     return x + y
...
>>> a = 2
>>> b = 3
>>> f = lambda: func(a, b)
>>> g = partial(func, a, b)
>>> a = 10
>>> b = 20
>>> f()      # 使用 a、b 目前的值
30
>>> g()      # 使用 a、b 最初的值
5
>>>
```

既然這些 partials（部分函式）是完全估算過的，partial() 所創建的 callables（可呼叫物件）就會是能被序列化（serialized）為位元組（bytes）、儲存在檔案中，或甚至透過網路連線傳輸的物件（例如使用 pickle 標準程式庫模組）。這是使用 lambda 無法做到的事情。因此，在函式被四處傳遞（可能是在不同行程或不同機器上執行的 Python 直譯器之間）的應用中，你會發現 partial() 的適應性更強一些。

順道一提，部分函式應用（partial function application）與一個被稱為 *currying* 的概念密切相關。Currying 是函式型程式設計（functional programming）的一種技巧，其中一個多引數函式（a multiple-argument function）被表達為巢狀內嵌的單引數函式所成的一個串鏈（a chain of nested single-argument functions）。這裡有個例子：

```
# 三引數函式
def f(x, y, z):
    return x + y + z

# Curried 版本
def fc(x):
    return lambda y: (lambda z: x + y + z)
```

```
# 範例用法
a = f(2, 3, 4)      # 三引數函式
b = fc(2)(3)(4)     # Curried 版本
```

這不是一種常見的 Python 程式設計風格，也沒有什麼實際的理由去這樣做。然而，有時你在與那些花了太多時間去理解 lambda calculus 之類東西的程式設計師的談話中會聽到「currying」這個詞。這種處理多個引數的技巧是為了紀念著名的邏輯學家 Haskell Curry 而命名的。萬一你在社交活動中巧遇一群正在激烈爭論的函式型程式設計師（functional programmers），知道它是什麼可能會有用處。

回到最初的引數傳遞問題，把引數傳給回呼函式的另一個選擇，是將它們當作外層呼叫端函式（outer calling function）的引數分別接受它們。考慮這個版本的 after() 函式：

```
def after(seconds, func, *args):
    time.sleep(seconds)
    func(*args)

after(10, add, 2, 3) # 10 秒之後呼叫 add(2, 3)
```

你會注意到，傳遞關鍵字引數（keyword arguments）給 func() 並不受支援。設計上原本就是如此。關鍵字引數的一個問題是，給定函式的引數名稱可能會與已經在使用的引數名稱（即 seconds 和 func）發生衝突。關鍵字引數也可能是為了指定 after() 函式本身的選項而保留的。比如說：

```
def after(seconds, func, *args, debug=False):
    time.sleep(seconds)
    if debug:
        print('About to call', func, args)
    func(*args)
```

然而，並非全然失去希望。如果你需要指定關鍵字引數給 func()，你仍然可以使用 partial() 來做到。舉例來說：

```
after(10, partial(add, y=3), 2)
```

如果你希望 after() 函式接受關鍵字引數，那麼做的一種比較安全的方式可能是使用僅限位置引數（positional-only arguments）。例如：

```
def after(seconds, func, debug=False, /, *args, **kwargs):
    time.sleep(seconds)
    if debug:
```

```
        print('About to call', func, args, kwargs)
    func(*args, **kwargs)

after(10, add, 2, y=3)
```

另一個可能令人不安的見解是，after() 實際上代表了兩個不同的函式呼叫被合併在一起。或許傳遞引數的問題可以被分解成這樣的兩個函式：

```
def after(seconds, func, debug=False):
    def call(*args, **kwargs):
        time.sleep(seconds)
        if debug:
            print('About to call', func, args, kwargs)
        func(*args, **kwargs)
    return call

after(10, add)(2, y=3)
```

現在，after() 的引數和 func 的引數之間就沒有任何衝突了。然而，這樣做有可能會在你和你的同事之間帶來衝突。

5.17　從 Callbacks 傳回結果

前一節中沒有解決的另一個問題是怎麼回傳計算的結果。考慮這個修改過的 after() 函式：

```
def after(seconds, func, *args):
    time.sleep(seconds)
    return func(*args)
```

這行得通，但有些微妙的角落案例可能會從「其中涉及了兩個函式」的這個事實衍生出來，也就是 after() 函式本身，以及所提供的回呼函式 func。

其中一個議題關乎例外處理。舉例來說，試試看這兩個例子：

```
after("1", add, 2, 3)    # 失敗：TypeError（預期整數）
after(1, add, "2", 3)    # 失敗：TypeError（無法串接 int 到 str）
```

在這兩種情況下都有一個 TypeError 被提出，但原因非常不同，而且是在不同的函式中。第一個錯誤是由於 after() 函式本身的問題：有個錯誤的引數被提供給了 time.sleep()。第二個錯誤是出於回呼函式 func(*args) 的執行有問題。

如果區分這兩種情況很重要，那有幾個選項可以做到。一種選擇是仰賴鏈串的例外
（chained exceptions）。這種想法是將來自回呼函式的錯誤以不同的方式打包，使其
能與其他類型的錯誤分開處理。比如說：

```python
class CallbackError(Exception):
    pass

def after(seconds, func, *args):
    time.sleep(seconds)
    try:
        return func(*args)
    except Exception as err:
        raise CallbackError('Callback function failed') from err
```

這段修改過的程式碼把所提供的回呼函式產生的錯誤分離出來作為自己的例外種類
處理。使用方式如下：

```python
try:
    r = after(delay, add, x, y)
except CallbackError as err:
    print("It failed. Reason", err.__cause__)
```

如果 after() 的執行本身有問題，那個例外就會傳播出去，沒被捕捉。另一方面，
與所提供的回呼函式的執行有關的問題將被捕捉並回報為 CallbackError。所有的這
些都相當微妙，在實務中，錯誤的管理是很困難的。這種做法使得責任的歸屬更加
精確，after() 的行為也更容易被記錄。具體來說，如果回呼函式中有問題，它總是
會被回報為 CallbackError。

另一個選擇是將回呼函式的結果打包成某種結果實體（result instance），其中同時持
有一個值及一個錯誤。例如，像這樣定義一個類別：

```python
class Result:
    def __init__(self, value=None, exc=None):
        self._value = value
        self._exc = exc
    def result(self):
        if self._exc:
            raise self._exc
        else:
            return self._value
```

然後，使用此類別從 after() 函式回傳結果：

```python
def after(seconds, func, *args):
    time.sleep(seconds)
    try:
        return Result(value=func(*args))
    except Exception as err:
        return Result(exc=err)

# 範例用法

r = after(1, add, 2, 3)
print(r.result())            # 印出 5

s = after("1", add, 2, 3)    # 即刻提出 TypeError。不良的 sleep() 引數。

t = after(1, add, "2", 3)    # 回傳一個 "Result"
print(t.result())            # 提出 TypeError
```

這第二種做法的作用是將回呼函式的結果回報推遲到一個單獨的步驟。如果 after() 有問題，就會立即回報。如果回呼函式 func() 有問題，那麼當用戶試圖透過呼叫 result() 方法取得結果時，就會被回報。

這種將結果封裝在一個特殊實體中以便之後解開的方式，是現代程式語言中越來越常見的一種模式。使用這種模式的原因之一是這有利於型別檢查（type checking）。舉例來說，如果你在 after() 上加了一個型別提示，它的行為就會完全被定義了，它總是會回傳一個 Result，而沒有其他東西：

```python
def after(seconds, func, *args) -> Result:
    ...
```

儘管在 Python 程式碼中看到這種模式並不怎麼常見，但在使用執行緒（threads）和行程（processes）等共時性基本功能時，它確實經常出現。例如，與執行緒集區（thread pools）一起工作時，所謂的 Future 實體就會有這樣的表現。比如說：

```python
from concurrent.futures import ThreadPoolExecutor

pool = ThreadPoolExecutor(16)
r = pool.submit(add, 2, 3)    # 回傳一個 Future
print(r.result())             # 解開這個 Future 結果
```

5.18　裝飾器

裝飾器（decorator）是在另一個函式周圍建立一個包裹器（wrapper）的函式。這種包裹動作的主要目的是為了更動或增強被包裹對象的行為。從語法上講，裝飾器是用特殊的 @ 符號來表示的，如下：

```
@decorate
def func(x):
    ...
```

上述的程式碼是下列程式碼的簡寫：

```
def func(x):
    ...
func = decorate(func)
```

在這個例子中，定義了一個函式 func()。然而，緊接在它的定義之後，該函式物件本身立即被傳遞給了函式 decorate()，後者回傳一個物件來取代原本的 func。

作為一個具體實作的例子，這裡有一個裝飾器 @trace，它會為一個函式添加除錯訊息：

```
def trace(func):
    def call(*args, **kwargs):
        print('Calling', func.__name__)
        return func(*args, **kwargs)
    return call

# 範例用法
@trace
def square(x):
    return x * x
```

在這段程式碼中，trace() 建立了一個包裹器函式，它會列印一些除錯輸出，然後呼叫原本的函式物件。因此，如果你呼叫 square()，你將在包裹器中看到 print() 函式的那個輸出。

要是這麼簡單就好了！在實務上，函式還包含詮釋資料（metadata），如函式名稱、說明文件字串和型別提示等。如果你在函式周圍加了一個包裹器，這些資訊就會被隱藏起來。編寫裝飾器時，使用 @wraps() 裝飾器被認為是最佳實務做法，如本例所示：

```
from functools import wraps

def trace(func):
    @wraps(func)
    def call(*args, **kwargs):
        print('Calling', func.__name__)
        return func(*args, **kwargs)
    return call
```

這個 @wraps() 裝飾器會將函式的各種詮釋資料複製到替換函式中。在此例中，給定函式 func() 的詮釋資料被複製到回傳的包裹器函式 call() 中。

裝飾器被套用時，它們必須出現在自己的文字行中，緊接在函式之前。可以套用一個以上的裝飾器。這裡有個例子：

```
@decorator1
@decorator2
def func(x):
    pass
```

在此例中，那些裝飾器是如下套用的：

```
def func(x):
    pass

func = decorator1(decorator2(func))
```

裝飾器出現的順序可能是很重要的。舉例來說，在類別定義中，@classmethod 與 @staticmethod 之類的裝飾器通常必須被放置在最外層，例如：

```
class SomeClass(object):
    @classmethod          # 沒問題
    @trace
    def a(cls):
        pass

    @trace                # 不對，失敗。
    @classmethod
    def b(cls):
        pass
```

這種位置限制的原因與 @classmethod 回傳的值有關。有時一個裝飾器回傳的物件與普通函式不同。如果最外層的裝飾器沒有預料到這一點，事情就會出錯。在此例中，@classmethod 會創建一個 classmethod 描述元物件（descriptor object，參閱第 7

章）。除非 **@trace** 裝飾器在編寫時考慮到了這一點，否則當裝飾器以錯誤的順序被列出時，它就會失敗。

一個裝飾器也可以接受引數。假設你想變更 **@trace** 裝飾器，以允許自訂訊息，例如這樣：

```
@trace("You called {func.__name__}")
def func():
    pass
```

若有提供引數，此裝飾過程的語意就會是這樣：

```
def func():
    pass

# 建立裝飾函式
temp = trace("You called {func.__name__}")

# 將之套用到 func
func = temp(func)
```

在這種情況下，接受引數的最外層函式負責創建一個裝飾函式。然後，該函式會以要被裝飾的函式來被呼叫，以獲得最終結果。下面是這個裝飾器實作可能的樣子：

```
from functools import wraps

def trace(message):
    def decorate(func):
        @wraps(func)
        def wrapper(*args, **kwargs):
            print(message.format(func=func))
            return func(*args, **kwargs)
        return wrapper
    return decorate
```

這個實作的一個有趣之處在於，其外層函式實際上是一種「裝飾器工廠（decorator factory）」。假設你發現自己在寫像這樣的程式碼：

```
@trace('You called {func.__name__}')
def func1():
    pass

@trace('You called {func.__name__}')
def func2():
    pass
```

這很快會變得繁瑣無趣。你可以呼叫一次那個外層的裝飾器函式並再利用其結果，藉此進行簡化，像這樣：

```
logged = trace('You called {func.__name__}')

@logged
def func1():
    pass

@logged
def func2():
    pass
```

裝飾器並不一定要取代原本的函式。有的時候，一個裝飾器可能只是執行某個動作，例如註冊。舉例來說，如果你正在建置事件處理器（event handlers）的一個登錄表（registry），你可以定義運作起來像這樣的一個裝飾器：

```
@eventhandler('BUTTON')
def handle_button(msg):
    ...
@eventhandler('RESET')
def handle_reset(msg):
    ...
```

這裡有一個能進行管理的裝飾器：

```
# 事件處理器裝飾器
_event_handlers = { }
def eventhandler(event):
    def register_function(func):
        _event_handlers[event] = func
        return func
    return register_function
```

5.19　映射、過濾以及縮簡

熟悉函式型語言（functional languages）的程式設計師經常會詢問常見的串列運算，如映射（map）、過濾（filter）和縮簡（reduce）。這類功能大部分是由串列概括式（list comprehensions）和產生器運算式（generator expressions）所提供的。比如說：

```
def square(x):
    return x * x

nums = [1, 2, 3, 4, 5]
squares = [ square(x) for x in nums ]    # [1, 4, 9, 16, 25]
```

技術上來說，你甚至不需要那簡短的單行函式。你可以寫：

```
squares = [ x * x for x in nums ]
```

過濾也可以用一個串列概括式來進行：

```
a = [ x for x in nums if x > 2 ]     # [3, 4, 5]
```

如果你使用一個產生器運算式，你會得到一個產生器，透過迭代（iteration）漸進式地產出結果。例如：

```
squares = (x*x for x in nums)     # 建立一個產生器
for n in squares:
    print(n)
```

Python 提供了一個內建的 `map()` 函式，它等同於以一個產生器運算式映射一個函式。舉例來說，上述的範例可以寫成：

```
squares = map(lambda x: x*x, nums)
for n in squares:
    print(n)
```

內建的 `filter()` 函式建立一個會過濾值的產生器：

```
for n in filter(lambda x: x > 2, nums):
    print(n)
```

如果你想要累積（accumulate）或縮簡（reduce）值，你可以使用 `functools.reduce()`，例如：

```
from functools import reduce
total = reduce(lambda x, y: x + y, nums)
```

在它的一般形式中，`reduce()` 接受有兩個引數的一個函式、一個可迭代物件（iterable）以及一個初始值（initial value）。這裡有幾個例子：

```
nums = [1, 2, 3, 4, 5]
total = reduce(lambda x, y: x + y, nums)          # 15
product = reduce(lambda x, y: x * y, nums, 1)     # 120

pairs = reduce(lambda x, y: (x, y), nums, None)
# (((((None, 1), 2), 3), 4), 5)
```

`reduce()` 在所提供的可迭代物件上從左到右累積值。這被稱為一種左摺運算（left-fold operation）。這裡有 `reduce(func, items, initial)` 的虛擬程式碼（pseudocode）：

```
def reduce(func, items, initial):
    result = initial
    for item in items:
        result = func(result, item)
    return result
```

在實務上,使用 reduce() 可能導致混淆。此外,常見的縮簡運算,例如 sum()、min() 與 max(),都已經內建了。使用那些其中之一,而非試著以 reduce() 實作常見的運算,你的程式碼將比較容易理解(也很有可能執行得較快)。

5.20　函式內省、屬性以及特徵式

正如你所看到的,函式是物件(objects):這意味著它們可以被指定給變數、放在資料結構中,並以與程式中任何其他類型資料相同的方式來使用。它們也能夠以各種方式被檢視(inspected)。表 5.1 顯示了函式的一些常見屬性(attributes)。其中許多屬性在除錯(debugging)、記錄(logging)和其他涉及函式的運算中都很有用。

表 5.1　函式屬性

屬性	描述
f.__name__	函式名稱
f.__qualname__	經過完整資格修飾(fully qualified)的名稱(若是巢狀的)
f.__module__	定義處的模組名稱
f.__doc__	説明文件字串
f.__annotations__	型別提示
f.__globals__	作為全域命名空間的字典
f.__closure__	閉包的變數(closure variables,如果有的話)
f.__code__	底層的程式碼物件

f.__name__ 屬性含有定義函式時所用的名稱。f.__qualname__ 是一個較長的名稱,它包括了關於周圍定義環境的額外資訊。

f.__module__ 屬性是一個字串,放有函式定義處的模組名稱。f.__globals__ 屬性是一個字典,作為函式的全域命名空間(global namespace)。它通常是被接附到關聯模組物件的同一個字典。

f.__doc__ 保存函式的說明文件字串（documentation string）。f.__annotations__ 屬性是存有型別提示（type hints）的一個字典，如果有的話。

f.__closure__ 為巢狀函式（nested functions）存放對閉包變數（closure variables）值的參考。這些東西有點被埋藏起來，但下面的例子顯示了如何查看它們：

```
def add(x, y):
    def do_add():
        return x + y
    return do_add

>>> a = add(2, 3)
>>> a.__closure__
(<cell at 0x10edf1e20: int object at 0x10ecc1950>,
<cell at 0x10edf1d90: int object at 0x10ecc1970>)
>>> a.__closure__[0].cell_contents
2
>>>
```

f.__code__ 物件代表函式主體（function body）經過編譯的直譯器位元組碼（interpreter bytecode）。

函式可以有任意的屬性接附到它們之上。這裡有個例子：

```
def func():
    statements

func.secure = 1
func.private = 1
```

屬性在函式主體中是不可見的：它們不是區域變數，在執行環境中不會以名稱的形式出現。函式屬性的主要用途是儲存額外的詮釋資料。有時，框架（frameworks）或各種元程式設計（metaprogramming）技術會運用函式的標記（function tagging）：即把屬性附加到函式上。一個例子是 @abstractmethod 裝飾器，它被用在抽象基礎類別（abstract base classes）內的方法上。這個裝飾器所做的就是附加一個屬性：

```
def abstractmethod(func):
    func.__isabstractmethod__ = True
    return func
```

其他一些程式碼（在此是一個元類別，metaclass）會尋找這個屬性，並用它來為實體的建立過程添加額外的檢查。

如果你想知道關於一個函式之參數（parameter）的更多資訊，你可以使用
inspect.signature() 函式取得它的特徵式（signature）：

```
import inspect

def func(x: int, y:float, debug=False) -> float:
    pass

sig = inspect.signature(func)
```

特徵式物件（signature objects）提供了許多便利的功能，用以列印和取得關於參數
的詳盡資訊。舉例來說：

```
# 以一種美觀的形式印出特徵式
print(sig)  # 產生 (x: int, y: float, debug=False) -> float

# 取得一個引數名稱串列
print(list(sig.parameters))  # 產生 [ 'x', 'y', 'debug']

# 迭代過那些參數並印出各種詮釋資料
for p in sig.parameters.values();
    print('name', p.name)
    print('annotation', p.annotation)
    print('kind', p.kind)
    print('default', p.default)
```

一個特徵式（signature）是描述一個函式之性質的詮釋資料（metadata），包括你
將如何呼叫它、型別提示，等等。你可以用特徵式來做各種事情。特徵式的一個
有用的運算是比較（comparison）。例如，下面示範如何檢查兩個函式是否有相同
特徵式：

```
def func1(x, y):
    pass

def func2(x, y):
    pass

assert inspect.signature(func1) == inspect.signature(func2)
```

這種比較在框架中可能是有用的。例如，一個框架可以使用特徵式比較來查看你編
寫的函式或方法是否符合一個預期的原型（prototype）。

若被儲存在一個函式的 __signature__ 屬性中，特徵式將顯示在幫助訊息（help
messages）中，並在進一步使用 inspect.signature() 時回傳。比如說：

```
def func(x, y, z=None):
    ...

func.__signature__ = inspect.signature(lambda x,y: None)
```

在這個範例中，選擇性的引數 z 會在 func 的進一步檢視中被隱藏。取而代之，附加的特徵式將由 inspect.signature() 所回傳。

5.21　環境檢視

函式可以使用內建函式 globals() 和 locals() 來檢視它們的執行環境（execution environment）。globals() 回傳作為全域命名空間的字典。這等同於 func.__globals__ 屬性。這通常與存放有外圍模組（enclosing module）之內容的字典相同。locals() 回傳包含所有區域變數和閉包變數（closure variables）值的字典。這個字典並非用來保存那些變數的實際資料結構。區域變數可能來自外層函式（透過閉包），也可能是內部定義的。locals() 收集了所有的那些變數，並為你把它們放入一個字典中。變更 locals() 字典中的某個項目對底層變數並沒有影響。比如說：

```
def func():
    y = 20
    locs = locals()
    locs['y'] = 30       # 試著變更 y
    print(locs['y'])     # 印出 30
    print(y)             # 印出 20
```

如果你希望變更發揮作用，你就得使用一般的指定（assignment）把它拷貝回那個區域變數。

```
def func():
    y = 20
    locs = locals()
    locs['y'] = 30
    y = locs['y']
```

一個函式可以使用 inspect.currentframe() 來獲得自己的堆疊框架（stack frame）。一個函式可以透過框架上的 f.f_back 屬性來追查堆疊軌跡（stack trace），以獲得其呼叫者的堆疊框架。這裡有個例子：

```
import inspect

def spam(x, y):
```

```
        z = x + y
        grok(z)

    def grok(a):
        b = a * 10

        # 輸出：{'a':5, 'b':50 }
        print(inspect.currentframe().f_locals)

        # 輸出：{'x':2, 'y':3, 'z':5 }
        print(inspect.currentframe().f_back.f_locals)

    spam(2, 3)
```

有時你會看到堆疊框架是使用 sys._getframe() 函式來獲得的：

```
import sys
def grok(a):
    b = a * 10
    print(sys._getframe(0).f_locals)    # 我自己的
    print(sys._getframe(1).f_locals)    # 我呼叫者的
```

表 5.2 中的屬性對於檢視框架可能很有用。

表 **5.2** 框架屬性（Frame Attributes）

屬性	描述
f.f_back	前一個堆疊框架（朝向呼叫者）
f.f_code	被執行的程式碼物件（Code object）
f.f_locals	區域變數的字典（locals()）
f.f_globals	用於全域變數的字典（globals()）
f.f_builtins	用於內建名稱（built-in names）的字典
f.f_lineno	行號（line number）
f.f_lasti	目前的指令（current instruction）。這是對於 f_code 的位元組碼字串的一個索引
f.f_trace	在每個原始碼行開頭呼叫的函式

查看堆疊框架有助於除錯和程式碼檢查。舉例來說，這裡是一個有趣的除錯函式
（debug function），讓你檢視呼叫者的特定變數的值：

```
import inspect
from collections import ChainMap
```

```
def debug(*varnames):
    f = inspect.currentframe().f_back
    vars = ChainMap(f.f_locals, f.f_globals)
    print(f'{f.f_code.co_filename}:{f.f_lineno}')
    for name in varnames:
        print(f'    {name} = {vars[name]!r}')

# 範例用法
def func(x, y):
    z = x + y
    debug('x','y')      # 顯示 x 和 y 連同其檔案與行號
    return z
```

5.22　動態程式碼執行與創建

exec(str [, globals [, locals]]) 函式會執行含有任意 Python 程式碼的一個字串。提供給 exec() 的程式碼被執行的方式，就彷彿那些程式碼是實際出現於 exec 運算所在之處。這裡有個例子：

```
a = [3, 5, 10, 13]
exec('for i in a: print(i)')
```

給予 exec() 的程式碼會在呼叫者的區域及全域命名空間中執行。然而，要留意對於區域變數的修改不會有效果。舉例來說：

```
def func():
    x = 10
    exec("x = 20")
    print(x)          # 印出 10
```

這樣的原因與 locals 是收集而來的區域變數的一個字典，而非實際的那些區域變數有關（更多細節請參閱前一節）。

選擇性地，exec() 也可以接受一或兩個字典物件分別作為全域和區域命名空間，以供程式碼執行。這裡有個例子：

```
globs = {'x': 7,
         'y': 10,
         'birds': ['Parrot', 'Swallow', 'Albatross']
         }

locs = { }
```

```
# 使用上面的字典作為全域和區域命名空間來執行
exec('z = 3 * x + 4 * y', globs, locs)
exec('for b in birds: print(b)', globs, locs)
```

如果你省略了其中一個命名空間或兩者都省略，就會使用全域和區域命名空間目前的值。如果你只為 globals 提供一個字典，那麼它就會同時用於全域值（globals）和區域值（locals）。

動態程式碼執行的一個常見用途是建立函式和方法。例如，這裡有一個函式，給定一個名稱串列，它就會為一個類別創建一個 __init__() 方法：

```
def make_init(*names):
    parms = ','.join(names)
    code = f'def __init__(self, {parms}):\n'
    for name in names:
        code += f'    self.{name} = {name}\n'
    d = { }
    exec(code, d)
    return d['__init__']

# 範例用法
class Vector:
    __init__ = make_init('x','y','z')
```

這種技巧被用在標準程式庫（standard library）的各個部分。舉例來說，namedtuple()、@dataclass 和類似的功能全都仰賴使用 exec() 的動態程式碼執行。

5.23　非同步函式和 await

Python 提供了許多與程式碼的非同步執行（asynchronous execution）有關的語言功能。這些功能包括所謂的非同步函式（*async functions*，或 coroutines）和 *awaitables*（可等待的物件）。它們大多被涉及共時性（concurrency）和 asyncio 模組的程式所用。然而，其他的程式庫也可能以它們為基礎來建置。

一個非同步函式，或稱協程（coroutine）函式，是透過在正常的函式定義前加上額外的關鍵字 async 來定義的。比如說：

```
async def greeting(name):
    print(f'Hello {name}')
```

如果你呼叫這種函式，你會發現它不會以一般的方式執行，事實上，它根本不會執行。取而代之，你會取得協程物件（coroutine object）的一個實體。舉例來說：

```
>>> greeting('Guido')
<coroutine object greeting at 0x104176dc8>
>>>
```

要讓這個函式執行起來，就必須在其他程式碼的監督之下進行。一種常見的選擇是 asyncio，例如：

```
>>> import asyncio
>>> asyncio.run(greeting('Guido'))
Hello Guido
>>>
```

這個例子帶出了非同步函式最重要的特徵：它們從不自己執行。它們的執行總是需要某種管理器（manager）或程式庫程式碼。這並不一定要是上面所示的 asyncio，但總是會有某個東西涉及其中來讓 async 函式跑起來。

除了受到管理之外，非同步函式的估算方式與其他 Python 函式相同。述句按順序執行，所有尋常的流程控制功能都行得通。如果你想回傳一個結果，就使用一般的 return 述句。比如說：

```
async def make_greeting(name):
    return f'Hello {name}'
```

提供給 return 的值會由用來執行那個非同步函式的外層 run() 函式所回傳，例如：

```
>>> import asyncio
>>> a = asyncio.run(make_greeting('Paula'))
>>> a
'Hello Paula'
>>>
```

非同步函式能像這樣使用一個 await 運算式來呼叫其他的非同步函式：

```
async def make_greeting(name):
    return f'Hello {name}'

async def main():
    for name in ['Paula', 'Thomas', 'Lewis']:
        a = await make_greeting(name)
        print(a)
```

```
# 執行它。會看到對 Paula、Thomas 和 Lewis 的問號（greetings）
asyncio.run(main())
```

await 的使用只在外圍的 async 函式定義內有效。它也是讓非同步函式得以執行的一個必要部分。如果你沒加上 await，你會發現程式碼無法執行。

使用 await 的必要暗示著非同步函式一個普遍的使用問題。也就是，它們不同的估算模型使它們無法與 Python 的其他部分結合使用。具體而言，你永遠不可能寫出在不是非同步的函式中呼叫非同步函式的程式碼：

```
async def twice(x):
    return 2 * x

def main():
    print(twice(2))          # 錯誤：並沒有執行該函式。
    print(await twice(2))    # 錯誤：無法在此使用 await。
```

在同一個應用程式中結合 async 和非 async 功能性是一個複雜的主題，特別是當你考慮到某些涉及到高階函式、回呼和裝飾器的程式設計技巧時。在大多數情況下，對非同步函式的支援必須作為一種特例來構建。

Python 對迭代器（iterator）和情境管理器協定（context manager protocols）所做的正是如此。例如，一個非同步的情境管理器可以用 __aenter__() 和 __aexit__() 方法像這樣在一個類別上定義：

```
class AsyncManager(object):
    def __init__(self, x):
        self.x = x

    async def yow(self):
        pass

    async def __aenter__(self):
        return self

    async def __aexit__(self, ty, val, tb):
        pass
```

注意到這些方法是非同步函式，因此可以使用 await 執行其他非同步函式。要用這種管理器，你必須使用只在非同步函式內合法的特殊 async with 語法：

```
# 範例用法
async def main():
    async with AsyncManager(42) as m:
```

```
        await m.yow()

    asyncio.run(main())
```

一個類別同樣可以透過定義方法 __aiter__() 和 __anext__() 來定義一個非同步迭代器（async iterator）。這些方法會由 async for 述句所使用，它也只能出現在非同步函式中。

從實務的觀點來看，一個 async 函式的行為和普通函式完全一樣，只是它必須在 asyncio 這類的管理環境中執行。除非你已經有意識地決定要在這樣的環境中工作，否則你應該繼續前進，忽略非同步函式。你會快樂很多。

5.24　結語：關於函式與合成（Composition）的思考

任何系統都是作為元件（components）的一個組合來構建的。在 Python 中，這些元件包括各種的程式庫和物件。然而，底層的所有東西都是函式。函式是拼裝系統的黏著劑，也是移動資料的基本機制。

本章的大部分討論都集中在函式的性質和它們的介面上。輸入是如何提供給一個函式的？輸出是怎麼處理的？如何回報錯誤？所有這些的東西如何才能得到更嚴謹的控制並且被更好的理解呢？

在大型專案中工作時，函式的互動作為複雜性的一個潛在來源是值得思量的。這往往意味著一個直觀的、易於使用的 API 和一個混亂的 API 之間的區別。

6

產生器

產生器函式（generator functions）是 Python 最有趣且最強大的功能之一。產生器通常被認為是定義新的迭代模式（iteration patterns）的一種便利途徑。然而，它們的作用遠不止於此：產生器還可以從根本上改變函式的整個執行模型（execution model）。本章討論了產生器、產生器委派（generator delegation）、基於產生器的協程（coroutines），以及產生器的常見應用。

6.1　產生器和 yield

如果一個函式用了 yield 關鍵字，它就定義了一個稱為產生器（generator）的物件。產生器的主要用途是產出要在迭代中使用的值。這裡有個例子：

```python
def countdown(n):
    print('Counting down from', n)
    while n > 0:
        yield n
        n -= 1

# 範例用法
for x in countdown(10):
    print('T-minus', x)
```

如果你呼叫此函式，你會發現它沒有任何的程式碼會開始執行。舉例來說：

```python
>>> c = countdown(10)
>>> c
<generator object countdown at 0x105f73740>
>>>
```

取而代之，創建出來的是一個產生器物件（generator object）。接著，這個產生器物件，只會在你開始於其上進行迭代時，才執行該函式。要這麼做，其中一種方式是在其上呼叫 next()：

```
>>> next(c)
Counting down from 10
10
>>> next(c)
9
```

next() 被呼叫時，產生器函式就會執行述句，直到它抵達一個 yield 述句。這種 yield 述句會回傳一個結果，這時函式的執行會被暫停，直到 next() 被再次調用為止。在暫停執行時，該函式保留其所有的區域變數和執行環境。恢復執行時，就會繼續執行跟在 yield 後面的述句。

next() 是在產生器上呼叫 __next__() 方法的一種簡寫方式。舉例來說，你也可以這樣做：

```
>>> c.__next__()
8
>>> c.__next__()
7
>>>
```

你一般不會直接在產生器上呼叫 next()，而是使用會消耗其項目的 for 述句或其他運算。例如：

```
for n in countdown(10):
    statements

a = sum(countdown(10))
```

一個產生器函式會持續產出項目，直到它回傳為止，即到達函式的結尾或使用 return 述句。這將提出一個 StopIteration 例外來終止 for 迴圈。如果一個產生器函式回傳一個非 None 值，它將被附加到 StopIteration 例外中。例如，這個產生器函式同時使用了 yield 和 return：

```
def func():
    yield 37
    return 42
```

這裡是此段程式碼執行起來的樣子：

```
>>> f = func()
>>> f
<generator object func at 0x10b7cd480>
>>> next(f)
37
>>> next(f)
Traceback (most recent call last):
  File "<stdin>", line 1, in <module>
StopIteration: 42
>>>
```

觀察到那個回傳值是被附加到 StopIteration。要獲得這個值，你必須明確地捕捉
StopIteration 並把值擷取出來：

```
try:
    next(f)
except StopIteration as e:
    value = e.value
```

通常，產生器函式不會回傳一個值。產生器幾乎總是由一個 for 迴圈所消耗，在那
裡並沒有辦法獲得例外值。這意味著獲得該值的唯一實務方法是透過明確的 next()
呼叫來手工驅動產生器。大多數涉及產生器的程式碼都沒有那樣做。

產生器的一個微妙問題出現在產生器函式只被部分消耗的時候。例如，考慮這段提
前放棄迴圈的程式碼：

```
for n in countdown(10):
    if n == 2:
        break
    statements
```

在這個例子中，for 迴圈透過呼叫 break 而終止，所關聯的產生器從未執行到完全結
束。如果你的產生器函式必須執行某種清理動作，請確保你有使用 try-finally 或情
境管理器（context manager）。比如說：

```
def countdown(n):
    print('Counting down from', n)
    try:
        while n > 0:
            yield n
                n = n - 1
    finally:
        print('Only made it to', n)
```

即使產生器沒有完全被消耗，產生器也能保證會執行 `finally` 區塊的程式碼：它會在被廢棄的產生器被垃圾回收（garbage-collected）時執行。同樣地，涉及情境管理器的任何清理程式碼也能保證會在產生器終止時執行：

```
def func(filename):
    with open(filename) as file:
        ...
        yield data
        ...
    # 即使產生器被廢棄，檔案也會在此關閉
```

對資源進行適當的清理是一個棘手的問題。只要你使用 `try-finally` 或情境管理器等構造，那麼即使產生器被提前終止，也能保證它們會做正確的事情。

6.2 可重新啟動的產生器

一般來說，一個產生器函式只會執行一次。舉例來說：

```
>>> c = countdown(3)
>>> for n in c:
...     print('T-minus', n)
...
T-minus 3
T-minus 2
T-minus 1
>>> for n in c:
...     print('T-minus', n)
...
>>>
```

如果你想要允許重複迭代（repeated iteration）的一個物件，就把它定義為一個類別，並讓 `__iter__()` 方法成為一個產生器：

```
class countdown:
    def __init__(self, start):
        self.start = start

    def __iter__(self):
        n = self.start
        while n > 0:
            yield n
            n -= 1
```

這之所以行得通，是因為每次你迭代的時候，都會有一個全新的產生器由 __iter__() 創建出來。

6.3 產生器委派

產生器的一個基本特徵是，涉及 yield 的函式永遠都不會自己執行：它總是必須由其他一些用到 for 迴圈或明確 next() 呼叫的程式碼所驅動。這使得編寫涉及 yield 的程式庫函式有些困難，因為呼叫一個產生器函式並不足以使其執行。為了解決此問題，可以使用 yield from 述句。比如說：

```python
def countup(stop):
    n = 1
    while n <= stop:
        yield n
        n += 1

def countdown(start):
    n = start
    while n > 0:
        yield n
        n -= 1

def up_and_down(n):
    yield from countup(n)
    yield from countdown(n)
```

yield from 等同於是把迭代的過程委派（delegates）給一個外層的迭代（outer iteration）。舉例來說，你會寫出像這樣的程式碼來驅動這個迭代：

```python
>>> for x in up_and_down(5):
...     print(x, end=' ')
1 2 3 4 5 5 4 3 2 1
>>>
```

yield from 主要是讓你不用自行驅動迭代。沒有這種功能的話，你就得像這樣撰寫 up_and_down(n)：

```python
def up_and_down(n):
    for x in countup(n):
        yield x
    for x in countdown(n):
        yield x
```

yield from 在撰寫必須遞迴地迭代過巢狀可迭代物件（nested iterables）時，特別有用。舉例來說，這段程式碼會把巢狀的串列攤平（flattens）：

```python
def flatten(items):
    for i in items:
        if isinstance(i, list):
            yield from flatten(i)
        else:
            yield i
```

這裡有其運作方式的一個例子：

```python
>>> a = [1, 2, [3, [4, 5], 6, 7], 8]
>>> for x in flatten(a):
...     print(x, end=' ')
...
1 2 3 4 5 6 7 8
>>>
```

這個實作的一個限制在於，這仍然受制於 Python 的遞迴限制（recursion limit），所以它將無法處理太深層內嵌的巢狀結構。這會在下一節中解決。

6.4   實際使用產生器

乍看之下，除卻定義簡單的迭代器，要如何將產生器用於實際問題可能並不是那麼明顯易懂。然而，產生器在解決與管線（pipelines）和工作流程（workflows）有關的各種資料處理問題上，特別有效。

產生器的一個實務應用是作為一種工具來重新架構由深層內嵌的 for 迴圈和條件式所組成的程式碼。考慮一下這段指令稿（script），它會在放置 Python 檔案的一個目錄中搜尋包含「spam」一詞的所有註解（comments）：

```python
import pathlib
import re

for path in pathlib.Path('.').rglob('*.py'):
    if path.exists():
        with path.open('rt', encoding='latin-1') as file:
            for line in file:
                m = re.match('.*(#.*)$', line)
                if m:
                    comment = m.group(1)
```

```
        if 'spam' in comment:
            print(comment)
```

注意到巢狀控制流程的內嵌層數。你查看這段程式碼時，你的眼睛就已經開始疼了。現在，考慮一下使用產生器的這個版本：

```
import pathlib
import re

def get_paths(topdir, pattern):
    for path in pathlib.Path(topdir).rglob(pattern)
        if path.exists():
            yield path

def get_files(paths):
    for path in paths:
        with path.open('rt', encoding='latin-1') as file:
            yield file

def get_lines(files):
    for file in files:
        yield from file

def get_comments(lines):
    for line in lines:
        m = re.match('.*(#.*)$', line)
        if m:
            yield m.group(1)

def print_matching(lines, substring):
    for line in lines:
        if substring in line:
            print(substring)

paths = get_paths('.', '*.py')
files = get_files(paths)
lines = get_lines(files)
comments = get_comments(lines)
print_matching(comments, 'spam')
```

在這一段中，問題被分解為自成一體的較小元件。每個元件只關心一項特定的任務。例如，get_paths() 產生器只關注路徑名稱、get_files() 產生器只關注檔案的開啟，等等。只有在最後，這些產生器才會被掛接在一起，形成一個工作流程來解決某個問題。

讓每個元件變得小型而獨立是一種很好的抽象（abstraction）技巧。例如，考慮 get_comments() 產生器。作為輸入，它接受會產出文字行的任何可迭代物件。這些文字可以源自於幾乎任何地方：一個檔案、一個串列、一個產生器，等等。因此，這個功能比它被內嵌到涉及檔案的深層巢狀 for 迴圈中時，還要強大得多，適應性也更強。因此，產生器透過將問題分解成定義明確的小型計算任務來鼓勵程式碼的重複使用。較小的任務也更容易推理、除錯和測試。

產生器對於更動函式應用（function application）的一般估算規則也很有用。正常情況下，當你應用一個函式，它會立即執行，產生一個結果。產生器不會這樣做。當一個產生器函式被應用，它的執行會被延遲，直到其他程式碼在其上調用 next()（無論是明確那樣做，或是藉由 for 迴圈）。

作為一個例子，再次考慮用來攤平巢狀串列的產生器函式：

```python
def flatten(items):
    for i in items:
        if isinstance(i, list):
            yield from flatten(i)
        else:
            yield i
```

這個實作的一個問題在於，因為 Python 的遞迴限制，它將無法處理深層內嵌的巢狀結構。解法是使用一個堆疊（stack）來以一種不同的方式驅動迭代。考慮這個版本：

```python
def flatten(items):
    stack = [ iter(items) ]
    while stack:
        try:
            item = next(stack[-1])
            if isinstance(item, list):
                stack.append(iter(item))
            else:
                yield item
        except StopIteration:
            stack.pop()
```

這個實作建立了一個由迭代器組成的內部堆疊。它不受 Python 遞迴限制的約束，因為它是把資料放在一個內部串列上，而不是在內部直譯器堆疊上建立框架（frames）。因此，如果你發現自己需要攤平一些不常見的有幾百萬層的深層資料結構，你會發現這個版本運作得很好。

這些例子是否代表著你應該用狂野的產生器模式改寫所有的程式碼？不，主要的重點是，產生器的延遲估算允許你更動正常函式估算的時空維度。在現實世界中，有各種場合這些技術都能派上用場，並且能以意想不到的方式應用。

6.5　增強型產生器和 yield 運算式

在一個產生器函式內部，yield 述句也可以被用作出現在指定運算子（assignment operator）右手邊的運算式。例如：

```
def receiver():
    print('Ready to receive')
    while True:
        n = yield
        print('Got', n)
```

以這種方式使用 yield 的函式有時被稱為「增強型產生器（enhanced generator）」或「基於產生器的協程（generator-based coroutine）」。遺憾的是，這種專有名詞有點不精確，而且由於「協程（coroutines）」最近與非同步函式聯繫在了一起，所以變得更加令人困惑了。為了避免這種混淆，我們將使用「增強型產生器」這一術語，以表明我們仍在談論使用 yield 的標準函式。

一個把 yield 作為運算式使用的函式仍然是一個產生器，但其用法不同。它不是產出值，而是對於被發送給它的值做出反應而執行。舉例來說：

```
>>> r = receiver()
>>> r.send(None)          # 前進到第一個 yield
Ready to receive
>>> r.send(1)
Got 1
>>> r.send(2)
Got 2
>>> r.send('Hello')
Got Hello
>>>
```

在這個例子中，對 r.send(None) 的初始呼叫是必要的，如此產生器才會執行導向至第一個 yield 運算式的述句。此時，產生器會暫停，等待使用關聯產生器物件 r 的 send() 方法發送給它的值。傳給 send() 的值由產生器中的 yield 運算式回傳。接收到一個值時，產生器就會執行述句，直到遇到下一個 yield 為止。

這樣寫的話，該函式會無限期地執行。close() 方法可以用來關閉產生器，如下所示：

```
>>> r.close()
>>> r.send(4)
Traceback (most recent call last):
  File "<stdin>", line 1, in <module>
StopIteration
>>>
```

close() 運算會在產生器內部目前的 yield 處提出一個 GeneratorExit 例外。一般來說，這將導致產生器靜靜地終止，如果你想要，你可以捕捉它來執行清理運算。一旦關閉，若有更多的值再被發送給產生器，就會提出 StopIteration 例外。

例外可以在產生器內部用 throw(ty [,val [,tb]]) 方法提出，其中 ty 是例外型別，val 是例外引數（或引數構成的元組），而 tb 是一個選擇性的回溯（traceback）資訊。舉例來說：

```
>>> r = receiver()
Ready to receive
>>> r.throw(RuntimeError, "Dead")
Traceback (most recent call last):
  File "<stdin>", line 1, in <module>
  File "receiver.py", line 14, in receiver
    n = yield
RuntimeError: Dead
>>>
```

以這兩種方式產生的例外將從產生器中目前正在執行的 yield 述句傳播出去。產生器可以選擇捕捉例外並進行適當的處理。如果產生器不處理那個例外，它就會從產生器中傳播出去，等待在更高的層次上被處理。

6.6　增強型產生器的應用

增強型產生器是一種奇特的程式設計構造。與可以自然地提供給 for 迴圈的簡單產生器不同，並不存在任何得以驅動增強型產生器的核心語言功能。那麼，為什麼你會想要一個需要把值發送給它的函式呢？這純粹是學術性的東西嗎？

從歷史上來看，增強型產生器是在共時程式庫（concurrency libraries）的背景下使用的，特別是基於非同步 I/O 的那些。在這種情境之下，它們通常被稱為「協程

（coroutines）」或「基於產生器的協程（generator-based coroutines）」。然而，大部分的那些功能性都已經被放到 Python 的 async 和 await 功能中了。很少會有實際的理由來為那種特定的用例如此使用 yield 了。儘管如此，仍然還是有一些實際的應用存在。

就像產生器，一個增強型產生器可以用來實作不同類型的估算和控制流程。一個例子是可以在 contextlib 模組中找到的 @contextmanager 裝飾器。比如說：

```python
from contextlib import contextmanager

@contextmanager
def manager():
    print("Entering")
    try:
        yield 'somevalue'
    except Exception as e:
        print("An error occurred", e)
    finally:
        print("Leaving")
```

在此，一個產生器被用來把一個情境管理器（context manager）的兩半黏在一起。回想到情境管理器是由實作下列協定的物件所定義的：

```python
class Manager:
    def __enter__(self):
        return somevalue

    def __exit__(self, ty, val, tb):
        if ty:
            # 一個例外發生了。
            ...
            # 若有被處理，回傳 True，否則回傳 False
```

在 @contextmanager 產生器中，當管理器進入（經由 __enter__() 方法）時，在 yield 述句之前的一切都會執行。當管理器退出（經由 __exit__() 方法）時，yield 述句之後的所有內容都會執行。若有錯誤發生，它將在 yield 述句上被回報為一個例外。這裡有個例子：

```python
>>> with manager() as val:
...     print(val)
...
Entering
somevalue
Leaving
```

```
>>> with manager() as val:
...     print(int(val))
...
Entering
An error occurred invalid literal for int() with base 10: 'somevalue'
Leaving
>>>
```

要實作這個,會用到一個包裹器類別(wrapper class)。這是能夠說明基本概念的一個簡化過的實作:

```
class Manager:
    def __init__(self, gen):
        self.gen = gen

    def __enter__(self):
        # 執行到 yield
        return self.gen.send(None)

    def __exit__(self, ty, val, tb):
        # 傳播一個例外(如果有的話)
        try:
            if ty:
                try:
                    self.gen.throw(ty, val, tb)
                except ty:
                    return False
            else:
                self.gen.send(None)
        except StopIteration:
            return True
```

增強型產生器的另一個應用是使用函式來封裝一個「工作者」任務(“worker” task)。函式呼叫的核心功能之一是它會設置區域變數的一個環境。對這些變數的存取是高度最佳化的,它比存取類別和實體的屬性(attributes)要快得多。由於產生器在明確關閉或銷毀之前會一直存活,所以我們可以用產生器來設置一個長期存在的任務。這裡有一個產生器的例子,它會接收位元組片段(byte fragments)並將它們組合成行(lines):

```
def line_receiver():
    data = bytearray()
    line = None
    linecount = 0
    while True:
```

```
        part = yield line
        linecount += part.count(b'\n')
        data.extend(part)
        if linecount > 0:
            index = data.index(b'\n')
            line = bytes(data[:index+1])
            data = data[index+1:]
            linecount -= 1
        else:
            line = None
```

在這個例子中，一個產生器接收被收集到一個位元組陣列（byte array）中的位元組片段。如果該陣列含有一個 newline，就會有一行被擷取出來並回傳。否則，就會回傳 None。這裡有個例子闡明其運作方式：

```
>>> r = line_receiver()
>>> r.send(None)         # 預先疏通產生器
>>> r.send(b'hello')
>>> r.send(b'world\nit ')
b'hello world\n'
>>> r.send(b'works!')
>>> r.send(b'\n')
b'it works!\n''
>>>
```

類似的程式碼也可以寫成一個類別，像這樣：

```
class LineReceiver:
    def __init__(self):
        self.data = bytearray()
        self.linecount = 0
    def send(self, part):
        self.linecount += part.count(b'\n')
        self.data.extend(part)
        if self.linecount > 0:
            index = self.data.index(b'\n')
            line = bytes(self.data[:index+1])
            self.data = self.data[index+1:]
            self.linecount -= 1
            return line
        else:
            return None
```

雖然撰寫類別可能更讓人熟悉，但程式碼更複雜，執行更慢。在作者的機器上測試過，用產生器將一個大型的資料塊群集送入接收器，大約會比用這個類別程式碼要快上 40～50%。這些節省大部分源自於消除了實體屬性的查找（instance attribute lookup）：區域變數比較快。

儘管還有許多其他潛在的應用，但重要的是要記住，如果你在不涉及迭代的情況下看到 yield 的使用，它大概就是在使用增強型的功能，如 send() 或 throw()。

6.7　產生器與通向等待（Awaiting）的橋梁

產生器函式的一個經典用法是在與非同步 I/O 有關的程式庫中，例如標準的 asyncio 模組。然而，從 Python 3.5 開始，許多這類功能性已經被移到與 async 函式和 await 述句有關的不同語言功能中（參閱第 5 章最後一部分）。

await 述句涉及到與一個偽裝產生器進行互動。下面是一個例子，說明了 await 所使用的底層協定：

```
class Awaitable:
    def __await__(self):
        print('About to await')
        yield # 必須是一個產生器
        print('Resuming')

# 與「await」相容的函式。回傳一個「awaitable」。
def function():
    return Awaitable()

async def main():
    await function()
```

你可以像下面這樣使用 asyncio 來測試這段程式碼：

```
>>> import asyncio
>>> asyncio.run(main())
About to await
Resuming
>>>
```

知道這一點是絕對必要的嗎？也許不是。所有的這些機制通常都是隱藏起來看不到的。然而，如果你發現自己在使用非同步函式，你要知道裡面有一個產生器函式埋藏在內部某個地方。如果你繼續把技術債（technical debt）的坑洞挖得夠深，你最終會找到它。

6.8　結語：產生器的簡史與未來展望

產生器是 Python 最有趣的成功故事之一。它們也是關於迭代的這個更宏偉的故事的一部分。迭代是所有程式設計任務中最常見的一種。在 Python 的早期版本中，迭代是透過序列索引（sequence indexing）和 __getitem__() 方法來實作的。這後來演變成了現在基於 __iter__() 和 __next__() 方法的迭代協定。此後不久，產生器作為實作迭代器的一種更方便的途徑出現。在現代 Python 中，幾乎沒有理由使用產生器以外的任何東西來實作一個迭代器。即使是在你自己定義的可迭代物件上，__iter__() 方法本身也是以這種方式便利地實作的。

在後來的 Python 版本中，產生器扮演了一個新的角色，因為它們發展出了與協程（coroutines）相關的增強功能：send() 和 throw() 方法。這些不再侷限於迭代，而是為其他情境下的產生器使用提供了可能性。最值得注意的是，這構成了許多用於網路程式設計和共時性的所謂「async（非同步）」框架之基礎。然而，隨著非同步程式設計的演進，這大部分都轉變為後來使用 async/await 語法的功能。因此，在迭代的背景（它們原本的用途）之外使用產生器函式的情況就不常見了。事實上，如果你發現自己定義了一個產生器函式，但你沒有進行迭代，你可能應該重新考慮你的做法。可能有更好或更現代的方式來達成你正在做的事情。

7

類別與物件導向程式設計

類別（classes）用來創建新種類的物件（objects）。本章涵蓋了類別的細節，但並不打算作為物件導向（object-oriented）程式設計的深入參考。本章討論 Python 中常見的一些程式設計模式（programming patterns），以及如何自訂類別，使其出現有趣的行為。本章的整體結構是從上而下的。首先描述使用類別的高階概念和技巧。在本章後面的部分，內容變得更技術性，並側重於內部實作。

7.1 物件

幾乎 Python 中所有的程式碼都涉及到物件（*objects*）的創建，以及在其上進行的動作。舉例來說，你可能會製作一個字串物件（string object），並如下操作它：

```
>>> s = "Hello World"
>>> s.upper()
'HELLO WORLD'
>>> s.replace('Hello', 'Hello Cruel')
'Hello Cruel World'
>>> s.split()
['Hello', 'World']
>>>
```

或者一個串列物件（list object）：

```
>>> names = ['Paula', 'Thomas']
>>> names.append('Lewis')
>>> names
['Paula', 'Thomas', 'Lewis']
>>> names[1] = 'Tom'
>>>
```

每個物件都有的一個基本特徵是它通常具有某種狀態（state）：一個字串的字元、一個串列的元素等等，以及對該狀態進行運算的方法。這些方法是透過該物件本身來呼叫的：就好像它們是透過點號（.）運算子接附到物件上的函式一樣。

物件總是會有一個關聯的型別（type）。你可以用 `type()` 檢視它：

```
>>> type(names)
<class 'list'>
>>>
```

一個物件被稱為是其型別的一個實體（*instance*）。舉例來說，`names` 是 `list` 的一個實體。

7.2　class 述句

新的物件是使用 class 述句來定義的。一個類別通常由作為其方法的一組函式所構成。這裡有個例子：

```
class Account:
    def __init__(self, owner, balance):
        self.owner = owner
        self.balance = balance

    def __repr__(self):
        return f'Account({self.owner!r}, {self.balance!r})'

    def deposit(self, amount):
        self.balance += amount

    def withdraw(self, amount):
        self.balance -= amount

    def inquiry(self):
        return self.balance
```

要注意的重點是，一個 class 述句本身並不會創建該類別的任何實體。例如，前面的例子中並沒有實際創建帳戶（accounts）。取而代之，一個類別只是存放著在以後創建的實體上能取用的方法。你可以把它想成是一種藍圖（blueprint）。

在一個類別中定義的函式被稱為方法（methods）。一個實體方法（instance method）是作用在該類別的一個實體上的函式，該實體會被作為第一個引數傳入。依照慣例,那個引數被稱為 self。在前面的例子中,deposit()、withdraw() 和 inquiry() 都是實體方法的例子。

類別的 __init__() 和 __repr__() 方法是所謂**特殊**(*special*)或**魔術**(*magic*)方法的例子。這些方法對於直譯器的執行時期(interpreter runtime)有特殊的意義存在。當一個新的實體被創建時,__init__() 方法會被用來初始化(initialize)狀態。__repr__() 方法回傳一個字串,用以檢視一個物件。這個方法的定義是選擇性的,但這樣做可以簡化除錯工作,並讓我們更容易在互動提示列(interactive prompt)中查看物件。

一個類別的定義可以選擇性包括一個說明文件字串(documentation string)和型別提示(type hints)。舉例來說:

```python
class Account:
    '''
    A simple bank account
    '''
    owner: str
    balance: float

    def __init__(self, owner, balance):
        self.owner = owner
        self.balance = balance

    def __repr__(self):
        return f'Account({self.owner!r}, {self.balance!r})'

    def deposit(self, amount):
        self.balance += amount

    def withdraw(self, amount):
        self.balance -= amount

    def inquiry(self):
        return self.balance
```

型別提示並不會改變一個類別運作方式的任何面向,也就是說,它們不會引入任何額外的檢查或驗證。它純粹是詮釋資料(metadata),可能會對第三方工具或 IDE 有用處,或由某些進階程式設計技巧所用。在接下來大多數的例子中,它們都沒有被使用。

7.3   **實體**

一個類別的實體是藉由把一個類別物件（class object）作為一個函式來呼叫而創建的。這將建立出一個新的實體，然後將之傳遞給 __init__() 方法。__init__() 的引數由新創建的實體 self 以及呼叫類別物件時提供的引數所組成。比如說：

```
# 建立幾個新帳戶

a = Account('Guido', 1000.0)
# 呼叫 Account.__init__(a, 'Guido', 1000.0)

b = Account('Eva', 10.0)
# 呼叫 Account.__init__(b, 'Eva', 10.0)
```

在 __init__() 內部，屬性是透過對 self 的指定來保存在實體上的。舉例來說，self.owner = owner 就是在實體上儲存一個屬性。一旦新創建的實體被回傳，這些屬性以及類別的方法，都可以使用點號（.）運算子來存取：

```
a.deposit(100.0)        # 呼叫 Account.deposit(a, 100.0)
b.withdraw(50.0)        # 呼叫 Account.withdraw(b, 50.0)
owner = a.owner         # 取得帳戶擁有者（account owner）
```

要強調的重點是，每個實體都有它自己的狀態。你能夠使用 vars() 函式來檢視實體變數（instance variables），例如：

```
>>> a = Account('Guido', 1000.0)
>>> b = Account('Eva', 10.0)
>>> vars(a)
{'owner': 'Guido', 'balance': 1000.0}
>>> vars(b)
{'owner': 'Eva', 'balance': 10.0}
>>>
```

注意到那些方法並沒有出現在這裡。那些方法是在類別上找到的。每個實體透過其關聯的型別保存了對其類別的一個連結。舉例來說：

```
>>> type(a)
<class 'Account'>
>>> type(b)
<class 'Account'>
>>> type(a).deposit
<function Account.deposit at 0x10a032158>
>>> type(a).inquiry
<function Account.inquiry at 0x10a032268>
>>>
```

後續的一個章節會討論屬性繫結（attribute binding）的實作細節，以及實體和類別之間的關係。

7.4 屬性存取

一個實體上只能進行三種基本的運算：屬性的取得（getting）、設定（setting）和刪除（deleting）。舉例來說：

```
>>> a = Account('Guido', 1000.0)
>>> a.owner              # 取得
'Guido'
>>> a.balance = 750.0      # 設定
>>> del a.balance        # 刪除
>>> a.balance
Traceback (most recent call last):
  File "<stdin>", line 1, in <module>
AttributeError: 'Account' object has no attribute 'balance'
>>>
```

Python 中的所有東西都是限制非常少的動態過程。如果你想在創建之後新增一個屬性到一個物件，你可以自由地那樣做。舉例來說：

```
>>> a = Account('Guido', 1000.0)
>>> a.creation_date = '2019-02-14'
>>> a.nickname = 'Former BDFL'
>>> a.creation_date
'2019-02-14'
>>>
```

除了使用點號（.）來進行這些運算，你也能以字串形式提供屬性名稱給 getattr()、setattr() 與 delattr() 函式。hasattr() 函式會測試一個屬性是否存在。舉例來說：

```
>>> a = Account('Guido', 1000.0)
>>> getattr(a, 'owner')
'Guido'
>>> setattr(a, 'balance', 750.0)
>>> delattr(a, 'balance')
>>> hasattr(a, 'balance')
False
>>> getattr(a, 'withdraw')(100)      # 方法呼叫
>>> a
Account('Guido', 650.0)
>>>
```

a.attr 和 getattr(a, 'attr') 是可互換的，所以 getattr(a, 'withdraw')(100) 等同於 a.withdraw(100)。withdraw() 是個方法的事實並不重要。

值得注意的是，getattr() 函式也接受一個選擇性的預設值（default value）。如果你想要查找一個可能不存在的屬性，你可以這樣做：

```
>>> a = Account('Guido', 1000.0)
>>> getattr(s, 'balance', 'unknown')
1000.0
>>> getattr(s, 'creation_date', 'unknown')
'unknown'
>>>
```

當你把一個方法作為屬性來存取，你會得到一個被稱作*已繫結方法*（*bound method*）的物件。例如：

```
>>> a = Account('Guido', 1000.0)
>>> w = a.withdraw
>>> w
<bound method Account.withdraw of Account('Guido', 1000.0)>
>>> w(100)
>>> a
Account('Guido', 900.0)
>>>
```

一個已繫結的方法是同時包含一個實體（self）以及實作該方法的函式的一個物件。當你透過添加括弧（parentheses）和引數（arguments）來呼叫一個已繫結方法時，該方法就會執行，並將所附的實體作為第一個引數傳入。舉例來說，上面呼叫 w(100) 會變成對 Account.withdraw(a, 100) 的呼叫。

7.5　範疇規則

雖然類別為方法定義了一個獨立的命名空間（namespace），但該命名空間並不作為解析方法內部所用名稱的範疇（names）。因此，當你實作一個類別時，對屬性和方法的參考（references）必須是經過完整資格修飾（fully qualified）的。舉例來說，在方法中，你總是透過 self 來參考實體的屬性。因此，你會用 self.balance，而非 balance。如果你想在一個方法中呼叫另一個方法，這也適用。比方說，假設你想以存入負數金額的方式來實作 withdraw()（提款）：

```
class Account:
    def __init__(self, owner, balance):
```

```
        self.owner = owner
        self.balance = balance

    def __repr__(self):
        return f'Account({self.owner!r}, {self.balance!r})'

    def deposit(self, amount):
        self.balance += amount

    def withdraw(self, amount):
        self.deposit(-amount)    # 必須使用 self.deposit()

    def inquiry(self):
        return self.balance
```

缺乏類別層級的範疇（class-level scope）是 Python 與 C++ 或 Java 有所差異的地方之一。如果你曾用過那些語言，Python 中的 self 參數等同於所謂的「this」指標，只不過在 Python 中你永遠必須明確地使用它。

7.6　運算子重載和協定

在第 4 章中，我們討論過 Python 的資料模型（data model）。我們特別關注實作 Python 運算子（operators）和協定（protocols）的所謂特殊方法（special methods）。舉例來說，len(obj) 函式會呼叫 obj.__len__()，而 obj[n] 呼叫 obj.__getitem__(n)。

定義新類別時，通常也會定義其中的一些方法。Account 類別中的 __repr__() 方法就是這樣的一個方法，用於改善除錯的輸出。如果你要建立一些更複雜的東西，例如一個自訂的容器（container），你可能會定義更多的這類方法。舉例來說，假設你想製作帳戶的一個組合（portfolio）：

```
class AccountPortfolio:
    def __init__(self):
        self.accounts = []

    def add_account(self, account):
        self.accounts.append(account)

    def total_funds(self):
        return sum(account.inquiry() for account in self)

    def __len__(self):
        return len(self.accounts)
```

```
        def __getitem__(self, index):
            return self.accounts[index]

        def __iter__(self):
            return iter(self.accounts)

    # 範例
    port = AccountPortfolio()
    port.add_account(Account('Guido', 1000.0))
    port.add_account(Account('Eva', 50.0))

    print(port.total_funds())    # -> 1050.0
    len(port)                    # -> 2

    # 印出帳戶
    for account in port:
        print(account)

    # 藉由索引存取一個單獨的帳戶
    port[1].inquiry()            #-> 50.0
```

出現在最後的特殊方法，例如 __len__()、__getitem__() 與 __iter__()，使得
AccountPortfolio 能與 Python 運算子一起作業，譬如進行索引或迭代。

有時你會聽到「Pythonic」這個詞，如「這段程式碼很 Pythonic」。這個術語是非正
式的，但它通常指的是一個物件是否能與 Python 環境的其他部分很好地配合。這意
味著支援（在合理範圍內）Python 的核心功能，如迭代、索引和其他運算。你幾乎
總是透過讓你的類別實作預先定義的特殊方法來做到這一點，如第 4 章所述。

7.7　繼承

繼承是建立新類別的一種機制，它特化（specializes）或修改一個現有類別的行為。
原始的類別被稱為基礎類別（base class）、超類別（superclass）或父類別（parent
class）。新類別被稱為衍生類別（derived class）、子類別（child class）、次類別
（subclass）或子型別（subtype）。當一個類別透過繼承而建立時，它會繼承其基礎
類別所定義的屬性。然而，一個衍生類別可以重新定義這些屬性中的任何一個，並
添加它自己的新屬性。

繼承是在 class 述句中用逗號分隔的基礎類別名稱串列來指定的。若沒有指定基礎類別，一個類別就隱含地繼承 object。object 這個類別是所有 Python 物件的根，它提供了一些常用方法的預設實作，如 __str__() 和 __repr__()。

繼承的一個用途是以新的方法擴充一個既有的類別。舉例來說，假設你想為 Account 添加一個 panic() 方法，以提取所有的資金。做法會像這樣：

```python
class MyAcount(Account):
    def panic(self):
        self.withdraw(self.balance)

# 範例
a = MyAcount('Guido', 1000.0)
a.withdraw(23.0)                # a.balance = 977.0
a.panic()                       # a.balance = 0
```

繼承也可以用來重新定義已經存在的方法。例如，這裡有一個特化版的 Account，它重新定義了 inquiry() 方法，週期性誇大餘額，希望沒有密切注意的人透支他們的帳戶，然後在支付他們次級抵押貸款時招致巨額罰款：

```python
import random

class EvilAccount(Account):
    def inquiry(self):
        if random.randint(0,4) == 1:
            return self.balance * 1.10
        else:
            return self.balance

a = EvilAccount('Guido', 1000.0)
a.deposit(10.0)                 # 呼叫 Account.deposit(a, 10.0)
available = a.inquiry()         # 呼叫 EvilAccount.inquiry(a)
```

在此例中，EvilAccount 的實體與 Account 的實體完全相同，只不過重新定義了 inquiry() 方法。

偶爾，一個衍生類別會重新實作一個方法，但也需要呼叫原本的實作。一個方法能使用 super() 明確地呼叫原來的方法：

```python
class EvilAccount(Account):
    def inquiry(self):
        if random.randint(0,4) == 1:
            return 1.10 * super().inquiry()
        else:
            return super().inquiry()
```

在這個例子中，super() 能讓你存取一個方法之前的定義。super().inquiry() 呼叫是使用 EvilAccount 對它重新定義之前 inquiry() 的原始定義。

這不是很常見，但繼承也可能被用來為實體添加額外的屬性。下面是你如何使上述例子中的 1.10 係數成為一個可被調整的實體層級屬性（instance-level attribute）：

```
class EvilAccount(Account):
    def __init__(self, owner, balance, factor):
        super().__init__(owner, balance)
        self.factor = factor

    def inquiry(self):
        if random.randint(0,4) == 1:
            return self.factor * super().inquiry()
        else:
            return super().inquiry()
```

添加屬性的一個棘手問題是處理現有的 __init__() 方法。在這個例子中，我們定義了一個新版本的 __init__()，包括了我們額外的實體變數 factor。然而，當 __init__() 被重新定義時，子類別有責任使用 super().__init__() 來初始化它的父類別，如前所示。如果你忘記這樣做，你將會得到一個半初始化的物件，而一切都會出錯。由於父類別的初始化需要額外的引數，那些引數仍然必須傳遞給子類別的 __init__() 方法。

繼承可能以微妙的方式破壞程式碼。考慮一下 Account 類別的 __repr__() 方法：

```
class Account:
    def __init__(self, owner, balance):
        self.owner = owner
        self.balance = balance

    def __repr__(self):
        return f'Account({self.owner!r}, {self.balance!r})'
```

這個方法的目的是做出美觀的輸出來幫助除錯。然而，該方法被寫定為使用 Account 這個名稱。如果你開始使用繼承，你會發現輸出是錯誤的：

```
>>> class EvilAccount(Account):
...     pass
...
>>> a = EvilAccount('Eva', 10.0)
>>> a
Account('Eva', 10.0)     # 注意到誤導的輸出
>>> type(a)
```

```
<class 'EvilAccount'>
>>>
```

要修正此問題，你必須修改 __repr__() 方法來使用正確的型別名稱。例如：

```
class Account:
    ...
    def __repr__(self):
        return f'{type(self).__name__}({self.owner!r}, {self.balance!r})'
```

現在你會看到更準確的輸出。並不是每個類別都會使用繼承，但若這是你正在編寫的類別的預期用例，你就得注意這樣的細節。一般來說，要避免把類別名稱寫死。

繼承在型別系統中建立了一種關係，其中任何子類別都能作為父類別通過型別檢查。比如說：

```
>>> a = EvilAccount('Eva', 10)
>>> type(a)
<class 'EvilAccount'>
>>> isinstance(a, Account)
True
>>>
```

這就是所謂的「is a（是一個）」關係：EvilAccount 是一個 Account。有時，這種「is a」繼承關係被用來定義物件型別的本體論（ontologies）或分類學（taxonomies）。例如：

```
class Food:
    pass

class Sandwich(Food):
    pass

class RoastBeef(Sandwich):
    pass

class GrilledCheese(Sandwich):
    pass

class Taco(Food):
    pass
```

實務上，以這種方式組織物件可能相當困難，而且充滿了危險。假設你想在上面的階層架構（hierarchy）中加入一個 HotDog 類別，它應該放在哪裡呢？考慮到熱狗

（hot dog）有麵包（bun），你可能會傾向於把它作為 Sandwich（三明治）的子類別。然而，根據麵包整體的彎曲形狀和裡面美味的餡料，或許熱狗真的更像 Taco（塔可包）。也許你會決定把它作為兩者的一個子類別：

```
class HotDog(Sandwich, Taco):
    pass
```

這時，每個人的腦袋都要爆發了，辦公室裡陷入了激烈的爭論。這也許是提及 Python 支援多重繼承（multiple inheritance）的一個好時機。要做到這一點，可以列出一個以上的類別作為父類別。所產生的子類別將繼承那些父類別的所有綜合特徵。關於多重繼承的更多資訊請參閱第 7.19 節。

7.8　藉由合成來避免繼承

繼承的一個問題是所謂的實作繼承（implementation inheritance）。為了說明這一點，假設你想製作一個具有 push（推入）和 pop（彈出）運算的堆疊（stack）資料結構。有個快速的途徑是繼承自串列（list），並為其添加一個新的方法：

```
class Stack(list):
    def push(self, item):
        self.append(item)

# 範例
s = Stack()
s.push(1)
s.push(2)
s.push(3)
s.pop()      # -> 3
s.pop()      # -> 2
```

顯然，這個資料結構運作起來就像堆疊，但它也有串列的所有其他功能：插入、排序、切片重新指定等等。這就是實作繼承：你透過繼承來重複使用一些程式碼，並在此基礎上建置其他東西，但你也拿到了很多與實際所解決的問題無關的功能。使用者可能會覺得這個物件很奇怪。為什麼一個堆疊會有用於排序的方法呢？

更好的做法是合成（composition）。與其藉由繼承串列來建立堆疊，不如將堆疊作為一個獨立的類別來構建，只是這個類別中恰好包含了一個串列而已。裡面有一個串列的事實是一種實作細節。例如：

```
class Stack:
    def __init__(self):
        self._items = list()

    def push(self, item):
        self._items.append(item)

    def pop(self):
        return self._items.pop()

    def __len__(self):
        return len(self._items)

# 範例用法
s = Stack()
s.push(1)
s.push(2)
s.push(3)
s.pop()    # -> 3
s.pop()    # -> 2
```

此物件的運作方式與之前完全相同，但它只專注於作為一個堆疊而存在。沒有多餘的串列方法或非堆疊相關的功能。其用途要明確得多了。

稍微擴充過的這個實作可能會接受內部的 list 類別作為一個選擇性的引數：

```
class Stack:
    def __init__(self, *, container=None):
        if container is None:
            container = list()
        self._items = container

    def push(self, item):
        self._items.append(item)

    def pop(self):
        return self._items.pop()

    def __len__(self):
        return len(self._items)
```

這種做法的一個好處是，它可以促進元件之間的鬆散耦合（loose coupling）。舉例來說，你可能想製作一個堆疊，將其元素儲存在一個具型陣列（typed array）中，而不是一個串列中。你可以像下面這樣做：

```
import array

s = Stack(container=array.array('i'))
s.push(42)
s.push(23)
s.push('a lot')        # TypeError
```

這也是所謂**依存性注入**（*dependency injection*）的一個例子。你可以讓它依存於使用者決定傳入的任何容器，而非硬性寫定 Stack 依存於 list，只要它有實作必要的介面。

更廣泛地說，讓內部的串列成為隱藏的實作細節與資料抽象化（data abstraction）的問題有關。也許你後來決定你甚至不想使用一個串列。上面的設計使之很容易改變。舉例來說，如果你更改實作以使用如下所示的連結元組（linked tuples），Stack 的使用者甚至不會注意到。

```
class Stack:
    def __init__(self):
        self._items = None
        self._size = 0

    def push(self, item):
        self._items = (item, self._items)
        self._size += 1

    def pop(self):
        (item, self._items) = self._items
        self._size -= 1
        return item

    def __len__(self):
        return self._size
```

要決定是否使用繼承，你應該退一步問自己，你要建置的物件是否為父類別的特化版本，或者你只是把它作為構建其他東西過程中的一個元件。如果是後者，就不要使用繼承。

7.9　藉由函式來避免繼承

有的時候你可能會發現自己正在撰寫的類別只帶有需要自訂的單一個方法。舉例來說，你可能寫了一個像這樣的資料剖析（data parsing）類別：

```python
class DataParser:
    def parse(self, lines):
        records = []
        for line in lines:
            row = line.split(',')
            record = self.make_record(row)
            records.append(row)
        return records

    def make_record(self, row):
        raise NotImplementedError()

class PortfolioDataParser(DataParser):
    def make_record(self, row):
        return {
            'name': row[0],
            'shares': int(row[1]),
            'price': float(row[2])
        }

parser = PortfolioDataParser()
data = parser.parse(open('portfolio.csv'))
```

這裡有太多瑣碎的準備工作了。如果你要撰寫很多只有單個方法的類別，考慮改用函式。例如：

```python
def parse_data(lines, make_record):
    records = []
    for line in lines:
        row = line.split(',')
        record = make_record(row)
        records.append(row)
    return records

def make_dict(row):
    return {
        'name': row[0],
        'shares': int(row[1]),
        'price': float(row[2])
```

```
      }

   data = parse_data(open('portfolio.csv'), make_dict)
```

這段程式碼要簡單得多,而且同樣有彈性,再加上簡單的函式更容易測試。如果有
必要將其擴充為類別,你總是可以在之後進行。過早的抽象化往往不是一件好事。

7.10　動態繫結和鴨子定型法

動態繫結(dynamic binding)是 Python 用來尋找物件屬性的執行時期機制(runtime
mechanism)。就是這讓 Python 無須考慮型別就得以與實體一起作業。在 Python
中,變數名稱沒有關聯的型別。因此,屬性繫結的過程與 obj 是什麼型別的物件無
關。如果你進行一個查找(lookup)動作,例如 obj.name,它將對剛好有一個 name
屬性的任何 obj 都起作用。這種行為有時被稱為「鴨子型別(duck typing)」,引用
「如果它看起來像鴨子,叫起來像鴨子,走起路來也像鴨子,那麼它就是鴨子」的
格言。

Python 程式設計師經常會寫出仰賴這種行為的程式。舉例來說,如果你想製作一
個現有物件的自訂版本,你可以繼承它,或者你可以創建一個全新的物件,其外觀
和行為與它相似,但除此之外就無其他關聯。後面這種做法經常被用來維持程式元
件之間的鬆散耦合。例如,程式碼可以被寫成能與任何型別的物件一起工作,只要
它具有特定的一組方法。最常見的例子之一是在標準程式庫中定義的各種可迭代物
件。有各式各樣的物件能與 for 迴圈一起工作以產出數值:串列、檔案、產生器、
字串,等等。然而,這些物件都沒有繼承自任何一種特殊的 Iterable 基礎類別。它
們只是實作了進行迭代所需的方法,而這樣就全都行得通了。

7.11　繼承內建型別的危險

Python 允許繼承自內建型別(built-in types)。然而,這樣做會招來危險。舉
個例子,如果你決定從 dict 衍生子類別,以強制所有的鍵值(keys)都是大寫
(uppercase)的,你可以像這樣重新定義 __setitem__() 方法:

```
   class udict(dict):
      def __setitem__(self, key, value):
         super().__setitem__(key.upper(), value)
```

確實，這一開始看似行得通：

```
>>> u = udict()
>>> u['name'] = 'Guido'
>>> u['number'] = 37
>>> u
{ 'NAME': 'Guido', 'NUMBER': 37 }
>>>
```

然而，進一步的使用揭露了這只是表面上行得通。事實上，這似乎根本不起作用：

```
>>> u = udict(name='Guido', number=37)
>>> u
{ 'name': 'Guido', 'number': 37 }
>>> u.update(color='blue')
>>> u
{ 'name': 'Guido', 'number': 37, 'color': 'blue' }
>>>
```

這裡的問題是，Python 的內建型別並不像普通的 Python 類別那樣實作：它們是用 C 語言實作的。其中大多數的方法都是在 C 語言的世界中進行運算的。例如，`dict.update()` 方法會直接操作字典資料，而不需要透過上面你自訂的 udict 類別中重新定義的 `__setitem__()` 方法。

collections 模組有特殊的類別 UserDict、UserList 和 UserString 可以用來製作 dict、list 和 str 型別的安全子類別。舉例來說，你會發現這個解決方案效果要好得多：

```
from collections import UserDict

class udict(UserDict):
    def __setitem__(self, key, value):
        super().__setitem__(key.upper(), value)
```

下面是這個新版本動起來的例子：

```
>>> u = udict(name='Guido', num=37)
>>> u.update(color='Blue')
>>> u
{'NAME': 'Guido', 'NUM': 37, 'COLOR': 'Blue'}
>>> v = udict(u)
>>> v['title'] = 'BDFL'
>>> v
{'NAME': 'Guido', 'NUM': 37, 'COLOR': 'Blue', 'TITLE': 'BDFL'}
>>>
```

大多數時候，從一個內建型別衍生子類別都是可以避免的。例如，建立新的容器
（containers）時，或許最好是製作一個新的類別，就像第 7.8 節中的 Stack 類別那
樣。如果你真的需要從一個內建型別衍生子類別，所需的工作可能比你想像的要多
得多。

7.12　類別變數和方法

在一個類別定義中，所有的函式都被假設是作用在一個實體之上，它總是作為第一
個引數 self 被傳入。然而，類別本身也是一個物件，能夠攜帶狀態，也可以被操
作。舉個例子，你可以使用 num_accounts 這個類別變數（class variable）來追蹤有多
少個實體已被創建出來：

```python
class Account:
    num_accounts = 0

    def __init__(self, owner, balance):
        self.owner = owner
        self.balance = balance
        Account.num_accounts += 1

    def __repr__(self):
        return f'{type(self).__name__}({self.owner!r}, {self.balance!r})'

    def deposit(self, amount):
        self.balance += amount

    def withdraw(self, amount):
        self.deposit(-amount)     # 必須使用 self.deposit()

    def inquiry(self):
        return self.balance
```

類別變數是在正常的 __init__() 方法之外部定義的。要修改它們，就得使用該類
別，而非 self。舉例來說：

```python
>>> a = Account('Guido', 1000.0)
>>> b = Account('Eva', 10.0)
>>> Account.num_accounts
2
>>>
```

這有點不尋常，但類別變數也可以透過實體來存取，例如：

```
>>> a.num_accounts
2
>>> c = Account('Ben', 50.0)
>>> Account.num_accounts
3
>>> a.num_accounts
3
>>>
```

這之所以行得通，是因為實體上的屬性查找動作如果在該實體本身之上沒有找到匹配的屬性，就也會去檢查關聯的類別。這與 Python 一般用來查找方法的機制是相同的。

我們也可以定義所謂的**類別方法**（*class method*）。類別方法是一種應用於類別本身的方法，而非套用到實體上。類別方法的一個常見用途是定義替代的實體建構器（instance constructors）。例如，假設有一個需求是，要從一種舊有的企業級輸入格式創建出 Account 實體：

```
data = '''
<account>
   <owner>Guido</owner>
   <amount>1000.0</amount>
</account>
'''
```

要那麼做，你可以寫出像這樣的一個 @classmethod：

```
class Account:
    def __init__(self, owner, balance):
        self.owner = owner
        self.balance = balance

    @classmethod
    def from_xml(cls, data):
        from xml.etree.ElementTree import XML
        doc = XML(data)
        return cls(doc.findtext('owner'), float(doc.findtext('amount')))

# 範例用法
data = '''
<account>
   <owner>Guido</owner>
   <amount>1000.0</amount>
```

```
</account>
'''

a = Account.from_xml(data)
```

一個類別方法的第一個引數總是類別本身。依照慣例，這個引數通常被命名為 cls。在這個例子中，cls 被設為 Account。如果一個類別方法的目的是創建一個新的實體，那就必須採取明確的步驟來那麼做。在此例子的最後一行，呼叫 cls(..., ...) 與在那兩個引數上呼叫 Account(..., ...) 是一樣的。

類別作為引數傳遞的事實解決了一個與繼承有關的重要問題。假設你定義了 Account 的一個子類別，而現在想創建該類別的一個實體。你會發現它仍然有效：

```
class EvilAccount(Account):
    pass

e = EvilAccount.from_xml(data)    # 創建一個 'EvilAccount'
```

這段程式碼之所以行得通，原因在於 EvilAccount 現在是作為 cls 傳遞的。因此，from_xml() 類別方法的最後一條述句現在建立了一個 EvilAccount 實體。

類別變數和類別方法有時被一起用來配置和控制實體的運作方式。作為另一個例子，考慮下面這個 Date 類別：

```
import time

class Date:
    datefmt = '{year}-{month:02d}-{day:02d}'
    def __init__(self, year, month, day):
        self.year = year
        self.month = month
        self.day = day

    def __str__(self):
        return self.datefmt.format(year=self.year,
                                   month=self.month,
                                   day=self.day)

    @classmethod
    def from_timestamp(cls, ts):
        tm = time.localtime(ts)
        return cls(tm.tm_year, tm.tm_mon, tm.tm_mday)

    @classmethod
```

```
    def today(cls):
        return cls.from_timestamp(time.time())
```

這個類別的特點在於有一個類別變數 datefmt 用以調整 __str__() 方法的輸出。這是可以藉由繼承來自訂的東西：

```
class MDYDate(Date):
    datefmt = '{month}/{day}/{year}'

class DMYDate(Date):
    datefmt = '{day}/{month}/{year}'

# 範例
a = Date(1967, 4, 9)
print(a)        # 1967-04-09

b = MDYDate(1967, 4, 9)
print(b)        # 4/9/1967

c = DMYDate(1967, 4, 9)
print(c)        # 9/4/1967
```

像這樣透過類別變數和繼承進行組態設定是調整實體行為的一種常用工具。類別方法的使用是使其發揮作用的關鍵，因為它們確保了被創建出來的，是恰當類型的物件。比如說：

```
a = MDYDate.today()
b = DMYDate.today()
print(a)        # 2/13/2019
print(b)        # 13/2/2019
```

到目前為止，實體的替代建構方式是類別方法最常見的用途。這種類別方法的一個常見的命名慣例是把 from_ 這個詞作為前綴，例如 from_timestamp()。你會在整個標準程式庫和第三方套件的類別方法中看到這種命名慣例。例如，字典有一個類別方法用來從一組鍵值創建出一個預先初始化的字典：

```
>>> dict.from_keys(['a','b','c'], 0)
{'a': 0, 'b': 0, 'c': 0}
>>>
```

關於類別方法，一個要注意的地方是，Python 並不是在與實體方法不同的另一個命名空間中管理它們的。因此，它們仍然可以在一個實體上被調用。例如：

```
d = Date(1967,4,9)
b = d.today()           # 呼叫 Date.now(Date)
```

這有可能讓人很困惑,因為對 d.today() 的呼叫其實與 d 這個實體沒有任何關係。然而,你可能會在 IDE 和說明文件中看到 today() 被列為 Date 實體的一個有效方法。

7.13　靜態方法

有時,一個類別僅僅被當作一個命名空間(namespace),給透過 @staticmethod 宣告為靜態方法(static methods)的函式使用。與普通的方法或類別方法不同,靜態方法不需要一個額外的 self 或 cls 引數。靜態方法是一種普通的函式,只是碰巧被定義在一個類別裡面。比如說:

```
class Ops:
    @staticmethod
    def add(x, y):
        return x + y

    @staticmethod
    def sub(x, y):
        return x - y
```

你通常不會建立這種類別的實體。取而代之,你會透過類別直接呼叫那些函式:

```
a = Ops.add(2, 3)       # a = 5
b = Ops.sub(4, 5)       # a = -1
```

有時,其他類別會使用這樣的靜態方法群集來實作「可調換(swappable)」或「可配置(configurable)」的行為,或者作為概略模仿匯入模組行為的東西。考慮一下前面 Account 例子中對繼承的使用:

```
class Account:
    def __init__(self, owner, balance):
        self.owner = owner
        self.balance = balance

    def __repr__(self):
        return f'{type(self).__name__}({self.owner!r}, {self.balance!r})'

    def deposit(self, amount):
        self.balance += amount

    def withdraw(self, amount):
        self.balance -= amount

    def inquiry(self):
```

```
        return self.balance

# 一個特殊的「Evil（邪惡）」帳戶
class EvilAccount(Account):
    def deposit(self, amount):
        self.balance += 0.95 * amount

    def inquiry(self):
        if random.randint(0,4) == 1:
            return 1.10 * self.balance
        else:
            return self.balance
```

這裡繼承的使用方式有點奇怪。它引入了兩種不同的物件：Account 和
EvilAccount。也沒有明顯的方式來把現有的 Account 實體改為 EvilAccount 實體，或
改回去，因為這涉及到改變實體的型別。也許讓「邪惡（evil）」表現為一種帳戶政
策（account policy）會更好。這裡有 Account 的另一種表述，以靜態方法來實現：

```
class StandardPolicy:
    @staticmethod
    def deposit(account, amount):
        account.balance += amount

    @staticmethod
    def withdraw(account, amount):
        account.balance -= amount

    @staticmethod
    def inquiry(account):
        return account.balance

class EvilPolicy(StandardPolicy):
    @staticmethod
    def deposit(account, amount):
        account.balance += 0.95*amount

    @staticmethod
    def inquiry(account):
        if random.randint(0,4) == 1:
            return 1.10 * account.balance
        else:
            return account.balance

class Account:
    def __init__(self, owner, balance, *, policy=StandardPolicy):
```

```
            self.owner = owner
            self.balance = balance
            self.policy = policy

        def __repr__(self):
            return f'Account({self.policy}, {self.owner!r}, {self.balance!r})'

        def deposit(self, amount):
            self.policy.deposit(self, amount)

        def withdraw(self, amount):
            self.policy.withdraw(self, amount)

        def inquiry(self):
            return self.policy.inquiry(self)
```

在這個重新表述中,只有一種型別的實體被創建出來,即 Account。然而,它有一個特殊的 policy 屬性,提供各種方法的實作。如果需要,這個政策(policy)可以在現有的 Account 實體上動態地變更:

```
>>> a = Account('Guido', 1000.0)
>>> a.policy
<class 'StandardPolicy'>
>>> a.deposit(500)
>>> a.inquiry()
1500.0
>>> a.policy = EvilPolicy
>>> a.deposit(500)
>>> a.inquiry()        # 可能隨機地變成 1.10 倍
1975.0
>>>
```

@staticmethod 在此有意義的一個原因是,沒有創建 StandardPolicy 或 EvilPolicy 實體的需要。這些類別的主要目的是把一些方法組織起來,而不是儲存與 Account 有關的額外實體資料。儘管如此,Python 的鬆散耦合特質當然可以讓一個政策升級為能持有自己的資料。把靜態方法改為正常的實體方法,像這樣:

```
class EvilPolicy(StandardPolicy):
    def __init__(self, deposit_factor, inquiry_factor):
        self.deposit_factor = deposit_factor
        self.inquiry_factor = inquiry_factor

    def deposit(self, account, amount):
        account.balance += self.deposit_factor * amount
```

```
    def inquiry(self, account):
        if random.randint(0,4) == 1:
            return self.inquiry_factor * account.balance
        else:
            return account.balance

# 範例用法
a = Account('Guido', 1000.0, policy=EvilPolicy(0.95, 1.10))
```

這種將方法委託給支援類別的做法是狀態機（state machines）或類似物件常見的一種實作策略。每個作業狀態（operational state）都可以被封裝成它自己的方法類別（通常是靜態的）。然後，一個可變的實體變數，如本例中的 policy 屬性，就能用來保存與當前作業狀態相關的特定實作細節。

7.14　關於設計模式

編寫物件導向的程式時，程式設計師有時會專注於實作指名的設計模式（design patterns），例如「策略模式（strategy pattern）」、「飛輪模式（flyweight pattern）」、「單體模式（singleton pattern）」等等。其中許多源自 Erich Gamma、Richard Helm、Ralph Johnson 和 John Vlissides 所著的有名的《*Design Patterns*》一書。

如果你熟悉這些模式，在其他語言中使用的一般設計原則當然也可以套用到 Python。然而，這些書面記載的模式中，有許多是為了對 C++ 或 Java 那類嚴格靜態型別系統（strict static type system）所產生的特定問題做出變通才出現的。Python 的動態特質讓很多這些模式都變得過時、矯枉過正，或者根本沒有必要。

即便如此，還是有一些編寫良好軟體的總體原則存在，例如致力於寫出可除錯、可測試和可擴充的程式碼。基本的策略，例如撰寫帶有實用的 __repr__() 方法的類別、優先選用合成（composition）而非繼承（inheritance），以及允許依存性注入（dependency injection），都可以為實現這些目標帶來很大的幫助。Python 程式設計師也喜歡使用可以說是「Pythonic」的程式碼。通常，那意味著物件會遵循各種內建的協定，如迭代（iteration）、容器（containers）或情境管理（context management）。舉例來說，Python 程式設計師可能不會試著去實作 Java 程式設計書籍中的一些奇特的資料巡訪模式（data traversal pattern），而是用餵入 for 迴圈的一個產生器函式（generator function）來實作它，或者只是用一些字典查找（dictionary lookups）來取代整個模式。

7.15　資料封裝和私有屬性

在 Python 中，一個類別的所有屬性和方法都是公開（*public*）的，也就是說，可以不受任何限制地存取。這在有理由隱藏或封裝內部的實作細節的物件導向應用程式中，通常都是不可取的。

為了解決這種問題，Python 仰賴命名慣例（naming conventions）作為指示預期用途的一種手段。這樣的一個慣例是，以單個前導底線（_）開始的名稱表示內部實作。例如，這裡是 Account 類別的另一個版本，其中的餘額（balance）被變成了一個「私有（private）」屬性：

```python
class Account:
    def __init__(self, owner, balance):
        self.owner = owner
        self._balance = balance

    def __repr__(self):
        return f'Account({self.owner!r}, {self._balance!r})'

    def deposit(self, amount):
        self._balance += amount

    def withdraw(self, amount):
        self._balance -= amount

    def inquiry(self):
        return self._balance
```

在這段程式碼中，_balance 屬性被視為一個內部細節。沒有任何東西可以阻止使用者直接存取它，但前面的底線是一個強烈的訊號，表明使用者應該去找一個更對外公開的介面，例如 Account.inquiry() 方法。

有一個灰色地帶是內部屬性是否可以在子類別中使用。舉例來說，前面繼承的例子是否被允許直接存取其父類別的 _balance 屬性？

```python
class EvilAccount(Account):
    def inquiry(self):
        if random.randint(0,4) == 1:
            return 1.10 * self._balance
        else:
            return self._balance
```

作為一個通則，這在 Python 中被認為是可以接受的。IDE 和其他工具可能會對外開放這樣的屬性。如果你來自 C++、Java 或其他類似的物件導向語言，請把 _balance 視為類似於「protected（受保護）」的屬性。

如果你希望有一個更加私密的屬性，請在名稱前加上兩個前導底線（__）。所有像 __name 這樣的名稱都會自動被重新命名為 _Classname__name 這種形式的新名稱。這確保了在一個超類別中使用的私有名稱不會被子類別中相同的名稱所覆寫。這裡有一個例子，說明了此種行為：

```python
class A:
    def __init__(self):
        self.__x = 3          # 被改為 self._A__x

    def __spam(self):         # 被改為 _A__spam()
        print('A.__spam', self.__x)

    def bar(self):
        self.__spam()         # 只會呼叫 A.__spam()

class B(A):
    def __init__(self):
        A.__init__(self)
        self.__x = 37         # 被改為 self._B__x

    def __spam(self):         # 被改為 _B__spam()
        print('B.__spam', self.__x)

    def grok(self):
        self.__spam()         # 呼叫 B.__spam()
```

在這個例子中，對一個 __x 屬性有兩個不同的指定（assignments）。此外，表面上看起來，類別 B 似乎試圖透過繼承來覆寫 __spam() 方法。然而事實並非如此。名稱的絞亂（mangling）導致每個定義都使用唯一的名稱。試試下面的例子：

```python
>>> b = B()
>>> b.bar()
A.__spam 3
>>> b.grok()
B.__spam 37
>>>
```

如果你檢視底層的實體變數，你會更直接看到被絞亂的名稱：

```
>>> vars(b)
{ '_A__x': 3, '_B__x': 37 }
>>> b._A__spam()
A.__spam 3
>>> b._B__spam
B.__spam 37
>>>
```

儘管這種方案提供了資料隱藏（data hiding）的假象，但實際上沒有任何機制可以阻止對一個類別之「私有」屬性的存取。特別是，如果類別和相應私有屬性的名稱都是已知的，它們仍然可以透過被絞亂的名稱來存取。如果對私有屬性的這種存取仍然是個問題，你可能得考慮一個更痛苦的程式碼審查流程。

乍看之下，名稱的絞亂看起來可能像是一個額外的處理步驟。但實際上，絞亂程序只在類別被定義的時候發生過一次。它不會在方法的執行過程中發生，也不會為程式的執行帶來額外的負擔。請注意，名稱絞亂並不會發生在 getattr()、hasattr()、setattr() 或 delattr() 這樣的函式中，其中屬性名稱是以一個字串的形式指定。對於這些函式，你需要明確地使用經過處理的名稱，如 '_Classname__name' 來存取屬性。

在實務上，也許最好不要過度考慮名稱的隱私問題。單底線的名稱相當常見，雙底線的名稱就不那麼常見了。雖然你可以採取進一步的措施來嘗試真正地隱藏屬性，但額外的努力和增加的複雜度幾乎不值得所獲取的好處。也許最有用的事情是要記住，如果你在一個名稱上看到前導的底線，它幾乎肯定是某種內部細節，最好不要去動它。

7.16　型別提示

使用者定義類別（user-defined classes）之屬性沒有型別或值上的限制。事實上，你可以把一個屬性設成你想要的任何東西，例如：

```
>>> a = Account('Guido', 1000.0)
>>> a.owner
'Guido'
>>> a.owner = 37
>>> a.owner
37
>>> b = Account('Eva', 'a lot')
>>> b.deposit(' more')
```

```
>>> b.inquiry()
'a lot more'
>>>
```

如果這是一種實務考量,那有幾個可能的解決方案可用。有一個很簡單,就是:不要那樣做!另一個是仰賴外部工具,例如 linters 和型別檢查器(type checkers)。對於這一點,類別允許為所選屬性指定選擇性的型別提示(type hints)。比如說:

```
class Account:
    owner: str          # 型別提示
    _balance: float     # 型別提示

    def __init__(self, owner, balance):
        self.owner = owner
        self._balance = balance
    ...
```

包含型別提示不會改變一個類別實際的執行時期行為(runtime behavior),也就是說,不會有額外的檢查,也不會有什麼東西去阻止使用者在他們的程式碼中設定錯誤的值。然而,在他們的編輯器中,這些提示可能會為使用者提供更多有用的資訊,從而防止不小心的使用錯誤。

在實務上,準確的型別提示可能是很困難的。例如,Account 類別是否允許某人使用 int 而非 float?又或者使用 Decimal 呢?你會發現所有的這些都是可行的,即使提示所建議的不是那樣。

```
from decimal import Decimal

a = Account('Guido', Decimal('1000.0'))
a.withdraw(Decimal('50.0'))
print(a.inquiry())              # -> 950.0
```

知道如何在這種情況下恰當地組織型別已經超出了本書的範圍。若有疑慮,除非你有積極使用型別檢查工具來檢查你的程式碼,否則最好不要用猜的。

7.17　特性

正如上一節所指出的,Python 對屬性(attribute)的值或型別沒有執行時期的限制。然而,如果你把一個屬性歸入一個所謂的**特性**(*property*)之管理底下,這樣的強加限制就是可能的。特性是一種特殊的屬性,它會攔截屬性的存取(attribute access)

並經由使用者定義的方法來處理它。這些方法有完全的自由,可以按照他們認為合適的方式管理屬性。這裡有一個例子:

```python
import string

class Account:
    def __init__(self, owner, balance):
        self.owner = owner
        self._balance = balance

    @property
    def owner(self):
        return self._owner

    @owner.setter
    def owner(self, value):
        if not isinstance(value, str):
            raise TypeError('Expected str')
        if not all(c in string.ascii_uppercase for c in value):
            raise ValueError('Must be uppercase ASCII')
        if len(value) > 10:
            raise ValueError('Must be 10 characters or less')
        self._owner = value
```

在此,owner 屬性被限制為一個非常企業等級的 10 字元大寫 ASCII 字串。這裡是你試著使用該類別時,它運作起來的樣子:

```python
>>> a = Account('GUIDO', 1000.0)
>>> a.owner = 'EVA'
>>> a.owner = 42
Traceback (most recent call last):
...
TypeError: Expected str
>>> a.owner = 'Carol'
Traceback (most recent call last):
...
ValueError: Must be uppercase ASCII
>>> a.owner = 'RENÉE'
Traceback (most recent call last):
...
ValueError: Must be uppercase ASCII
>>> a.owner = 'RAMAKRISHNAN'
Traceback (most recent call last):
...
ValueError: Must be 10 characters or less
>>>
```

@property 裝飾器被用來將一個屬性確立為一個特性。在此例中，它被應用於 owner 屬性。這個裝飾器總是首先套用到獲取屬性值的一個方法。在本例中，該方法將回傳儲存在私有屬性 _owner 中實際的值。接下來的 @owner.setter 裝飾器被用來選擇性地實作一個方法用以設定屬性值。這個方法會在把值儲存到私有的 _owner 屬性之前先執行對於型別和值的各種檢查。

特性的一個關鍵特徵是，所關聯名稱，例如本例中的 owner，會變得有「魔術」。也就是說，對該屬性的任何使用都會自動送經你所實作的 getter/setter（取值器／設值器）方法。你不需要改變任何預先存在的程式碼來使其發揮作用。例如，不需要對 Account.__init__() 方法進行修改。這可能會讓你驚訝，因為 __init__() 做了 self.owner = owner 的指定，而非使用私有屬性 self._owner。這是設計好的：owner 特性存在的目的就是為了驗證屬性值。你肯定想在實體被創建時那麼做。你會發現它完全按照預期的那樣運作：

```
>>> a = Account('Guido', 1000.0)
Traceback (most recent call last):
  File "account.py", line 5, in __init__
    self.owner = owner
  File "account.py", line 15, in owner
    raise ValueError('Must be uppercase ASCII')
ValueError: Must be uppercase ASCII
>>>
```

因為每次對特性屬性（property attribute）的存取都會自動調用一個方法，所以實際的值需要儲存在一個不同的名稱之下。這就是為什麼 _owner 被用在 getter 和 setter 方法裡面。你不能把 owner 當作儲存位置來用，因為這樣做會導致無限遞迴。

一般來說，特性允許攔截特定的任何屬性名稱。你可以實作獲取（getting）、設定（setting）或刪除（deleting）屬性值的方法。比如說：

```
class SomeClass:
    @property
    def attr(self):
        print('Getting')

    @attr.setter
    def attr(self, value):
        print('Setting', value)

    @attr.deleter
    def attr(self):
        print('Deleting')
```

```
# 範例
s = SomeClass()
s.attr            # 取值
s.attr = 13       # 設值
del s.attr        # 刪除
```

沒有必要去實作一個特性的所有部分。事實上，很常見的是使用特性來實作唯讀的計算資料屬性（read-only computed data attributes）。例如：

```
class Box(object):
    def __init__(self, width, height):
        self.width = width
        self.height = height

    @property
    def area(self):
        return self.width * self.height

    @property
    def perimeter(self):
        return 2*self.width + 2*self.height

# 範例用法
b = Box(4, 5)
print(b.area)       # -> 20
print(b.perimeter)  # -> 18
b.area = 5          # 錯誤：無法設定屬性
```

定義一個類別時要考慮的一件事是使它的程式設計介面盡可能的統一。如果沒有特性，一些值會被當作簡單的屬性來存取，例如 b.width 或 b.height，而其他值則會被當作方法來存取，例如 b.area() 和 b.perimeter()。追蹤何時要添加額外的 () 會造成不必要的混淆。特性可以幫忙解決這個問題。

Python 程式設計師往往沒有意識到，方法本身就被隱含地當作一種特性來處理。考慮一下這個類別：

```
class SomeClass:
    def yow(self):
        print('Yow!')
```

當使用者創建一個實體，如 s = SomeClass()，然後存取 s.yow 時，原函數物件 yow 不會被回傳。取而代之，你會得到一個像這樣的已繫結方法（bound method）：

```
>>> s = SomeClass()
>>> s.yow
<bound method SomeClass.yow of <__main__.SomeClass object at 0x10e2572b0>>
>>>
```

這是怎麼發生的呢？事實證明，當函式被放置在一個類別中時，它的行為就會很像特性。具體而言，函式會魔術般地攔截屬性存取，並在幕後創建已繫結的方法。當你使用 @staticmethod 和 @classmethod 定義靜態和類別方法時，你實際上改變了這個流程。@staticmethod 會將方法函式「依照原樣（as is）」回傳，不會有任何特殊的包裹或處理。關於這個流程的更多資訊將在第 7.28 節中介紹。

7.18　型別、介面和抽象基礎類別

創建一個類別的實體時，該實體的型別就是該類別本身。要測試一個類別的成員資格（membership），可以使用內建函式 isinstance(obj, cls)。如果一個物件 obj 屬於 cls 類別或從 cls 衍生的任何類別，這個函式就會回傳 True。這裡有一個例子：

```
class A:
    pass

class B(A):
    pass

class C:
    pass

a = A()           # 'A' 的實體
b = B()           # 'B' 的實體
c = C()           # 'C' 的實體

type(a)           # 回傳類別物件 A
isinstance(a, A)  # 回傳 True
isinstance(b, A)  # 回傳 True，B 衍生自 A
isinstance(b, C)  # 回傳 False，B 並非衍生自 C
```

同樣地，如果類別 A 是類別 B 的子類別，那麼內建函式 issubclass(A, B) 會回傳 True，下面是一個例子：

```
issubclass(B, A)  # 回傳 True
issubclass(C, A)  # 回傳 False
```

類別定型關係（class typing relations）的一個常見用途是作為程式設計介面（programming interfaces）的規格。作為一個例子，一個頂層的基礎類別可能被實作來規範程式設計介面的需求。然後，該基礎類別可能被用於型別提示或透過 isinstance() 進行防禦性的型別強制履行（defensive type enforcement）：

```
class Stream:
    def receive(self):
        raise NotImplementedError()

    def send(self, msg):
        raise NotImplementedError()

    def close(self):
        raise NotImplementedError()

# 範例。
def send_request(stream, request):
    if not isinstance(stream, Stream):
        raise TypeError('Expected a Stream')
    stream.send(request)
    return stream.receive()
```

你不會預期這種程式碼直接使用 Stream。取而代之，不同的類別將繼承自 Stream 並實作所需的功能性。使用者將改為實體化（instantiate）這些類別之一。比如說：

```
class SocketStream(Stream):
    def receive(self):
        ...

    def send(self, msg):
        ...

    def close(self):
        ...

class PipeStream(Stream):
    def receive(self):
        ...

    def send(self, msg):
        ...

    def close(self):
        ...
```

```
# Example
s = SocketStream()
send_request(s, request)
```

在這個例子中，值得討論的是 send_request() 中介面在執行時期的強制履行（runtime enforcement）。是否應該使用一個型別提示來代替？

```
# 指定一個介面為型別提示
def send_request(stream:Stream, request):
    stream.send(request)
    return stream.receive()
```

鑑於型別提示沒有被強制施加，怎麼依據介面去驗證一個引數的決定，實際上取決於你希望它何時發生：在執行時期、作為程式碼檢查的一個步驟，或者根本就不發生。

介面類別的這種使用在大型框架（frameworks）和應用程式的組織中比較常見。然而，使用這種做法，你得確保子類別確實有實作了必要的介面。例如，如果一個子類別選擇不實作其中一個必要方法，或者單純有一個拼寫錯誤，你一開始可能不會注意到那所產生的效應，因為程式碼在常見的情況下可能仍然行得通。然而，之後如果未實作的方法被調用了，程式就會當掉。很自然地，這只會於凌晨 3 點 30 分在生產環境中發生。

為了防範這個問題，通常會使用 abc 模組將介面定義為*抽象基礎類別*（*abstract base classes*）。這個模組定義了一個基礎類別（ABC）和一個裝飾器（@abstractmethod），一起用來描述一個介面。這裡有個例子：

```
from abc import ABC, abstractmethod

class Stream(ABC):
    @abstractmethod
    def receive(self):
        pass

    @abstractmethod
    def send(self, msg):
        pass

    @abstractmethod
    def close(self):
        pass
```

一個抽象類別並不是要用來直接被實體化（instantiated）的。事實上，如果你試圖創建一個 Stream 實體，你會得到一個錯誤：

```
>>> s = Stream()
Traceback (most recent call last):
  File "<stdin>", line 1, in <module>
TypeError: Can't instantiate abstract class Stream with abstract methods
close, receive, send
>>>
```

這個錯誤訊息確切地告訴你一個 Stream 需要實作什麼方法。這可當作撰寫子類別的指引。假設你寫了一個子類別，但犯了個錯：

```
class SocketStream(Stream):
    def read(self):          # 名稱取錯了
        ...

    def send(self, msg):
        ...

    def close(self):
        ...
```

一個抽象基礎類別就會在實體化時捕捉到此錯誤。這之所以有用處，是因為提早捕捉到錯誤。

```
>>> s = SocketStream()
Traceback (most recent call last):
  File "<stdin>", line 1, in <module>
  TypeError: Can't instantiate abstract class SocketStream with abstract
methods receive
>>>
```

雖然抽象類別不能被實體化，但它可以定義方法和特性供子類別使用。此外，基礎類別中的抽象方法仍然可以在子類別中呼叫。舉例來說，從一個子類別呼叫 super().receive() 是被允許的。

7.19　多重繼承、介面以及 Mixins（混合類別）

Python 支援多重繼承（multiple inheritance）。如果一個子類別列出了一個以上的父類別，那麼子類別就會繼承那些父類別的所有特徵。比如說：

```
class Duck:
    def walk(self):
        print('Waddle')

class Trombonist:
    def noise(self):
        print('Blat!')

class DuckBonist(Duck, Trombonist):
    pass

d = DuckBonist()
d.walk()        # -> Waddle
d.noise()       # -> Blat!
```

從概念上講，這是一個很不錯的主意，但隨後現實就開始介入了。例如，如果 Duck 和 Trombonist 各自都定義了一個 __init__() 方法會怎樣？或者，如果他們都定義了一個 noise() 方法呢？突然間，你開始意識到多重繼承充滿了危險。

為了更加理解多重繼承的實際用法，我們退一步講，把它看作是一種高度特化的程式碼組織和重用工具，而不是一種通用的程式設計技巧。具體來說，把不相關的任意類別聚集起來，用多重繼承把它們組合在一起，創造出奇怪的變種鴨子音樂家，這並非標準的實務做法。永遠不要那樣做。

多重繼承的一個更常見的用途是組織型別和介面關係。舉例來說，上一節介紹了抽象基礎類別的概念。抽象基礎類別的目的是為了規範一個程式設計介面。例如，你可能會有這樣的各種抽象類別：

```
from abc import ABC, abstractmethod

class Stream(ABC):
    @abstractmethod
    def receive(self):
        pass

    @abstractmethod
    def send(self, msg):
        pass

    @abstractmethod
    def close(self):
        pass

class Iterable(ABC):
```

```
    @abstractmethod
    def __iter__(self):
        pass
```

有了這些類別,多重繼承就可能被用來指定哪些介面已經被子類別所實作:

```
class MessageStream(Stream, Iterable):
    def receive(self):
        ...
    def send(self):
        ...
    def close(self):
        ...
    def __iter__(self):
        ...
```

同樣地,這種多重繼承的使用主要不是關於實作,而是關於型別關係。例如,在這個例子中,甚至沒有一個繼承而來的方法有做任何事情。不存在程式碼的重複使用。重點在於,繼承關係允許你像這樣進行型別檢查:

```
m = MessageStream()

isinstance(m, Stream)      # -> True
isinstance(m, Iterable)    # -> True
```

多重繼承的另一個用途是定義混合類別(*mixin classes*)。一個 mixin 類別是修改或擴充其他類別之功能性的一種類別。考慮下面的類別定義:

```
class Duck:
    def noise(self):
        return 'Quack'

    def waddle(self):
        return 'Waddle'

class Trombonist:
    def noise(self):
        return 'Blat!'

    def march(self):
        return 'Clomp'

class Cyclist:
    def noise(self):
        return 'On your left!'
```

```
def pedal(self):
    return 'Pedaling'
```

這些類別彼此之間完全沒有關係。沒有繼承關係，而且它們實作了不同的方法。然而，它們有一個共同的特點，即它們都定義了一個 noise() 方法。以此為導引，你可以定義以下類別：

```
class LoudMixin:
    def noise(self):
        return super().noise().upper()

class AnnoyingMixin:
    def noise(self):
        return 3*super().noise()
```

乍看之下，這些類別看起來不對。它們只有一個孤立的方法，而且使用 super() 委派工作給一個不存在的父類別。這些類別甚至無法運作：

```
>>> a = AnnoyingMixin()
>>> a.noise()
Traceback (most recent call last):
...
AttributeError: 'super' object has no attribute 'noise'
>>>
```

這些是 mixin 類別。它們唯一能夠運作的方式是與實作了缺少功能性的其他類別結合在一起。例如：

```
class LoudDuck(LoudMixin, Duck):
    pass

class AnnoyingTrombonist(AnnoyingMixin, Trombonist):
    pass

class AnnoyingLoudCyclist(AnnoyingMixin, LoudMixin, Cyclist):
    pass

d = LoudDuck()
d.noise() # -> 'QUACK'

t = AnnoyingTrombonist()
t.noise() # -> 'Blat!Blat!Blat!'

c = AnnoyingLoudCyclist()
c.noise() # -> 'ON YOUR LEFT!ON YOUR LEFT!ON YOUR LEFT!'
```

因為 mixin 類別的定義方式與普通類別相同，所以最好將「Mixin」一詞作為類別名稱的一部分。這個命名慣例更清楚地表明了意圖。

為了完全理解 mixins，你需要更深入了解繼承和 super() 函式的運作原理。

首先，每當你使用繼承，Python 都會建立一個線性的類別串鏈（linear chain of classes），稱為*方法解析順序*（*Method Resolution Order*），或簡稱 MRO。這可以透過類別上的 __mro__ 屬性來取得。下面是關於單一繼承（single inheritance）的一些例子。

```
class Base:
    pass

class A(Base):
    pass

class B(A):
    pass

Base.__mro__ # -> (<class 'Base'>, <class 'object'>)
A.__mro__    # -> (<class 'A'>, <class 'Base'>, <class 'object'>)
B.__mro__    # -> (<class 'B'>, <class 'A'>, <class 'Base'>, <class 'object'>)
```

MRO 指定了屬性查找（attribute lookup）的搜尋順序。具體來說，每當你在一個實體或類別上搜索一個屬性時，MRO 上的每個類別都會按照被列出的順序進行檢查。搜尋動作會在找到第一個匹配時停止。object 類別被列在 MRO 中，因為所有的類別都繼承自 object，不管它是否被列為父類別。

為了支援多重繼承，Python 實作了所謂的「合作式多重繼承（cooperative multiple inheritance）」。透過合作式繼承，所有的類別都依據兩個主要的排序規則被放置在 MRO 串列上。第一條規則指出，子類別必須總是在其父類別之前被檢查。第二條規則規定，如果一個類別有多個父類別，那麼這些父類別必須依照它們被寫在子類別的繼承串列（inheritance list）中的相同順序進行檢查。在大多數情況下，這些規則都會產生一個合理的 MRO。然而，對類別進行排序的精確演算法實際上是相當複雜的，並非基於任何簡單的做法，例如深度優先（depth-first）或廣度優先（breadth-first）的搜尋。取而代之，順序是根據 C3 線性化演算法（linearization algorithm）來決定的，這描述於論文「A Monotonic Superclass Linearization for Dylan」（K. Barrett 等人於 1996 年的 OOPSLA 提出）。這個演算法的一個微妙之處在於，某些類別階層架構（class hierarchies）會被 Python 以 TypeError 拒絕。這裡有一個例子：

```
class X: pass
class Y(X): pass
class Z(X,Y): pass  # TypeError.
                    # 無法建立出前後一致的 MRO
```

在此例中，方法解析演算法拒絕了類別 Z，因為它無法決定出一個合理的基礎類別順序。在這裡，類別 X 在繼承串列中出現於類別 Y 之前，所以它必須被首先檢查。然而，類別 Y 繼承自 X，所以如果先檢查 X，就違反了「先檢查子類別」的規則。在實務上，這些問題很少出現，而如果它們出現了，通常表明有更嚴重的設計問題存在。

作為一個實際的 MRO 例子，這裡是前面顯示的 AnnoyingLoudCyclist 類別的 MRO：

```
class AnnoyingLoudCyclist(AnnoyingMixin, LoudMixin, Cyclist):
    pass

AnnoyingLoudCyclist.__mro__
# (<class 'AnnoyingLoudCyclist'>, <class 'AnnoyingMixin'>,
# <class 'LoudMixin'>, <class 'Cyclist'>, <class 'object'>)
```

在這個 MRO 中，你可以看到那兩條規則是如何被滿足的。具體來說，子類別總是列在其父類別之前。object 類別被列在最後，因為它是所有其他類別的父類別。多重父類別則是按照它們在程式碼中出現的順序排列的。

super() 函式的行為與底層的 MRO 綁定在一起。具體而言，它的作用是將屬性委託給 MRO 上的下一個類別。這是依據在其中使用 super() 的類別來決定的。例如，當 AnnoyingMixin 類別使用 super() 時，它查看實體的 MRO 以找到自己的位置。從那裡，它將屬性查找工作委派給下一個類別。在這個例子中，在 AnnoyingMixin 類別中使用 super().noise() 會調用 LoudMixin.noise()。這是因為 LoudMixin 是 AnnoyingLoudCyclist 的 MRO 上所列出的下一個類別。接著 LoudMixin 類別中的 super().noise() 運算委託給了 Cyclist 類別。對於 super() 的任何使用，下一個類別的選擇會根據實體的型別而變化。例如，如果你製作了 AnnoyingTrombonist 的一個實體，那麼 super().noise() 將會改為調用 Trombonist.noise()。

為合作式多重繼承和 mixins 進行設計是一項挑戰。這裡有一些設計方針。首先，在 MRO 中，子類別總是會在任何基礎類別之前被檢查。因此，mixin 類別共用一個共同的父類別，並且由該父類別提供一個空的方法實作，是很常見的情況。如果同時使用多個 mixin 類別，它們會排在彼此的後面。共同的父類別將出現在最後，在那裡它可以提供一個預設的實作或進行錯誤檢查。舉例來說：

```python
class NoiseMixin:
    def noise(self):
        raise NotImplementedError('noise() not implemented')

class LoudMixin(NoiseMixin):
    def noise(self):
        return super().noise().upper()

class AnnoyingMixin(NoiseMixin):
    def noise(self):
        return 3 * super().noise()
```

第二條方針是，一個 mixin 方法的所有實作都應該有完全相同的函式特徵式
（function signature）。混合類別的一個問題是，它們是選擇性的，並且經常以不可
預測的順序混合在一起。為了使其發揮作用，你必須保證涉及 super() 的運算一定
會成功，無論下一個類別是什麼。為了達成這一點，呼叫串鏈中的所有方法都需要
有一個相容的呼叫特徵式。

最後，你需要確保你在所有地方都使用了 super()。有時你會遇到一個直接呼叫其父
類別的類別：

```python
class Base:
    def yow(self):
        print('Base.yow')

class A(Base):
    def yow(self):
        print('A.yow')
        Base.yow(self)        # 對父類別的直接呼叫

class B(Base):
    def yow(self):
        print('B.yow')
        super().yow(self)

class C(A, B):
    pass

c = C()
c.yow()
# 輸出：
#    A.yow
#    Base.yow
```

這樣的類別在使用多重繼承時是不安全的。這麼做會破壞正確的方法呼叫串鏈，導致混淆。比方說，在上面的例子中，儘管 B.yow() 是繼承階層架構的一部分，但它從未出現過任何輸出。如果你要用多重繼承做任何事情，你就應該使用 super() 而不是直接呼叫超類別中的方法。

7.20　基於型別的調度（Type-Based Dispatch）

有時你需要寫一些依據特定型別來調度（dispatches）的程式碼。比如說：

```python
if isinstance(obj, Duck):
    handle_duck(obj)
elif isinstance(obj, Trombonist):
    handle_trombonist(obj)
elif isinstance(obj, Cyclist):
    handle_cyclist(obj)
else:
    raise RuntimeError('Unknown object')
```

這樣一個大型的 if-elif-else 區塊既不優雅又脆弱。一個經常用到的解決方案是透過一個字典進行調度：

```python
handlers = {
    Duck: handle_duck,
    Trombonist: handle_trombonist,
    Cyclist: handle_cyclist
}

# 調度
def dispatch(obj):
    func = handlers.get(type(obj))
    if func:
        return func(obj)
    else:
        raise RuntimeError(f'No handler for {obj}')
```

這個解決方案假設精確的型別匹配。如果在這種調度中也要支援繼承，你就得巡訪 MRO：

```python
def dispatch(obj):
    for ty in type(obj).__mro__:
        func = handlers.get(ty)
        if func:
            return func(obj)
    raise RuntimeError(f'No handler for {obj}')
```

有時調度工作是透過一個基於類別的介面（class-based interface）來實作的，會像這樣使用 getattr()：

```
class Dispatcher:
    def handle(self, obj):
        for ty in type(obj).__mro__:
            meth = getattr(self, f'handle_{ty.__name__}', None)
            if meth:
                return meth(obj)
        raise RuntimeError(f'No handler for {obj}')

    def handle_Duck(self, obj):
        ...

    def handle_Trombonist(self, obj):
        ...

    def handle_Cyclist(self, obj):
        ...

# 範例
dispatcher = Dispatcher()
dispatcher.handle(Duck())      # -> handle_Duck()
dispatcher.handle(Cyclist())   # -> handle_Cyclist()
```

這最後一個範例使用 getattr() 來調度一個類別的方法，是一種相當常見的程式設計模式。

7.21　類別裝飾器

有時你想在一個類別被定義後進行額外的處理步驟：比如將該類別添加到某個登錄表（registry）或生成額外的支援程式碼。有一種做法是使用類別裝飾器（class decorator）。一個類別裝飾器是一個函式，它接受一個類別作為輸入，並回傳一個類別作為輸出。舉例來說，這裡是你維護一個登錄表的方式：

```
_registry = { }
def register_decoder(cls):
    for mt in cls.mimetypes:
        _registry[mt.mimetype] = cls
    return cls

# 用到該登錄表的工廠函式（factory function）
def create_decoder(mimetype):
    return _registry[mimetype]()
```

在這個例子中，register_decoder() 函式在一個類別中尋找一個 mimetypes 屬性。如果找到了，它就會被用來把這個類別添加到一個字典裡，該字典會將 MIME 類型（MIME types）映射到類別物件。要使用此函式，你得緊接在類別定義之前，把它當作一個裝飾器來套用：

```
@register_decoder
class TextDecoder:
    mimetypes = [ 'text/plain' ]
    def decode(self, data):
        ...

@register_decoder
class HTMLDecoder:
    mimetypes = [ 'text/html' ]
    def decode(self, data):
        ...

@register_decoder
class ImageDecoder:
    mimetypes = [ 'image/png', 'image/jpg', 'image/gif' ]
    def decode(self, data):
        ...

# 範例用法
decoder = create_decoder('image/jpg')
```

一個類別裝飾器可以自由地修改它所得到的類別之內容。例如，它甚至可以改寫現有的方法。這是混合類別（mixin classes）或多重繼承（multiple inheritance）常見的一個替代方式。舉例來說，考慮這些裝飾器：

```
def loud(cls):
    orig_noise = cls.noise
    def noise(self):
        return orig_noise(self).upper()
    cls.noise = noise
    return cls

def annoying(cls):
    orig_noise = cls.noise
    def noise(self):
        return 3 * orig_noise(self)
    cls.noise = noise
    return cls

@annoying
```

```
@loud
class Cyclist(object):
    def noise(self):
        return 'On your left!'

    def pedal(self):
        return 'Pedaling'
```

這個例子產生的結果與上一節的 mixin 例子相同。然而，其中沒有多重繼承，也沒有使用 super()。在每個裝飾器中，對 cls.noise 的查找都會進行與 super() 相同的動作。但是，由於這只在套用裝飾器時發生一次（在定義時期），因此所產生的 noise() 呼叫將會執行得更快一些。

類別裝飾器也可以用來建立全新的程式碼。例如，在編寫一個類別時，一項常見的任務是編寫一個有用的 __repr__() 方法來幫助除錯：

```
class Point:
    def __init__(self, x, y):
        self.x = x
        self.y = y

    def __repr__(self):
        return f'{type(self).__name__}({self.x!r}, {self.y!r})'
```

撰寫這樣的方法往往是很煩人的。或許類別裝飾器可以為你創建這個方法？

```
import inspect
def with_repr(cls):
    args = list(inspect.signature(cls).parameters)
    argvals = ', '.join('{self.%s!r}' % arg for arg in args)
    code = 'def __repr__(self):\n'
    code += f'    return f"{cls.__name__}({argvals})"\n'
    locs = { }
    exec(code, locs)
    cls.__repr__ = locs['__repr__']
    return cls

# 範例
@with_repr
class Point:
    def __init__(self, x, y):
        self.x = x
        self.y = y
```

在這個例子中，__repr__() 方法是由 __init__() 方法的呼叫特徵式所產生出來的。
該方法被建立為一個文本字串，並傳遞給 exec() 來創建一個函式。那個函式則被附
加到該類別中。

類似的程式碼生成技術也被用於標準程式庫的某些部分。例如，定義資料結構方便
的途徑之一是使用一個資料類別（dataclass）：

```
from dataclasses import dataclass

@dataclass
class Point:
    x: int
    y: int
```

一個資料類別會從類別的型別提示自動創建出諸如 __init__() 和 __repr__() 之類的
方法。這些方法是使用 exec() 創建的，與前面的例子類似。這裡是所產生的 Point
類別之運作方式：

```
>>> p = Point(2, 3)
>>> p
Point(x=2, y=3)
>>>
```

這種方法的一個缺點是啟動效能差。用 exec() 動態地建立程式碼，繞過了 Python
通常應用於模組的編譯最佳化動作（compilation optimizations）。因此，以這種方式
定義大量的類別可能會大大減慢你程式碼的匯入速度。

本節展示的例子說明了類別裝飾器的常見用途：註冊、程式碼改寫、程式碼生成、
驗證，等等。類別裝飾器的問題之一是，它們必須被明確地套用到每個使用它們
的類別上。這並不總是你所想要的。下一節會描述一種能讓你隱含地操作類別的
功能。

7.22　監督式繼承（Supervised Inheritance）

正如你在上一節看到的，有時你想定義一個類別並進行額外的動作。類別裝飾器是
那麼做的一種機制。然而，一個父類別也可以代表它的子類別進行額外的動作。這
可以透過實作 __init_subclass__(cls) 類別方法來達成。比如說：

```
class Base:
    @classmethod
```

```python
    def __init_subclass__(cls):
        print('Initializing', cls)

# 範例（每個類別都應該看到 'Initializing' 訊息）
class A(Base):
    pass

class B(A):
    pass
```

若有一個 **__init_subclass__**() 方法存在，它將在任何子類別的定義中自動被觸發。
即使該子類別埋藏在一個繼承階層架構的深處，這仍然會發生。

許多常以類別裝飾器執行的任務都可以用 **__init_subclass__**() 來代替。例如類別的
註冊：

```python
class DecoderBase:
    _registry = { }
    @classmethod
    def __init_subclass__(cls):
        for mt in cls.mimetypes:
            DecoderBase._registry[mt.mimetype] = cls

# 使用登錄表的工廠函式
def create_decoder(mimetype):
    return DecoderBase._registry[mimetype]()

class TextDecoder(DecoderBase):
    mimetypes = [ 'text/plain' ]
    def decode(self, data):
        ...

class HTMLDecoder(DecoderBase):
    mimetypes = [ 'text/html' ]
    def decode(self, data):
        ...

class ImageDecoder(DecoderBase):
    mimetypes = [ 'image/png', 'image/jpg', 'image/gif' ]
    def decode(self, data):
        ...

# 範例用法
decoder = create_decoder('image/jpg')
```

這裡有一個範例類別會自動從類別的 **__init__()** 方法的特徵式創建出 **__repr__()** 方法：

```python
import inspect

class Base:
    @classmethod
    def __init_subclass__(cls):
        # 創建一個 __repr__ method
        args = list(inspect.signature(cls).parameters)
        argvals = ', '.join('{self.%s!r}' % arg for arg in args)
        code = 'def __repr__(self):\n'
        code += f' return f"{cls.__name__}({argvals})"\n'
        locs = { }
        exec(code, locs)
        cls.__repr__ = locs['__repr__']

class Point(Base):
    def __init__(self, x, y):
        self.x = x
        self.y = y
```

若用到了多重繼承，你應該使用 **super()** 來確保實作了 **__init_subclass__()** 的所有類別都有被呼叫。例如：

```python
class A:
    @classmethod
    def __init_subclass__(cls):
        print('A.init_subclass')
        super().__init_subclass__()

class B:
    @classmethod
    def __init_subclass__(cls):
        print('B.init_subclass')
        super().__init_subclass__()

# 在此應該來自這兩個類別的輸出都看得到
class C(A, B):
    pass
```

用 **__init_subclass__()** 監督繼承是 Python 最強大型的自訂功能之一。它的大部分力量源自於它的隱性本質。一個頂層基礎類別可以用它來悄悄地監督子類別的整個階層架構。這種監督可以註冊類別、改寫方法、執行驗證，等等。

7.23　物件生命週期和記憶體管理

一個類別被定義後,所產生的類別是一個用來創建新實體的工廠(factory)。比如說:

```python
class Account:
    def __init__(self, owner, balance):
        self.owner = owner
        self.balance = balance

# 建立一些 Account 實體
a = Account('Guido', 1000.0)
b = Account('Eva', 25.0)
```

一個實體的創建分成兩步進行:使用特殊方法 __new__() 創建一個新的實體,然後以 __init__() 初始化它。例如,運算 a = Account('Guido', 1000.0) 就進行了這些步驟:

```python
a = Account.__new__(Account, 'Guido', 1000.0)
if isinstance(a, Account):
    Account.__init__('Guido', 1000.0)
```

除了第一個引數是類別而不是實體之外,__new__() 通常接受與 __init__() 相同的引數。然而,__new__() 的預設實作單純會忽略它們。你有時會看到 __new__() 只用單一個引數來呼叫。例如,這段程式碼也行得通:

```python
a = Account.__new__(Account)
Account.__init__('Guido', 1000.0)
```

直接使用 __new__() 方法並不常見的,但有時它會被用來創建實體,同時繞過 __init__() 方法的調用。這樣的一個用法是在類別方法中。比如說:

```python
import time

class Date:
    def __init__(self, year, month, day):
        self.year = year
        self.month = month
        self.day = day

    @classmethod
    def today(cls):
        t = time.localtime()
        self = cls.__new__(cls)    # 製作實體
```

```
            self.year = t.tm_year
            self.month = t.tm_mon
            self.day = t.tm_mday
            return self
```

進行物件序列化（object serialization）的模組，例如 pickle，也會利用 __new__() 來在物件被解序列化（deserialized）時重新創建實體。這是在沒有調用 __init__() 的情況下完成的。

有時，如果一個類別想更動實體創建的某些面向，它就會定義 __new__()。典型的應用包括實體快取（instance caching）、單體（singletons）和不可變性（immutability）。作為一個例子，你可能想讓 Date 類別進行日期的互換（interning，或稱「暫留」），即快取和重用具有相同年、月、日的 Date 實體。下面是一種可能的實作方式：

```
class Date:
    _cache = { }

    @staticmethod
    def __new__(cls, year, month, day):
        self = Date._cache.get((year,month,day))
        if not self:
            self = super().__new__(cls)
            self.year = year
            self.month = month
            self.day = day
            Date._cache[year,month,day] = self
        return self

    def __init__(self, year, month, day):
        pass

# 範例
d = Date(2012, 12, 21)
e = Date(2012, 12, 21)
assert d is e                # 相同物件
```

在這個例子中，該類別為先前建立的那些 Date 實體維護了一個內部字典。創建一個新的 Date 時，首先會查閱這個快取。如果找到了匹配的實體，就會回傳該實體。否則就會創建並初始化一個新的實體。

這個解決方案的一個微妙細節是空的 `__init__()` 方法。即使實體被快取，對 `Date()` 的每一次呼叫仍然會調用 `__init__()`。為了避免重複勞動，這個方法單純什麼都不做：實體的初始化實際上是在 `__new__()` 中進行的，在一個實體初次被創建之時。

有一些方式可以避免對 `__init__()` 的額外呼叫，但這需要狡猾的技巧。避免的一種辦法是讓 `__new__()` 回傳一個完全不同型別的實體，例如，屬於另一個類別的實體。將在後面描述的另一種解法，則是使用一個元類別（metaclass）。

一旦被創建出來，實體將透過參考計數（reference counting）來加以管理。如果參考計數降到零，該實體將立即被銷毀。實體即將被銷毀時，直譯器會先尋找與該物件關聯的 `__del__()` 方法並呼叫它。比如說：

```python
class Account(object):
    def __init__(self, owner, balance):
        self.owner = owner
        self.balance = balance

    def __del__(self):
        print('Deleting Account')

>>> a = Account('Guido', 1000.0)
>>> del a
Deleting Account
>>>
```

偶爾，程式會使用 `del` 述句來刪除對一個物件的參考，如前所示。若這導致該物件的參考計數降到零，`__del__()` 方法就會被呼叫。然而，一般來說，`del` 述句不會直接呼叫 `__del__()`，因為可能還有其他的物件參考存在於別的地方。有許多其他的方式會使一個物件被刪除，例如，重新指定一個變數名稱或者一個變數在函式中超出範疇（out of scope）：

```python
>>> a = Account('Guido', 1000.0)
>>> a = 42
Deleting Account
>>> def func():
...     a = Account('Guido', 1000.0)
...
>>> func()
Deleting Account
>>>
```

在實務上，一個類別很少有必要定義一個 **__del__()** 方法。唯一的例外是當物件的
銷毀需要額外清理動作（cleanup action）時：比如關閉一個檔案，關閉一個網路連
線，或者釋放其他的系統資源。即使在這些情況下，依靠 **__del__()** 來進行適當的
關閉動作也是危險的，因為不能保證這個方法會在你認為它要被呼叫時被呼叫。要
追求乾淨的資源關閉，你應該賦予物件一個明確的 close() 方法。你還應該讓你的
類別支援情境管理協定（context manager protocol），這樣它就可以和 with 述句一起
使用。下面是涵蓋所有情況的一個例子：

```python
class SomeClass:
    def __init__(self):
        self.resource = open_resource()

    def __del__(self):
        self.close()

    def close(self):
        self.resource.close()

    def __enter__(self):
        return self

    def __exit__(self, ty, val, tb):
        self.close()

# 經由 __del__() 關閉
s = SomeClass()
del s

# 明確的關閉
s = SomeClass()
s.close()

# 在情境區塊的結尾關閉
with SomeClass() as s:
    ...
```

再次強調，幾乎沒有必要在類別中撰寫一個 **__del__()**。Python 已經有了垃圾回收
（garbage collection）的功能，除非有一些額外的動作需要在物件銷毀時進行，否則
根本不需要這樣做。即使是那樣，你仍然可能不需要 **__del__()**，因為縱然你什麼都
不做，物件的程式也有可能已經設計成會正確地清理自己了。

如果說參考計數和物件銷毀的危險還嫌不夠多的話，還有某些程式設計模式，特別是涉及到父子類別關係（parent-child relationships）、圖（graphs）或快取（caching）的那些，在其中物件可能創造出一個所謂的**參考循環**（*reference cycle*）。這裡有一個例子：

```
class SomeClass:
    def __del__(self):
        print('Deleting')

parent = SomeClass()
child = SomeClass()

# 建立一個子父參考循環（child-parent reference cycle）
parent.child = child
child.parent = parent

# 試著刪除（沒有出現來自 __del__ 的輸出）
del parent
del child
```

在這個例子中，變數名稱被銷毀了，但你從未看到 __del__() 方法執行。這兩個物件各自持有對彼此的內部參考，所以沒有辦法讓參考計數下降到 0。為了處理這種問題，一種特殊的循環偵測垃圾回收器（cycle-detecting garbage collector）每隔一段時間就會執行一次。最終，這些物件將被回收，但很難預測那何時會發生。如果你想強制進行垃圾回收（garbage collection），你可以呼叫 gc.collect()。這個 gc 模組具有多種與循環垃圾回收器和記憶體監控有關的其他功能。

由於垃圾回收的時間不可預測，__del__() 方法被施加了一些限制。首先，任何從 __del__() 傳播出來的例外都會被列印到 sys.stderr，但在其他情況下則會被忽略。第二，__del__() 方法應該避免獲取鎖（locks）或其他資源之類的運算。如果 __del__() 在負責訊號處理（signal handling）和執行緒的第七個內層回呼圈（callback circle）中的一個不相關的函式的執行過程中被意外觸發，那這麼做就可能會導致鎖死（deadlock）。如果你必須定義 __del__()，請讓它保持簡單。

7.24　**弱參考（Weak References）**

有的時候，物件是在你更希望看到它們死亡時卻仍然存活著。在前面的例子中，我們展示了一個會在內部快取實體的 Date 類別。這種實作的一個問題是，你沒有辦法將一個實體從快取中移除。因此，隨著時間的推移，快取會變得越來越大。

解決此問題的一種辦法是使用 weakref 模組建立一個弱參考（weak reference）。弱參考是創建一個物件的參考但不增加其參考計數的一種方式。為了使用弱參考，你必須添加一段額外的程式碼來檢查被參考的物件是否仍然存在。下面是關於如何創建一個 weakref 的例子：

```
>>> a = Account('Guido', 1000.0)
>>> import weakref
>>> a_ref = weakref.ref(a)
>>> a_ref
<weakref at 0x104617188; to 'Account' at 0x1046105c0>
>>>
```

不同於普通的參考，一個弱參考允許原本的物件死亡。舉例來說：

```
>>> del a
>>> a_ref
<weakref at 0x104617188; dead>
>>>
```

一個弱參考含有對一個物件的選擇性參考（optional reference）。為了得到實際的物件，你需要將弱參考當作一個沒有引數的函式來呼叫。這將回傳被指向的對象或者 None。例如：

```
acct = a_ref()
if acct is not None:
    acct.withdraw(10)

# 替代方式
if acct := a_ref():
    acct.withdraw(10)
```

弱參考通常會與快取（caching）和其他進階記憶體管理機制結合使用。這裡是 Date 類別修改過的一個版本，當沒有參考存在時，它就會自動將物件從快取中移除：

```
import weakref

class Date:
    _cache = { }

    @staticmethod
    def __new__(cls, year, month, day):
        selfref = Date._cache.get((year,month,day))
        if not selfref:
            self = super().__new__(cls)
            self.year = year
```

```
            self.month = month
            self.day = day
            Date._cache[year,month,day] = weakref.ref(self)
        else:
            self = selfref()
        return self

    def __init__(self, year, month, day):
        pass

    def __del__(self):
        del Date._cache[self.year,self.month,self.day]
```

這可能需要研究一下，但這裡有一個互動過程，顯示了它是如何運作的。注意到一旦不再有對它的參考，一個條目（entry）就會自快取中移除：

```
>>> Date._cache
{}
>>> a = Date(2012, 12, 21)
>>> Date._cache
{(2012, 12, 21): <weakref at 0x10c7ee2c8; to 'Date' at 0x10c805518>}
>>> b = Date(2012, 12, 21)
>>> a is b
True
>>> del a
>>> Date._cache
{(2012, 12, 21): <weakref at 0x10c7ee2c8; to 'Date' at 0x10c805518>}
>>> del b
>>> Date._cache
{}
>>>
```

如前所述，類別的 __del__() 方法只會在一個物件的參考計數達到零時才會被呼叫。在這個例子中，第一個 del a 述句減少了參考計數。然而，由於還有對同一物件的另一個參考存在，該物件就仍然會留在 Date._cache 中。當那第二個物件被刪除，__del__() 就會被調用，然後快取被清除。

對弱參考的支援需要實體有一個可變的 __weakref__ 屬性。使用者定義類別的實體通常預設就會有這樣的一個屬性。然而，內建型別和某些特殊的資料結構（具名元組、帶有插槽的類別）卻沒有。如果你想建構對這些型別的弱參考，你可以定義出添加了 __weakref__ 屬性的變體來達成：

```
class wdict(dict):
      __slots__ = ('__weakref__',)

  w = wdict()
  w_ref = weakref.ref(w)      # 現在行得通了
```

這裡用到插槽（slots）是為了避免非必要的記憶體負擔，如稍後會解釋的。

7.25　內部的物件表徵（Object Representation）和屬性繫結（Attribute Binding）

與一個實體關聯的狀態被儲存在一個字典中，可以透過實體的 __dict__ 屬性來存取。這個字典包含了每個實體所獨有的資料。這裡有一個例子：

```
>>> a = Account('Guido', 1100.0)
>>> a.__dict__
{'owner': 'Guido', 'balance': 1100.0}
```

新的屬性隨時都可以被新增到一個實體：

```
a.number = 123456      # 新增屬性 'number' 到 a.__dict__
a.__dict__['number'] = 654321
```

對一個實體的修改會反映在本地的 __dict__ 屬性中，除非該屬性（attribute）是由一個特性（property）所管理。同樣地，如果你直接對 __dict__ 進行修改，這些修改也會反映在屬性中。

實體透過一個特殊的屬性 __class__ 連結回它們的類別。該類別本身也只是在一個字典上薄薄的一層抽象，這個字典可在它自己的 __dict__ 屬性中找到。類別的這個字典是你找尋方法的地方。比如說：

```
>>> a.__class__
<class '__main__.Account'>
>>> Account.__dict__.keys()
dict_keys(['__module__', '__init__', '__repr__', 'deposit', 'withdraw',
'inquiry', '__dict__', '__weakref__', '__doc__'])
>>> Account.__dict__['withdraw']
<function Account.withdraw at 0x108204158>
>>>
```

類別透過一個特殊的屬性 __bases__ 連結到它們的基礎類別，這個屬性是由基礎類別所構成的一個元組。這個 __bases__ 屬性只是資訊性的。繼承的在執行時期的實際實作使用 __mro__ 屬性，它是由依照搜尋順序列出的所有父類別所構成的一個元組。這個底層結構是獲取、設定或刪除實體屬性的所有運算之基礎。

每當使用 obj.name = value 設置一個屬性時，特殊方法 obj.__setattr__('name', value) 就會被調用。如果使用 del obj.name 刪除一個屬性，特殊方法 obj.__delattr__('name') 就會被調用。這些方法的預設行為是修改或刪除 obj 區域性的 __dict__ 的值，除非請求的屬性剛好對應於一個特性（property）或描述元（descriptor）。在那種情況下，設定和刪除運算將由與特性關聯的設定和刪除函式來執行。

對於 obj.name 之類的屬性查找，特殊方法 obj.__getattribute__('name') 會被調用。這個方法會進行屬性的搜尋工作，這通常包括檢查特性，在區域性 __dict__ 中搜尋、檢查類別字典（class dictionary）以及搜尋 MRO。如果搜尋失敗，就會藉由調用類別的 obj.__getattr__('name') 方法（若有定義的話），進行最後一次嘗試以找出那個屬性。如果這也失敗了，就會有一個 AttributeError 例外被提出。

如果需要的話，使用者定義的類別可以實作它們自己版本的屬性存取函式（attribute access functions）。例如，這裡有一個類別，它會限制能夠設定的屬性名稱：

```python
class Account:
    def __init__(self, owner, balance):
        self.owner = owner
        self.balance = balance

    def __setattr__(self, name, value):
        if name not in {'owner', 'balance'}:
            raise AttributeError(f'No attribute {name}')
        super().__setattr__(name, value)

# 範例
a = Account('Guido', 1000.0)
a.balance = 940.25              # OK
a.amount = 540.2               # AttributeError：沒有 amount 屬性
```

重新實作這些方法的類別應該依靠 super() 所提供的預設實作來完成操作屬性的實際工作。這是因為預設實作照顧到了類別的更多進階功能，例如描述元和特性。如果你不使用 super()，你將不得不自行處理這些細節。

7.26 代理器、包裹器以及委派

有時類別會在另一個物件周圍實作一層包裹器,以創建某種代理器物件(proxy object)。代理器(proxy)是對外開放了與另一個物件相同介面的一種物件,但出於某種原因,它與原本的物件沒有透過繼承產生關係。這與合成(composition)不同,其中一個全新的物件是從其他物件創建出來的,但有它自己獨特一組方法和屬性。

在現實世界中,有許多場景可能出現這種情況。例如,在分散式運算(distributed computing)中,一個物件的實際實作可能存在於雲中的某個遠端伺服器(remote server)上。與該伺服器互動的客戶端就可能使用一個代理器,它看起來像是伺服器上的物件,但在幕後,它會透過網路訊息委派(delegates)其所有的方法呼叫。

代理器的一種常見的實作技巧涉及到 __getattr__() 方法。這裡是一個簡單的例子:

```python
class A:
    def spam(self):
        print('A.spam')

    def grok(self):
        print('A.grok')

    def yow(self):
        print('A.yow')

class LoggedA:
    def __init__(self):
        self._a = A()

    def __getattr__(self, name):
        print("Accessing", name)
        # 委派給內部的 A 實體
        return getattr(self._a, name)

# 範例用法
a = LoggedA()
a.spam()        # 印出 "Accessing spam" 和 "A.spam"
a.yow()         # 印出 "Accessing yow" 和 "A.yow"
```

委派（delegation）有時被用來替代繼承（inheritance）。這裡有一個例子：

```python
class A:
    def spam(self):
        print('A.spam')

    def grok(self):
        print('A.grok')

    def yow(self):
        print('A.yow')

class B:
    def __init__(self):
        self._a = A()

    def grok(self):
        print('B.grok')

    def __getattr__(self, name):
        return getattr(self._a, name)

# 範例用法
b = B()
b.spam()        # -> A.spam
b.grok()        # -> B.grok （重新定義方法）
b.yow()         # -> A.yow
```

在這個例子中，B 類別看似好像繼承了 A 類別並重新定義了一個方法。這就是觀察到的行為，但繼承其實並沒有被使用。取而代之，B 持有對 A 的一個內部參考。A 的某些方法可以被重新定義。然而，所有其他的方法都透過 __getattr__() 方法來委派的。

透過 __getattr__() 轉發屬性查找工作是一種常見的技巧。然而，要注意它並不適用於映射到特殊方法的運算。例如，考慮這個類別：

```python
class ListLike:
    def __init__(self):
        self._items = list()

    def __getattr__(self, name):
        return getattr(self._items, name)

# 範例
a = ListLike()
```

```
a.append(1)       # 行得通
a.insert(0, 2)    # 行得通
a.sort()          # 行得通
len(a)            # 失敗：沒有 __len__() 方法
a[0]              # 失敗：沒有 __getitem__() 方法
```

在這裡，該類別成功地將所有的標準串列方法（`list.sort()`、`list.append()` 等等）轉發到了一個內部串列。然而，Python 的標準運算子都行不通。為了使這些方法得以運作，你必須明確地實作必要的特殊方法。比如說：

```
class ListLike:
    def __init__(self):
        self._items = list()

    def __getattr__(self, name):
        return getattr(self._items, name)

    def __len__(self):
        return len(self._items)

    def __getitem__(self, index):
        return self._items[index]

    def __setitem__(self, index, value):
        self._items[index] = value
```

7.27　藉由 __slots__ 減少記憶體的使用

正如我們所見，實體會將其資料儲存在一個字典中。如果你要創建為數眾多的實體，這可能會耗費大量的記憶體。如果你知道屬性名稱是固定的，你可以在一個叫做 __slots__ 的特殊類別變數中指定那些名稱。這裡有一個例子：

```
class Account(object):
    __slots__ = ('owner', 'balance')
    ...
```

插槽（slots）是一種定義提示（definition hint），它允許 Python 在記憶體使用和執行速度方面進行效能最佳化。具有 __slots__ 的類別之實體不再使用字典（dictionary）來儲存實體資料。取而代之的是使用一種更簡潔的資料結構，以陣列（array）為基礎。在會建立大量物件的程式中，使用 __slots__ 可以大大減少記憶體的用量，並適度改善執行時間。

__slots__ 中的條目（entries）只會是實體屬性（instance attributes）。你不會列出方法、特性、類別變數或任何其他的類別層級屬性（class-level attributes）。基本上，這與通常會在實體的 __dict__ 中作為字典鍵值出現的名稱相同。

要留意 __slots__ 與繼承有一種棘手的互動關係。如果一個類別繼承自用到 __slots__ 的一個基礎類別，那它也需要定義 __slots__ 來儲存它自己的屬性（即使它沒有新增任何屬性），以利用 __slots__ 提供的好處。如果你忘記了這樣做，衍生出來的類別將會執行得更慢，甚至會比在那些類別都沒有使用 __slots__ 的時候用去更多的記憶體！

__slots__ 與多重繼承不相容。若是指定了多個基礎類別，而每個都有非空的插槽，你將得到一個 TypeError。

__slots__ 的使用也會破壞那些預期實體有一個底層 __dict__ 屬性的程式碼。儘管這通常不適用於使用者程式碼，但工具程式庫和其他支援物件的工具都可能被設計為會查看 __dict__ 來進行除錯、序列化物件，以及其他運算。

__slots__ 的存在對諸如 __getattribute__()、__getattr__() 和 __setattr__() 等方法的呼叫沒有影響，如果它們有在一個類別中被重新定義的話。然而，如果你正在實作這些方法，請注意到不會再有任何實體 __dict__ 屬性了。你的實作必須考慮到這一點。

7.28　描述元

通常，屬性的存取與字典的運算相對應。若需要更多的控制權，屬性存取可以轉而透過使用者定義的 get、set 和 delete 函式來進行。特性的使用已經被描述過了。然而，一個特性實際上是透過一種稱為描述元（descriptor）的較低階的構造來實作的。一個描述元是一種類別層級的物件，負責管理對一個屬性的存取。藉由實作一或多個特殊方法 __get__()、__set__() 和 __delete__()，你可以直接掛接到（hook into）屬性存取機制並自訂那些運算。這裡有個例子：

```
class Typed:
    expected_type = object

    def __set_name__(self, cls, name):
        self.key = name

    def __get__(self, instance, cls):
```

```
        if instance:
            return instance.__dict__[self.key]
        else:
            return self

    def __set__(self, instance, value):
        if not isinstance(value, self.expected_type):
            raise TypeError(f'Expected {self.expected_type}')
        instance.__dict__[self.key] = value

    def __delete__(self,instance):
        raise AttributeError("Can't delete attribute")

class Integer(Typed):
    expected_type = int

class Float(Typed):
    expected_type = float

class String(Typed):
    expected_type = str

# 範例用法：
class Account:
    owner = String()
    balance = Float()

    def __init__(self, owner, balance):
        self.owner = owner
        self.balance = balance
```

在這個例子中，Typed 類別定義了一個描述元，其中當一個屬性被指定時，便會進行
型別檢查，而如果試圖刪除該屬性，就會產生一個錯誤。Integer、Float 和 String
子類別特化了 Type，以匹配特定的型別。在另一個類別（如 Account）中使用這些類
別會讓那些屬性在存取時自動呼叫適當的 __get__()、__set__() 或 __delete__() 方
法。比如說：

```
a = Account('Guido', 1000.0)
b = a.owner            # 呼叫 Account.owner.__get__(a, Account)
a.owner = 'Eva'        # 呼叫 Account.owner.__set__(a, 'Eva')
del a.owner            # 呼叫 Account.owner.__delete__(a)
```

描述元只能在類別層級上被實體化。在 __init__() 和其他方法內創建描述元
物件來為每個實體創建描述元，是不合法的。一個描述元的 __set_name__()

方法會在一個類別被定義之後，但在任何實體被創建之前，被呼叫來告知描述元類別中所使用的名稱。例如，balance = Float() 的定義呼叫 Float.__set_name__(Account, 'balance') 以告知描述元正在使用的類別和名稱。

帶有 __set__() 方法的描述元總是優先於實體字典中的項目。舉例來說，如果一個描述元恰好與實體字典中的一個鍵值有相同的名稱，那麼該描述元就會取得優先權。在下面的 Account 例子中，你會看到儘管實體字典中有一個匹配的條目，描述元還是套用了型別檢查：

```
>>> a = Account('Guido', 1000.0)
>>> a.__dict__
{'owner': 'Guido', 'balance': 1000.0 }
>>> a.balance = 'a lot'
Traceback (most recent call last):
  File "<stdin>", line 1, in <module>
  File "descrip.py", line 63, in __set__
    raise TypeError(f'Expected {self.expected_type}')
TypeError: Expected <class 'float'>
>>>
```

描述元的 __get__(instance, cls) 方法同時接受實體和類別的引數。有可能 __get__() 是在類別的層級上被調用的，在那種情況下，instance 引數會是 None。在大多數情況下，如果沒有提供實體，__get__() 會將描述元回傳。比如說：

```
>>> Account.balance
<__main__.Float object at 0x110606710>
>>>
```

一個只實作 __get__() 的描述元被稱為方法描述元（method descriptor）。與同時具有 get/set 能力的描述元相比，它有較弱的繫結。具體來說，方法描述元的 __get__() 方法只有在實體字典中沒有匹配的條目時，才會被呼叫。它之所以被稱為方法描述元，是因為這種描述元主要用於實作 Python 的各類方法：包括實體方法、類別方法和靜態方法。

舉例來說，這裡有一個實作骨架，展示了如何從頭實作 @classmethod 和 @staticmethod（真正的實作更有效率）：

```
import types
class classmethod:
    def __init__(self, func):
        self.__func__ = func
```

```python
        # 回傳一個已繫結方法並以 cls 作為第一引數
        def __get__(self, instance, cls):
            return types.MethodType(self.__func__, cls)

    class staticmethod:
        def __init__(self, func):
            self.__func__ = func

        # 回傳單純的函式
        def __get__(self, instance, cls):
            return self.__func__
```

由於方法描述元只在實體字典中沒有匹配的條目時才會行動,它們也可被用來實作各種形式的屬性惰性估算(lazy evaluation)。比如說:

```python
    class Lazy:
        def __init__(self, func):
            self.func = func

        def __set_name__(self, cls, name):
            self.key = name

        def __get__(self, instance, cls):
            if instance:
                value = self.func(instance)
                instance.__dict__[self.key] = value
                return value
            else:
                return self

    class Rectangle:
        def __init__(self, width, height):
            self.width = width
            self.height = height

        area = Lazy(lambda self: self.width * self.height)
        perimeter = Lazy(lambda self: 2*self.width + 2*self.height)
```

在這個例子中,area(面積)和 perimeter(周長)是視需要計算(computed on demand)的屬性,並儲存在實體字典中。一旦計算出來,那些數值就會直接從實體字典中回傳:

```python
>>> r = Rectangle(3, 4)
>>> r.__dict__
{'width': 3, 'height': 4 }
```

```
>>> r.area
12
>>> r.perimeter
14
>>> r.__dict__
{'width': 3, 'height': 4, 'area': 12, 'perimeter': 14 }
>>>
```

7.29　類別定義的過程

類別的定義是一個動態的過程。當你使用 class 述句定義一個類別，一個新的字典就會被創建出來作為區域性的類別命名空間（local class namespace）。然後該類別的主體（body）就在這個命名空間中作為一個指令稿（script）執行。最終，該命名空間成為所產生的類別物件之 __dict__ 屬性。

任何合法的 Python 述句都可以在類別的主體中使用。一般情況下，你只會定義函式和變數，但是流程控制、匯入（imports）、巢狀類別（nested classes）和其他一切都被允許。例如，以下類別會條件式地定義方法：

```python
debug = True

class Account:
    def __init__(self, owner, balance):
        self.owner = owner
        self.balance = balance

    if debug:
        import logging
        log = logging.getLogger(f'{__module__}.{__qualname__}')
        def deposit(self, amount):
            Account.log.debug('Depositing %f', amount)
            self.balance += amount

        def withdraw(self, amount):
            Account.log.debug('Withdrawing %f', amount)
            self.balance -= amount
    else:
        def deposit(self, amount):
            self.balance += amount

        def withdraw(self, amount):
            self.balance -= amount
```

在這個例子中，全域變數 debug 被用來有條件地定義方法。__qualname__ 和 __module__ 變數是預先定義的字串，用來保存關於類別名稱和外圍模組的資訊。這些可以被類別主體中的述句所用。在此例中，它們被用來設定記錄系統（logging system）的組態。可能還有更乾淨的做法來組織上述程式碼，但關鍵是你可以在類別中放入你想要的任何東西。

關於類別定義的一個關鍵要點是，用來保存類別主體內容的命名空間並非變數的範疇（scope）。在方法中被使用的任何名稱（比如上面例子中的 Account.log）都需要經過完整的資格修飾（fully qualified）。

如果一個像 locals() 這樣的函式被用在類別主體中（但不是在方法中），它將回傳被用為類別命名空間的字典。

7.30　動態類別創建

一般情況下，類別是使用 class 述句來建立，但這並不是必要的。正如上一節所指出的，類別是透過執行類別主體來充填命名空間而定義出來的。如果你能夠用你自己的定義充填一個字典，你就可以不使用 class 述句來創建一個類別。要那樣做，請使用 types.new_class()：

```python
import types

# 一些方法（不在一個類別中）
def __init__(self, owner, balance):
    self.owner = owner
    self.balance = balance

def deposit(self, amount):
    self.balance -= amount

def withdraw(self, amount):
    self.balance += amount

methods = {
    '__init__': __init__,
    'deposit': deposit,
    'withdraw': withdraw,
}

Account = types.new_class('Account', (),
                          exec_body=lambda ns: ns.update(methods))
```

```
# 你現在有一個類別了
a = Account('Guido', 1000.0)
a.deposit(50)
a.withdraw(25)
```

new_class() 函式需要一個類別名稱,一個由基礎類別構成的元組,以及一個負責充填類別名空間的回呼函式(callback function)。這個回呼函式接收類別的命名空間字典作為一個引數。它應該就地更新這個字典。這個回呼函式的回傳值會被忽略。

如果你想從資料結構創建出類別,動態創建類別可能會很有用。舉例來說,在描述元一節中,定義了以下類別:

```
class Integer(Typed):
    expected_type = int

class Float(Typed):
    expected_type = float

class String(Typed):
    expected_type = str
```

這段程式碼是高度重複的。也許採用資料驅動(data-driven)的做法會比較好:

```
typed_classes = [
    ('Integer', int),
    ('Float', float),
    ('String', str),
    ('Bool', bool),
    ('Tuple', tuple),
]

globals().update(
    (name, types.new_class(name, (Typed,),
            exec_body=lambda ns: ns.update(expected_type=ty)))
    for name, ty in typed_classes)
```

在這個例子中,全域模組的命名空間正在被使用 types.new_class() 動態建立的類別所更新。如果你想製作更多的類別,可以在 typed_classes 串列中加入適當的條目。

有時你會看到 type() 被用來動態地創建一個類別。比如說:

```
Account = type('Account', (), methods)
```

這行得通，但它沒有考慮到一些更進階的類別機制，如元類別（metaclasses，稍後將討論）。在現代程式碼中，試著儘量使用 `types.new_class()` 來代替。

7.31　元類別

當你在 Python 中定義一個類別，該類別定義本身就會成為一個物件。這裡有一個例子：

```
class Account:
    def __init__(self, owner, balance):
        self.owner = owner
        self.balance = balance

    def deposit(self, amount):
        self.balance += amount

    def withdraw(self, amount):
        self.balance -= amount

isinstance(Account, object)        # -> True
```

如果你思考得夠久，你就會意識到，如果 Account 是一個物件，那麼就必須有東西來創建它。類別物件的創建是由一種特殊的類別所控制的，這種類別叫做**元類別**（*metaclass*）。簡單地說，一個元類別是一種可以創建類別實體的類別。

在前面的例子中，創建 Account 的元類別是一個叫做 type 的內建類別。事實上，如果你檢查 Account 的型別，你會發現它是 type 的一個實體（instance）：

```
>>> Account.__class__
<type 'type'>
>>>
```

這需要動點腦筋，但這類似於整數（integers）。例如，如果你寫出 x ＝ 42，然後查看 x.__class__，你會得到 int，它是創建整數的類別。同樣地，type 可以製作型別（types）或類別（classes）的實體。

使用 class 述句定義一個新類別時，會發生一些事情。首先，有一個新的命名空間會為該類別創建出來。接下來，類別的主體在這個命名空間中被執行。最後，類別名稱、基礎類別和充填好的命名空間被用來創建類別實體（class instance）。下面的程式碼說明了所發生的底層步驟：

```
# 步驟 1：創建類別命名空間
namespace = type.__prepare__('Account', ())

# 步驟 2：執行類別主體
exec('''
def __init__(self, owner, balance):
    self.owner = owner
    self.balance = balance

def deposit(self, amount):
    self.balance += amount

def withdraw(self, amount):
    self.balance -= amount
''', globals(), namespace)

# 步驟 3：創建最終的類別物件
Account = type('Account', (), namespace)
```

在定義的過程中，會有跟 type 類別的互動，以創建類別的命名空間，並建立最終的類別物件。使用 type 的選擇是可以自訂的：一個類別可以藉由指定一個不同的元類別來選擇由不同的型別類別（type class）處理它。這是透過在繼承中使用 metaclass 關鍵字引數來達成的：

```
class Account(metaclass=type):
    ...
```

如果沒有給出元類別，class 述句會檢查基礎類別元組（如果有的話）中第一個條目的型別，並將其用作元類別。因此，如果你寫了 class Account(object)，那麼產生的 Account 類別將具有與 object 相同的型別（也就是 type）。注意，完全沒有指定任何父類別的類別總是繼承自 object，所以這仍然適用。

要建立一個新的元類別，就定義一個繼承自 type 的類別。在這個類別中，你可以重新定義一個或多個在類別創建過程中要使用的方法。通常，這包括用於創建類別命名空間的 __prepare__() 方法、用於創建類別實體的 __new__() 方法，在類別已經被創建後會被呼叫的 __init__() 方法，以及用來創建新實體的 __call__() 方法。下面的例子實作了一個元類別，它單純印出每個方法的輸入引數，讓你可以進行實驗：

```
class mytype(type):

    # 創建類別命名空間
    @classmethod
    def __prepare__(meta, clsname, bases):
```

```
        print("Preparing:", clsname, bases)
        return super().__prepare__(clsname, bases)

    # 在主體執行後創建類別實體
    @staticmethod
    def __new__(meta, clsname, bases, namespace):
        print("Creating:", clsname, bases, namespace)
        return super().__new__(meta, clsname, bases, namespace)

    # 初始化類別實體
    def __init__(cls, clsname, bases, namespace):
        print("Initializing:", clsname, bases, namespace)
        super().__init__(clsname, bases, namespace)

    # 創建該類別的新實體
    def __call__(cls, *args, **kwargs):
        print("Creating instance:", args, kwargs)
        return super().__call__(*args, **kwargs)

# 範例
class Base(metaclass=mytype):
    pass

# Base 的定義產生下列輸出
# Preparing: Base ()
# Creating: Base () {'__module__': '__main__', '__qualname__': 'Base'}
# Initializing: Base () {'__module__': '__main__', '__qualname__': 'Base'}

b = Base()
# Creating instance: () {}
```

使用元類別的一個棘手面向是變數的命名和對所涉及的各種實體（entities）的追蹤。在上面的程式碼中，meta 的名稱指的是元類別本身。cls 名稱指的是由元類別所創建的類別實體（class instance）。雖然這裡沒有使用，但 self 的名稱指的則是由類別所創建的一個普通實體（instance）。

元類別透過繼承來傳播。所以，如果你定義了一個基礎類別使用一個不同的元類別，它所有的子類別也會使用這個元類別。試試這個例子，看看你自訂的元類別如何運作：

```
class Account(Base):
    def __init__(self, owner, balance):
        self.owner = owner
        self.balance = balance
```

```
        def deposit(self, amount):
            self.balance += amount

        def withdraw(self, amount):
            self.balance -= amount

    print(type(Account))    # -> <class 'mytype'>
```

使用元類別的主要時機是在你想對類別的定義環境和創建過程進行極端低階控制的
時候。然而，在繼續之前，請記住 Python 已經提供了很多功能來監控和更動類別定
義（比如 __init_subclass__() 方法、類別裝飾器、描述元、mixins 等等）。大多數
時候，你可能都不需要元類別。不過即使這樣說，接下來的幾個例子還是展示了元
類別提供了唯一合理解法的情況。

元類別的一個用途是在創建類別物件之前改寫類別命名空間的內容。類別的某些特
徵在定義時期就已經確定了，之後無法再修改。一個這樣的功能有 __slots__。如前
所述，__slots__ 是與實體的記憶體佈局（memory layout）有關的效能最佳化方式。
這裡有一個元類別，它會根據 __init__() 方法的呼叫特徵式（calling signature）自
動設定 __slots__ 屬性。

```
    import inspect

    class SlotMeta(type):
        @staticmethod
        def __new__(meta, clsname, bases, methods):
            if '__init__' in methods:
                sig = inspect.signature(methods['__init__'])
                __slots__ = tuple(sig.parameters)[1:]
            else:
                __slots__ = ()
            methods['__slots__'] = __slots__
            return super().__new__(meta, clsname, bases, methods)

    class Base(metaclass=SlotMeta):
        pass

    # Example
    class Point(Base):
        def __init__(self, x, y):
            self.x = x
            self.y = y
```

在這個例子中，建立出來的 Point 類別被自動創建為有 ('x', 'y') 的 __slots__。現在產生的 Point 的實體在不知道那些插槽被使用的情況下節省了記憶體。這不需要直接指定。這種技巧不可能使用類別裝飾器或 __init_subclass__() 來達成，因為那些功能只會作用在創建之後的類別。那時套用 __slots__ 最佳化就太遲了。

元類別的另一個用途是更動類別的定義環境。例如，類別定義的過程中，對一個名稱的重複定義通常會導致一個沒有跡象可循的錯誤：第二個定義覆寫了第一個。假設你想捕捉這種錯誤。這裡有一個元類別，它透過為類別命名空間定義一種不同的字典來做到這一點：

```python
class NoDupeDict(dict):
    def __setitem__(self, key, value):
        if key in self:
            raise AttributeError(f'{key} already defined')
        super().__setitem__(key, value)

class NoDupeMeta(type):
    @classmethod
    def __prepare__(meta, clsname, bases):
        return NoDupeDict()

class Base(metaclass=NoDupeMeta):
    pass

# 範例
class SomeClass(Base):
    def yow(self):
        print('Yow!')

    def yow(self, x):          # 失敗。已經定義了
        print('Different Yow!')
```

這只是其可能性的一個小樣本。對於框架構建者來說，元類別提供了一個機會來嚴格控制類別定義過程中所發生的事情：讓類別成為一種領域特定語言（domain-specific language）。

歷史上，元類別被用來完成現在可透過其他方式達成的各種任務。特別是 __init_subclass__() 方法，可被用來解決曾經應用元類別的各種用例。這包括在一個中央登錄表（central registry）註冊類別、自動裝飾方法，以及程式碼生成：

7.32　實體和類別的內建物件

本節提供用來表示型別和實體的低階物件的一些細節，這些資訊在低階元程式設計和需要直接操作型別的程式碼中可能是有用的。

表 7.1 顯示了一個型別物件 cls 常用的屬性。

表 7.1　型別的屬性

屬性	描述
cls.__name__	類別名稱
cls.__module__	類別在其中定義的模組之名稱
cls.__qualname__	經過完整資格修飾的類別名稱
cls.__bases__	基礎類別的元組
cls.__mro__	方法解析順序的元組
cls.__dict__	存放類別方法和變數的字典
cls.__doc__	說明文件字串
cls.__annotations__	類別型別提示的字典
cls.__abstractmethods__	抽象方法名稱的集合（若沒有，可能是未定義的）

cls.__name__ 屬性包含一個簡短的類別名稱。cls.__qualname__ 屬性包含了一個經過完整資格修飾（fully qualified）的名稱，其中含有關於周圍環境的額外資訊（如果一個類別被定義在一個函式中或者你創建了一個巢狀的類別定義，這可能很有用）。cls.__annotations__ 字典包含了類別層級的型別提示（如果有的話）。

表 7.2 顯示一個實體 i 的特殊屬性。

表 7.2　實體屬性

屬性	描述
i.__class__	實體所屬的類別
i.__dict__	存放實體資料（若有定義的話）的字典

__dict__ 屬性通常是與實體相關的所有資料儲存的地方。然而，若有一個使用者定義的類別用到 __slots__，就會使用一種更有效率的內部表徵（internal representation），而且實體不會有一個 __dict__ 屬性。

7.33 結語：保持簡單

本章介紹了關於類別的很多資訊，以及自訂和控制它們的途徑。然而，在編寫類別時，保持簡單往往是最好的策略。沒錯，你可以使用抽象基礎類別、元類別、描述元、類別裝飾器、特性、多重繼承、mixins、模式和型別提示。然而，你也可以單純只寫出一個普通的類別。相當有可能的是，這個類別就已經足夠好了，而且每個人都會明白它在做什麼。

從整體來看，退一步考慮一些普遍會希望擁有的程式碼特質是很有用的。首先，也是最重要的：可讀性（readability）是非常重要的，如果你堆積了太多的抽象層，它往往會受到不良影響。其次，你應該努力使程式碼易於觀察和除錯，並且不要忘記使用 REPL。最後，使程式碼具有可測試性經常是良好設計的一個很好的驅動力。如果你的程式碼不能被測試，或者測起來很不方便，那就可能有更好的方式來組織你的解決方案。

模組與套件

Python 程式被組織成模組（modules）和套件（packages），透過 import（匯入）述句載入。本章將更詳細描述模組和套件系統。主要重點是用模組和套件進行程式設計，而不是將程式碼捆裝起來部署給別人使用的過程。對於後者，請查閱最新的說明文件：https://packaging.python.org/tutorials/packaging-projects/。

8.1　模組與 `import` 述句

任何的 Python 原始碼檔案（source file）都可以作為一個模組被匯入。比如說：

```
# module.py

a = 37

def func():
    print(f'func says that a is {a}')

class SomeClass:
    def method(self):
        print('method says hi')

print('loaded module')
```

這個檔案含有常見的程式設計元素：包括一個全域變數、一個函式、一個類別定義，以及一個獨立的述句。這個例子說明了模組載入的一些重要（有時是微妙）的功能。

要載入一個模組，就使用 `import module` 述句。例如：

```
>>> import module
loaded module
```

```
>>> module.a
37
>>> module.func()
func says that a is 37
>>> s = module.SomeClass()
>>> s.method()
method says hi
>>>
```

在執行一個匯入的過程中，會發生幾件事：

1. 模組的原始程式碼（source code）被找到。如果找不到，就會出現 ImportError 例外。

2. 一個新的模組物件（module object）被創建出來。這個物件作為模組中所有全域定義的容器（container）而存在。它有時被稱為一個命名空間（*namespace*）。

3. 在新創建的模組命名空間內執行模組的原始碼。

4. 如果沒有錯誤發生，呼叫者的內部就會有一個名稱被創建出來，指涉那個新的模組物件。這個名稱與模組的名稱相匹配，但沒有任何形式的檔名尾碼（filename suffix）。例如，如果程式碼是在檔案 module.py 中找到的，模組的名稱就會是 module。

在這些步驟中，第一個步驟（找出模組位置）是最複雜的。新手失敗的一個常見原因是用了錯誤的檔名或把程式碼放在一個未知的位置。模組檔名必須使用與變數名稱相同的規則（字母、數字和底線），並有一個 .py 尾碼，例如 module.py。使用 import 時，你要指定不帶尾碼的名稱：import module，而非 import module.py（後者會產生相當令人困惑的錯誤訊息）。檔案需要被放在 sys.path 中的一個目錄中。

其餘的步驟都與「模組為程式碼定義了一個隔離環境」有關。出現在一個模組中的所有定義都會被隔離在該模組中。因此，不存在變數、函式和類別的名稱與其他模組中相同名稱產生衝突的風險。存取一個模組中的定義時，請使用經過完整資格修飾（fully qualified name）的名稱，如 module.func()。

import 會執行載入的原始碼檔案中的所有述句。如果一個模組除了定義物件外還進行計算或產生輸出，你會看到結果：如上面例子中印出的「loaded module」訊息。模組的一個常見疑惑關乎類別的存取。一個模組總是定義了一個命名空間，所以如果檔案 module.py 定義了一個類別 SomeClass，請使用 module.SomeClass 這個名稱來指稱該類別。

要用單一個 import 匯入多個模組，請使用逗號分隔的名稱串列：

```
import socket, os, re
```

有時使用 as 限定詞匯入時，用來指涉一個模組的區域性名稱會改變。比如說：

```
import module as mo
mo.func()
```

後面這種匯入方式是資料分析領域的標準實務做法。例如，你經常會看到這樣：

```
import numpy as np
import pandas as pd
import matplotlib as plt
...
```

當一個模組被重新命名，新的名稱只適用於那個 import 述句出現的環境。其他不相關的程式模組仍然可以使用原來的名稱載入該模組。

為一個匯入的模組指定一個不同的名稱，對於管理常見功能的不同實作或編寫可擴充的程式來說都是一種有用的工具。舉例來說，如果你有兩個模組 unixmodule.py 和 winmodule.py，它們都定義了一個函式 func()，但涉及與平台有關的實作細節，你就能編寫程式碼選擇性地匯入該模組：

```
if platform == 'unix':
    import unixmodule as module
elif platform == 'windows':
    import winmodule as module

...
r = module.func()
```

模組是 Python 中的一級物件（first-class objects）。這意味著它們可以被指定給變數、放在資料結構中，或作為資料在程式中傳遞。例如，上例中的 module 名稱是一個變數，它指涉相應的模組物件。

8.2　模組快取

一個模組的原始碼只被載入並執行一次，不管你使用 import 述句的頻率為何。後續的 import 述句會將模組名稱繫結到之前匯入已經創建的模組物件上。

對於新手來說，一個常見的疑惑是，當一個模組被匯入到一個互動工作階段
（interactive session）中，然後它的原始碼被修改了（例如，為了修復一個錯誤），
但一次新的 import 卻無法載入修改後的程式碼。這要歸咎於模組快取（module
cache）。即使底層的原始碼已經更新，Python 也不會重新載入一個先前匯入的模組。

你可以在 sys.modules 中找到當前載入的所有模組的快取，它是一個字典，將模組名
稱映射到模組物件。這個字典的內容被用來決定 import 是否載入一個模組的全新副
本。從快取刪除一個模組將迫使它在下一個 import 述句中再次被載入。然而，這很
少是安全的，原因在第 8.5 節關於模組重載（module reloading）的說明中會解釋。

有時你會看到 import 在一個函式內被這樣使用：

```python
def f(x):
    import math
    return math.sin(x) + math.cos(x)
```

乍看之下，這樣的實作似乎會慢得可怕，因為每次調用都要載入一個模組。事實
上，import 的成本是最小化的：只是一次字典查找，因為 Python 會立即在快取中找
到那個模組。反對在函式中使用 import 的主要原因是風格問題：將所有的模組匯入
列在檔案的頂端更為常見，在那裡它們很容易被看到。另一方面，如果你有一個很
少被調用的專門函式，那麼把該函式的依存關係匯入放在函式主體內，可以加快程
式的載入速度。在這種情況下，你只有在實際需要時才會載入所需的模組。

8.3　從一個模組匯入選定的名稱

你可以使用 from module import name 述句將模組中的特定定義載入到當前命名空
間。它與 import 相同，只是它並非創建一個名稱指向新創建的模組命名空間，而是
將對模組中定義的一或多個物件的參考（references）放到目前的命名空間中：

```python
from module import func   # 匯入模組並把 func 放到目前的命名空間
func()                    # 呼叫在模組中定義的 func()
module.func()             # 失敗。NameError: module
```

如果你想要多個定義，from 述句接受逗號分隔的名稱。例如：

```python
from module import func, SomeClass
```

從語意上講，述句 from module import name 執行了一次從模組快取到區域命名空間的
名稱拷貝動作。也就是說，Python 會先在幕後執行 import module。然後，它進行了
從快取到一個區域名稱的一次指定動作，例如 name = sys.modules['module'].name。

一個常見的誤解是，`from module import name` 述句更有效率，可能是認為那只會載入模組的一部分。事實並非如此。無論哪種方式，整個模組都會被載入並儲存在快取中。

使用 `from` 語法匯入函式並不會改變它們的範疇規則（scoping rules）。函式尋找變數時，它們只會在定義該函式的檔案中尋找，而不是在函式被匯入並呼叫的命名空間中尋找。比如說：

```
>>> from module import func
>>> a = 42
>>> func()
func says that a is 37
>>> func.__module__
'module'
>>> func.__globals__['a']
37
>>>
```

一個相關的疑惑關於全域變數的行為。例如，考慮這段程式碼，它同時匯入了 func 和它所使用的一個全域變數 a：

```
from module import a, func
a = 42                          # 修改變數
func()                          # 印出 "func says a is 37"
print(a)                        # 印出 "42"
```

Python 中 的 變 數 指 定（variable assignment） 並 不 是 一 種 儲 存 運 算（storage operation）。也就是說，這個例子中的名稱 a 並不代表某種可以儲存值的盒子。最初的匯入將區域名稱 a 與原本的物件 `module.a` 聯繫起來。然而，後來的重新指定 a = 42 將區域名稱 a 移到一個完全不同的物件上。此時，a 不再繫結至匯入的模組中的值。正因為如此，你無法使用 `from` 述句來使變數表現得像全域變數（不像在 C 那類的語言中那樣）。如果你想在你的程式中擁有可變的全域參數，就把它們放在一個模組中，並透過 import 述句明確使用該模組的名稱，例如，`module.a`。

星號（＊）通配字元（wildcard character）有時被用來載入一個模組中的所有定義，除了以一個底線開頭的那些以外。下面是一個例子：

```
# 將所有定義載入到目前的命名空間中
from module import *
```

from module import * 述句只能在一個模組的頂層範疇（top-level scope）內使用。
特別是，在函式主體中使用這種形式的匯入是非法的。

模組可以透過定義串列 __all__ 來精確地控制由 from module import * 匯入的名稱
集合。這裡有一個例子：

```
# module: module.py
__all__ = [ 'func', 'SomeClass' ]

a = 37              # 沒有匯出

def func():         # 匯出了
    ...

class SomeClass:    # 匯出了
    ...
```

在互動式 Python 提示列下使用 from module import * 可以是使用模組的一種便利途
徑。然而，在程式中使用這種風格的匯入會讓人眉頭一皺。過度使用會汙染區域命
名空間，導致混亂。比如說：

```
from math import *
from random import *
from statistics import *

a = gauss(1.0, 0.25)        # 來自哪個模組？
```

關於名稱，通常最好還是明確一點：

```
from math import sin, cos, sqrt
from random import gauss
from statistics import mean

a = gauss(1.0, 0.25)
```

8.4　循環匯入（Circular Imports）

如果兩個模組相互匯入，就會出現一種奇特的問題。例如，假設你有兩個檔案：

```
# ---------------------------
# moda.py

import modb
```

```
def func_a():
    modb.func_b()

class Base:
    pass

# ----------------------------
# modb.py

import moda

def func_b():
    print('B')

class Child(moda.Base):
    pass
```

在這段程式碼中，有一種奇怪的匯入順序依存關係（import order dependency）出現。一開始使用 `import modb` 可以正常工作，但如果你把 `import moda` 放在前面，就會出現關於 `moda.Base` 未定義的錯誤。

為了理解發生了什麼事，你必須追蹤控制流程。`import moda` 開始執行檔案 `moda.py`。它遇到的第一個述句是 `import modb`。因此，控制權切換到 `modb.py`。那個檔案中的第一條述句是 `import moda`。這個匯入並沒有進入一個遞迴循環，而是由模組快取來滿足要求，控制權繼續移至 `modb.py` 的下一條述句。這很好，循環匯入並沒有導致 Python 鎖死或進入一個新的時空維度。然而，在執行的這個時間點上，模組 `moda` 只被估算了一部分。當控制權到達 `class Child(moda.Base)` 述句時，這就出事了。必要的 `Base` 類別尚未被定義。

解決此問題的一種途徑是把 `import modb` 述句移到別的地方。例如，你可以把該匯入述句移到真正需要該定義的 `func_a()` 中：

```
# moda.py

def func_a():
    import modb
    modb.func_b()

class Base:
    pass
```

你也可以把那個匯入移到檔案中比較後面的位置：

```
# moda.py

def func_a():
    modb.func_b()

class Base:
    pass

import modb      # 必須在 Base 已經定義之後
```

這兩種解決方案都很有可能在程式碼審查中引起人們的注意。大多數情況下，你不會看到模組匯入出現在檔案的結尾。循環匯入的出現幾乎總是表明程式碼的組織有問題。一個更好的處理辦法可能是將 Base 的定義移到一個單獨的檔案 base.py 中，並將 modb.py 改寫成如下：

```
# modb.py

import base

def func_b():
    print('B')

class Child(base.Base):
    pass
```

8.5　模組重載與卸載

對於之前匯入的模組之重載（reloading）或卸載（unloading），並沒有可靠的支援存在。雖然你可以從 sys.modules 移除一個模組，但這並不會從記憶體卸載一個模組。這是因為對快取的模組物件之參考仍然存在於匯入該模組的其他模組中。此外，如果在模組中定義了類別的實體，這些實體會包含對其類別物件的參考，而這些類別物件又持有對其定義處的模組之參考。

模組的參考存在於許多地方，這使得修改模組的實作後想要重新載入模組顯得不切實際。舉例來說，如果你從 sys.modules 中刪除一個模組，並使用 import 來重新載入它，這不會追溯性地改變程式前面用到的模組的所有參考。取而代之，你會有一個參考指向最近的 import 述句所創建的新模組，以及另外一組參考指向程式碼中其他部分的匯入所創建的舊模組。這很少是你想要的。除非你能精細控制整個執行環境，否則在任何正常的生產程式碼中使用模組重載都是不安全的。

你可以在 importlib 程式庫找到一個用來重載模組的 reload() 函式。作為一個引數，你把已經載入的模組傳給它。比如說：

```
>>> import module
>>> import importlib
>>> importlib.reload(module)
loaded module
<module 'module' from 'module.py'>
>>>
```

reload() 的工作原理是載入一個新版本的模組原始碼，然後在已經存在的模組命名空間的基礎之上執行它。這是在不清除先前命名空間的情況下完成的。這和你在舊程式碼上輸入新的原始碼而不重啟直譯器是完全一樣的。

如果其他模組之前使用標準的 import 述句匯入過被重新載入的模組，比如 import module，重新載入將使它們看到更新後的程式碼，就像變魔術一樣。然而，仍然有很多危險存在。首先，重載並不會重新載入可能有被重載檔案所匯入的任何模組。這不是遞迴進行的：它只適用於提供給 reload() 的那個單一模組。其次，若有任何模組使用了匯入的 from module import name 形式，那些匯入將無法看到重載的效果。最後，如果類別的實體已經被創建出來，重載並不會更新它們的底層類別定義。事實上，你現在會在同一個程式中擁有同一個類別的兩種不同定義：舊的定義在重載時仍然用於所有現存實體，而新的定義則用於新的實體。這幾乎永遠都是令人困惑的。

最終應該注意的是，C/C++ 對 Python 的擴充功能（extensions）無法以任何方式安全地卸載或重載。沒有提供這方面的支援，而且底層的作業系統也可能單純就禁止這樣做。對於這種情況，你最好的辦法是重新啟動 Python 直譯器的行程（Python interpreter process）。

8.6 模組編譯

當模組第一次被匯入時，它們會被編譯成一種直譯器位元組碼（interpreter bytecode）。這種程式碼被寫入一個特殊的 __pycache__ 目錄底下的 .pyc 檔案中。這個目錄通常與原始的 .py 檔案位在同一目錄下。當相同的匯入在程式的不同次執行中再次發生時，將改為載入那些編譯後的位元組碼。這大幅加速了匯入的過程。

位元組碼的快取是一個自動的過程,你幾乎永遠都不需要去擔心。如果原本的原始碼發生變化,檔案會自動重新產生。它就是會生效。

儘管如此,仍然有理由去了解這個快取和編譯的過程。首先,有時 Python 檔案會(通常是意外地)被安裝在使用者沒有作業系統權限來創建所需的 __pycache__ 目錄的環境中。Python 仍然可以工作,但現在每次匯入都會載入原本的原始碼,並將其編譯成位元組碼。程式的載入將會比實際上能做到的慢上許多。同樣地,在部署或封裝 Python 應用程式成為套件時,納入已編譯的位元組碼可能是有利的,因為這可能會大大加快程式的啟動速度。

了解模組快取的另一個好理由是有些程式設計技巧會干擾它。涉及動態程式碼產生和 exec() 函式的進階元程式設計技巧將使位元組碼快取的好處失效。一個值得注意的例子是資料類別(dataclasses)的使用:

```python
from dataclasses import dataclass

@dataclass
class Point:
    x: float
    y: float
```

資料類別的運作方式是將方法函式產生為文字片段,並使用 exec() 執行它們。這些生成的程式碼都不會被匯入系統所快取。就單一個的類別定義,你可能不會注意到差異。然而,如果你有由 100 個資料類別所構成的一個模組,你可能會發現它的匯入速度要比一個相當的模組慢上 20 倍,如果後面那個模組中的類別是以正常(即便是不那麼精簡)的方式寫出的話。

8.7　模組搜尋路徑

匯入模組時,直譯器會搜尋 sys.path 中的目錄串列。sys.path 中的第一個條目(entry)通常是一個空字串 '',它指的是目前的工作目錄(current working directory)。另外,如果你執行一個指令稿(script),sys.path 中的第一個條目就會是該指令稿所在的目錄。sys.path 中的其他條目通常由目錄名稱和 .zip 壓縮檔混合組成。sys.path 中條目的排列順序決定了匯入模組時的搜尋順序。要在搜尋路徑中添加新的條目,就把它們新增到這個串列中。這可以直接進行,或是透過設定 PYTHONPATH 環境變數(environment variable)來進行。例如,在 UNIX 上:

```bash
bash $ env PYTHONPATH=/some/path python3 script.py
```

ZIP 壓縮檔是一種便利的途徑，可以將模組的群集捆裝到單一個檔案中。舉例來說，假設你創建了兩個模組，foo.py 和 bar.py，並把它們放在 mymodules.zip 檔案中。這個檔案可以被添加到 Python 的搜尋路徑中，如下所示：

```
import sys
sys.path.append('mymodules.zip')
import foo, bar
```

一個 .zip 檔案的目錄結構中的特定位置也可用於路徑。此外，.zip 檔案也能與普通的路徑名稱組成部分（pathname components）混合使用。這裡有一個例子：

```
sys.path.append('/tmp/modules.zip/lib/python')
```

一個 ZIP 檔案不一定要有 .zip 的檔案尾碼（file suffix）才能使用。歷史上，在路徑上也經常遇到 .egg 檔案。.egg 檔案起源於早期的 Python 套件管理工具（package management tool），叫做 setuptools。然而，一個 .egg 檔案只不過就是一個普通的 .zip 檔案或目錄，其中添加了一些額外的詮釋資料（metadata，例如版本號碼、依存關係，等等）。

8.8　作為主程式執行

雖然這一節主要是關於 import 述句，但 Python 檔案通常是作為主指令稿（main script）執行的。比如說：

```
% python3 module.py
```

每個模組都包含一個變數，即 __name__，用來存放模組名稱。程式碼可以透過檢查這個變數來確定它們是在哪個模組中執行的。直譯器的頂層模組（top-level module）被命名為 __main__。在命令列中指定的程式或以互動模式輸入的程式都會在 __main__ 模組中執行。有時一個程式可能據此改變它的行為，取決於它是作為一個模組被匯入，還是在 __main__ 中執行。例如，一個模組可能會包括一些程式碼，如果該模組被用作主程式，那些程式碼就會執行，但如果該模組只是被另一個模組匯入，就不會執行。

```
# 檢查是否作為一個程式執行
if __name__ == '__main__':
    # Yes。作為主指令稿執行
    statements
else:
    # No。我必定是作為一個模組被匯入
    statements
```

打算作為程式庫（libraries）使用的原始碼檔案，可以使用這種技巧來包含選擇性的測試或範例程式碼。開發一個模組時，你可以把用於測試你程式庫功能的除錯程式碼放在一個 `if` 述句裡面，如前所示，並作為主程式在你的模組上執行 Python。那段程式碼不會為匯入你程式庫的使用者而執行。

如果你製作了一個 Python 程式碼目錄，而且該目錄包含一個特殊的 `__main__.py` 檔案，你就可以執行該目錄。例如，如果你建立了一個像這樣的目錄：

```
myapp/
    foo.py
    bar.py
    __main__.py
```

你可以藉由輸入 `python3 myapp` 在上面執行 Python。執行將從 `__main__.py` 檔案開始。如果你把 `myapp` 目錄變成一個 ZIP 壓縮檔，這也能起作用。輸入 `python3 myapp.zip` 將尋找一個頂層的 `__main__.py` 檔案，如果找到的話就執行它。

8.9　套件

除了最簡單的程式以外，Python 程式碼都會被組織成**套件**（*packages*）。一個套件是模組的一個群集（a collection of modules），它們被歸組在一個共同的頂層名稱（top-level name）之下。這種分組有助於解決不同應用程式中使用的模組名稱之間的衝突，並使你的程式碼與其他人的程式碼保持分離。一個套件的定義方式是建立一個具有獨特名稱的目錄，並在該目錄中放置一個最初為空的 `__init__.py` 檔案。然後根據需要在這個目錄中放入額外的 Python 檔案和子套件（subpackages）。例如，一個套件可能被組織成這個樣子：

```
graphics/
    __init__.py
    primitive/
        __init__.py
        lines.py
        fill.py
        text.py
        ...
    graph2d/
        __init__.py
        plot2d.py
        ...
    graph3d/
```

```
        __init__.py
        plot3d.py
        ...
    formats/
        __init__.py
        gif.py
        png.py
        tiff.py
        jpeg.py
```

使用 import 述句來從套件中載入模組，與用於簡單模組的方式相同，只是現在你有了更長的名稱。比如說：

```
# 完整路徑
import graphics.primitive.fill
...
graphics.primitive.fill.floodfill(img, x, y, color)

# 載入一個特定的子模組（submodule）
from graphics.primitive import fill
...
fill.floodfill(img, x, y, color)

# 從一個子模組載入一個特定的函式
from graphics.primitive.fill import floodfill
...
floodfill(img, x, y, color)
```

每當一個套件的任何部分第一次被匯入，__init__.py 檔案中的程式碼就會先執行（如果它存在的話）。如前所述，這個檔案可能是空的，但它也可能包含進行套件特定初始化的程式碼。如果匯入一個深度內嵌的子模組，在巡訪目錄結構的過程中遇到的所有 __init__.py 檔案都會被執行。因此，述句 import graphics.primitive.fill 將首先執行 graphics/ 目錄中的 __init__.py 檔案，然後是 primitive/ 目錄中的 __init__.py 檔案。

精明的 Python 使用者可能會注意到，若是省略 __init__.py 檔案，一個套件似乎仍然可以運作。這是真的：即使不包含 __init__.py，你也可以將一個 Python 程式碼目錄用作一個套件。然而，表面上看不出來的是，一個缺少 __init__.py 檔案的目錄實際上定義了一種不同的套件，被稱為命名空間套件（namespace package）。這是一種進階功能，有時被非常大型的程式庫和框架用來實作破碎的外掛系統（plugin systems）。在作者看來，這很少會是你想要的：建立套件的時候，你應該總是創建適當的 __init__.py 檔案。

8.10　在一個套件內進行匯入

import 述句的一個關鍵特徵是，所有模組的匯入都需要一個絕對（absolute）或經過完整資格修飾（fully qualified）的套件路徑。這包括在一個套件本身之內使用的 import 述句。例如，假設 graphics.primitive.fill 模組想要匯入 graphics.primitive.lines 模組。像 import lines 這樣的簡單述句是行不通的，你會得到一個 ImportError 例外。取而代之，你需要像這樣完整資格修飾匯入的東西：

```
# graphics/primitives/fill.py

# 經過完整資格修飾的子模組匯入
from graphics.primitives import lines
```

遺憾的是，像這樣寫出一個完整的套件的名稱，既煩人又容易出錯。例如，有時重命名一個套件是有意義的：也許你想重命名它，以便你可以使用不同的版本。如果套件的名稱被寫定在程式碼裡，你就不能那麼做。一個更好的選擇是使用一種相對於套件的匯入（package-relative import），比如這樣：

```
# graphics/primitives/fill.py

# 相對於套件的匯入
from . import lines
```

這裡，述句 from . import lines 中使用的 . 指的是與匯入模組相同的目錄。因此，這個述句會尋找與檔案 fill.py 在同一目錄下的模組 lines。

相對匯入也可以指定包含在同一套件的不同目錄底下的子模組。例如，如果模組 graphics.graph2d.plot2d 想匯入 graphics.primitive.lines，它可以使用這樣的述句：

```
# graphics/graph2d/plot2d.py

from ..primitive import lines
```

在此，.. 向上移動了一層目錄，而 primitive 則會下降到一個不同的子套件目錄中。

相對匯入只能使用 import 述句的 from module import symbol 形式來指定。因此，諸如 import ..primitive.lines 或 import .lines 這樣的述句都是一種語法錯誤。另外，symbol（符號）必須是一個簡單的識別字（identifier），所以像是 from .. import primitive.lines 這樣的述句也是非法的。最後，相對匯入只能在一個套件內使用：使用相對匯入來參考那些單純位於檔案系統上不同目錄底下的模組是非法的。

8.11　把一個套件子模組當作一個指令稿執行

組織成套件的程式碼與簡單的指令稿（script）有不同的執行時期環境（runtime environment）。其中有一個外圍套件名稱（enclosing package name）、子模組（submodules），以及相對匯入（relative imports）的使用（只在套件內行得通）。一個不再起作用的功能是直接在套件的原始碼檔案上執行 Python 的能力。例如，假設你正在處理 graphics/graph2d/plot2d.py 檔案，並在底部添加一些測試程式碼：

```
# graphics/graph2d/plot2d.py
from ..primitive import lines, text

class Plot2D:
    ...

if __name__ == '__main__':
    print('Testing Plot2D')
    p = Plot2D()
    ...
```

如果你試著直接執行它，你會使它當掉，並得到關於相對匯入述句的抱怨：

```
bash $ python3 graphics/graph2d/plot2d.py
Traceback (most recent call last):
  File "graphics/graph2d/plot2d.py", line 1, in <module>
    from ..primitive import line, text
ValueError: attempted relative import beyond top-level package
bash $
```

你也無法移到套件目錄中並在那裡執行它：

```
bash $ cd graphics/graph2d/
bash $ python3 plot2d.py
Traceback (most recent call last):
  File "plot2d.py", line 1, in <module>
    from ..primitive import line, text
ValueError: attempted relative import beyond top-level package
bash $
```

要把一個子模組當作一個主指令稿來執行，你得使用直譯器的 -m 選項。例如：

```
bash $ python3 -m graphics.graph2d.plot2d
Testing Plot2D
bash $
```

-m 指定一個模組或套件作為主程式。Python 將在適當的環境下執行該模組,以確保匯入工作順利。許多 Python 的內建套件都有可以透過 -m 使用的「秘密」功能。其中最著名的是使用 `python3 -m http.server` 在目前的目錄執行一個 Web 伺服器。

你可以用自己的套件提供類似的功能。如果提供給 `python -m name` 的名稱(name)對應於一個套件目錄,Python 就會在該目錄中尋找 `__main__.py` 並將其作為指令稿執行。

8.12　控制套件命名空間

套件的主要目的是作為程式碼的頂層容器(top-level container)。有時,使用者只會匯入頂層名稱(top-level name),而不包含其他任何東西。比如說:

```
import graphics
```

這個匯入並沒有指定任何特定的子模組。它也沒有使套件的任何其他部分變得可取用。例如,你會發現像這樣的程式碼執行失敗:

```
import graphics
graphics.primitive.fill.floodfill(img,x,y,color)  # 失敗!
```

若只給出一個頂層套件的匯入,那麼唯一匯入的檔案就是所關聯的 `__init__.py`。在這個例子中,那會是 `graphics/__init__.py` 檔案。

`__init__.py` 檔案的主要目的是建置和管理頂層套件命名空間的內容。通常,這涉及到從較低層的子模組匯入選定的函式、類別和其他物件。例如,如果這個例子中的 `graphics` 套件由數百個底層函式所構成,但這些細節大多被封裝在少數幾個高層類別中,那麼 `__init__.py` 檔案可能選擇只對外公開那些類別:

```
# graphics/__init__.py

from .graph2d.plot2d import Plot2D
from .graph3d.plot3d import Plot3D
```

有了這個 `__init__.py` 檔案,Plot2D 和 Plot3D 的名稱將出現在套件的頂層。然後使用者就可以使用這些名稱,就彷彿 graphics 是一個簡單的模組一樣:

```
from graphics import Plot2D

plt = Plot2D(100, 100)
plt.clear()
...
```

這對使用者來說通常要方便得多，因為他們不必知道你實際上是如何組織你程式碼的。在某種意義上，你是在你的程式碼結構上放了一個更高階的抽象層。Python 標準程式庫中的許多模組都是以這種方式構建的。例如，流行的 collections 模組實際上是一個套件。collections/__init__.py 檔案整合了來自幾個不同地方的定義，並將它們作為一個統一的命名空間呈現給使用者。

8.13　控制套件的匯出

有一個議題涉及到 __init__.py 檔案和底層子模組之間的互動。例如，套件的使用者可能只想考慮頂層套件命名空間中的物件和函式。然而，套件的實作者可能會關注將程式碼組織成可維護的子模組的問題。

為了更好地管理這種組織複雜性（organizational complexity），套件的子模組經常透過定義 __all__ 變數來宣告匯出（exports）的一個明確的串列。這是應該在套件的命名空間中被往上推一層的名稱的一個串列。比如說：

```
# graphics/graph2d/plot2d.py

__all__ = ['Plot2D']

class Plot2D:
    ...
```

然後關聯的 __init__.py 檔案會使用一個 * 匯入像這樣匯入其子模組：

```
# graphics/graph2d/__init__.py

# 只載入明確列於 __all__ 變數中的名稱
from .plot2d import *

# 將這個 __all__ 傳播到上一層（如果想要的話）
__all__ = plot2d.__all__
```

然後這種拉升過程會一直持續到頂層套件的 __init__.py。例如：

```
# graphics/__init__.py

from .graph2d import *
from .graph3d import *

# 統整的匯出
__all__ = [
    *graph2d.__all__,
    *graph3d.__all__
]
```

其要點是，一個套件的每個元件都使用 __all__ 變數明確描述其匯出。然後 __init__.py 檔案向上傳播這些匯出。在實務上，這可能會變得很複雜，但這種做法避免了在 __init__.py 檔案中寫死特定匯出名稱的問題。取而代之，如果一個子模組想要匯出某些東西，它的名稱只會列在一個地方：__all__ 變數。然後，像魔術一般，它被往上傳播到套件命名空間中的適當位置。

值得注意的是，儘管在使用者程式碼中使用 * 匯入是不受歡迎的，但在套件的 __init__.py 檔案中，那卻是很普遍的實務做法。它在套件中起作用的原因在於，這通常會更受控制和約束：由 __all__ 變數的內容所驅動，而非「讓我們單純把所有的東西都匯入」那種自由散漫的態度。

8.14　套件資料

有時一個套件包括需要被載入的資料檔案（相對於原始碼）。在一個套件中，__file__ 變數將提供你關於一個特定原始碼檔案的位置資訊。然而，套件是複雜的。它們可能被捆裝在 ZIP 壓縮檔中，或者從不尋常的環境載入。__file__ 變數本身也許是不可靠的，甚至沒有定義。因此，載入一個資料檔案往往不是把檔案名稱傳給內建的 open() 函式並讀取一些資料那麼簡單。

要讀取套件的資料，請使用 pkgutil.get_data(package, resource)。例如，如果你的套件看起來像這樣：

```
mycode/
    resources/
        data.json
    __init__.py
    spam.py
    yow.py
```

那麼若要從檔案 spam.py 載入檔案 data.json，就這樣做：

```
# mycode/spam.py

import pkgutil
import json

def func():
    rawdata = pkgutil.get_data(__package__,
                               'resources/data.json')
    textdata = rawdata.decode('utf-8')
    data = json.loads(textdata)
    print(data)
```

get_data() 函式會試著找出指定的資源，並將其內容當作一個原始的位元組字串
（raw byte string）回傳。此範例中顯示的 __package__ 變數是一個字串，存放了外
圍套件（enclosing package）的名稱。任何進一步的解碼（如將位元組轉換為文字）
和解讀動作都取決於你。在這個例子中，資料被解碼並從 JSON 剖析為一個 Python
字典。

套件並非儲存龐大資料檔案的好地方。請將套件的資源保留給組態資料、和其他使
你的套件得以運作所需的各種東西。

8.15　模組物件

模組是一級物件（first-class objects）。表 8.1 列出了模組上常見的屬性。

表 8.1　模組屬性

屬性	描述
__name__	完整的模組名稱
__doc__	說明文件字串
__dict__	模組字典
__file__	定義處的檔案名稱
__package__	外圍套件的名稱（如果有的話）
__path__	用以搜尋一個套件的子模組的子目錄串列
__annotations__	模組層級的型別提示

__dict__ 屬性是代表模組命名空間的一個字典。所有在模組中定義的東西都放在這裡。

__name__ 屬性經常在指令稿中使用。像是 if __name__ == '__main__' 這樣的檢查，常被用來確認一個檔案是否作為獨立的程式執行。

__package__ 屬性包含外圍套件的名稱，如果有的話。若有設定，__path__ 屬性是一個目錄串列，它將被搜尋以找出套件子模組的位置。一般情況下，它包含單一個條目，也就是套件所在的目錄。有時，大型框架會操縱 __path__ 來納入額外的目錄，以支援外掛（plugins）和其他進階功能。

不是所有的模組都能取用全部的屬性。例如，內建模組可能沒有設定 __file__ 屬性。同樣地，與套件相關的屬性也不會為頂層模組（不包含在套件中）而設定。

__doc__ 屬性是模組的說明文件字串（如果有的話）。這是作為檔案中的第一個述句出現的一個字串。__annotations__ 屬性是模組層級型別提示（module-level type hints）的一個字典。這些看起來會像這樣：

```
# mymodule.py

'''
說明文件字串（doc string）
'''
# 型別提示（被放到 __annotations__ 中）
x: int
y: float
...
```

跟其他型別提示一樣，模組層級的提示不會改變 Python 任何部分的行為，它們也沒有實際定義變數。它們純粹是其他工具想要的話也可以選擇查看的詮釋資料（metadata）。

8.16　部署 Python 套件

模組和套件的最後一個未討論的領域是如何把你的程式碼提供給別人。這是一個很大的主題，多年來一直是積極開發的重點。我不會試圖去記錄在你讀到這篇文章時肯定已經過時的程序。取而代之，我會推薦你前往位於 https://packaging.python.org/tutorials/packaging-projects 的說明文件。

在日常開發中，最重要的是讓你的程式碼作為一個自成一體的專案保持獨立。你所有的程式碼都應該存活在一個適當的套件中。試著賦予你的套件取一個獨特的名稱，這樣它才不會與其他可能的依存關係產生衝突。參閱位於 https://pypi.org 的 Python 套件索引（Python package index）來挑選一個名稱。結構化你的程式碼時，儘量保持簡單。正如你所看到的，有許多高度精密的事情可以透過模組和套件系統來完成。但那要有適合的時機和地點，也不應該是你的出發點。

考慮到絕對的簡單性，發佈純粹 Python 程式碼最簡約方式是使用 setuptools 模組或內建的 distutils 模組。假設你寫了一些程式碼，位於一個看起來像這樣的專案中：

```
spam-project/
    README.txt
    Documentation.txt
    spam/                  # 程式碼的一個套件
        __init__.py
        foo.py
        bar.py
    runspam.py             # 要以 python runspam.py 這種方式執行的一個指令稿
```

要建立一個發行版本（distribution），就在最上層的目錄（本例中為 spam-project/）中創建一個 setup.py 檔案。在這個檔案中，放入以下程式碼：

```
# setup.py
from setuptools import setup

setup(name="spam",
      version="0.0"
      packages=['spam'],
      scripts=['runspam.py'],
)
```

在 setup() 呼叫中，packages 是所有套件目錄構成的一個串列，scripts 是指令稿檔案的一個串列。如果你的軟體沒有這些引數（例如，沒有指令稿），就可以省略它們。name 是你套件的名稱，version 是作為一個字串的版本號碼。對 setup() 的呼叫支援各種其他參數，用以提供關於你套件的各種詮釋資料。完整的清單請參閱 https://docs.python.org/3/distutils/apiref.html。

創建一個 setup.py 檔案就足以建立出你軟體的一個源碼發行版本（source distribution）。輸入下列的 shell 命令來製作一個源碼發行版本：

```
bash $ python setup.py sdist
...
bash $
```

這 將 在 spam/dist 目 錄 底 下 創 建 一 個 壓 縮 檔， 例 如 spam-1.0.tar.gz 或 spam-1.0.zip。這就是你提供給別人以安裝你軟體的檔案。要進行安裝，使用者可以透過 pip 之類的命令。比如說：

```
shell $ python3 -m pip install spam-1.0.tar.gz
```

這會把軟體安裝到本地的 Python 發行版本中，並使其可以被普遍使用。這些程式碼通常會被安裝到 Python 程式庫中一個叫做 site-packages 的目錄裡。要找出這個目錄的確切位置，請查看 sys.path 的值。指令稿通常會被安裝在與 Python 直譯器本身相同的目錄中。

如果指令稿的第一行以 #! 開頭，並且包含文字 python，安裝程式將改寫那一行，以指向本地安裝的 Python。因此，如果你的指令稿被寫定為一個特定的 Python 位置，例如 /usr/local/bin/python，那麼當它們被安裝到 Python 在不同位置的其他系統上，它們應該仍然可以運作。

必須強調的是，這裡描述的 setuptools 的使用絕對是最精簡的。更大型的專案可能涉及到 C/C++ 的擴充功能（extensions）、複雜的套件結構、範例，以及更多東西。涵蓋所有的工具和部署這種程式碼可能的方式，已經超出了本書的範圍。你應該查閱 https://python.org 和 https://pypi.org 上的各種資源，以獲得最新的建議。

8.17　最後結語之前的結語：先從一個套件開始

初次開發一個新的程式時，從一個簡單的 Python 檔案開始是很容易的。例如，你可以寫一個叫做 program.py 的指令稿，然後從它開始。雖然這對用完即丟的程式（throwaway programs）和簡短的任務來說很有效，但你的「指令稿（script）」可能會開始成長並增加功能。最終，你可能想把它分成多個檔案。就是在這個時候，經常會出現問題。

有鑑於此，養成「從一開始就將所有的程式當作一個套件來開發」的習慣是有意義的。例如，你不應該製作一個叫做 program.py 的檔案，而應該製作一個叫做 program 的程式套件目錄：

```
program/
    __init__.py
    __main__.py
```

將你一開始的程式碼放在 `__main__.py` 中，並使用 `python -m program` 這樣的命令來執行你的程式。當你需要更多的程式碼，就在你的套件中添加新的檔案，並使用相對於套件的匯入（package-relative imports）。使用套件的一個好處是，你的所有程式碼都是彼此隔離的。你可以隨心所欲地為檔案命名，而不必擔心會與其他套件、標準程式庫模組或你同事編寫的程式碼發生衝突。儘管建立一個套件在最初需要更多一點的工作，但這可能會在以後為你省去很多麻煩。

8.18　結語：保持簡單

還有很多與模組和套件系統相關的高級魔法，比這裡所展示的更多。請參考「Modules and Packages: Live and Let Die!」這個教程，位於 https://dabeaz.com/modulepackage/index.html，以概略了解什麼是可能的。

然而，綜合考量起來，你可能最好不要去使用任何進階的模組駭入技法（module hacking）。管理模組、套件和軟體發行版一直是 Python 社群的一個痛苦源頭。大部分的痛苦都是人們駭入模組系統的直接後果。不要那樣做。保持簡單，當你的同事提議修改 import 以配合區塊鏈（blockchain）一起使用時，請提起勇氣直接說「不」。

9

輸入與輸出

輸入和輸出（Input and Output，I/O）是所有程式的一部分。本章描述了 Python I/O 的基本原理，包括資料編碼（data encoding）、命令列選項（command-line options）、環境變數（environment variables）、檔案 I/O 和資料序列化（data serialization）。我們把注意力放在鼓勵正確處理 I/O 的程式設計技巧和抽象層。本章結尾概述了與 I/O 有關的常用標準程式庫模組。

9.1 資料表示法

I/O 的主要問題是外部世界。為了與之交流，資料必須被正確地表示出來，以便對其進行操作。在最底層，Python 使用兩種最基本的資料：位元組（*bytes*）表示未經解讀的任何原始資料，而文字（*text*）則表示 Unicode 字元。

為了表示位元組，Python 使用了兩種內建型別：bytes 和 bytearray。bytes 是整數位元組值（integer byte values）所構成的一種不可變的字串（immutable string）。bytearray 是一種可變的位元組陣列（mutable byte array），行為上像是一個位元組字串（byte string）和一個串列（list）的結合。它的可變性使它適合用來以比較漸進增量的方式建構位元組群集，例如從片段組裝出資料時。下面的例子說明了 bytes 和 bytearray 的一些特徵：

```python
# 指定一個位元組字面值（bytes literal，注意到前綴 b'）
a = b'hello'

# 以一個整數串列指定 bytes
b = bytes([0x68, 0x65, 0x6c, 0x6c, 0x6f])

# 從各部分創建並充填出一個 bytearray
c = bytearray()
```

```
c.extend(b'world')     # c = bytearray(b'world')
c.append(0x21)         # c = bytearray(b'world!')

# 存取位元組值
print(a[0])            # --> 印出 104
for x in b:            # 輸出 104 101 108 108 111
    print(x)
```

存取 bytes 和 bytearray 物件的個別元素會產生整數的位元組值（byte values），而不是單字元的位元組字串（single-character byte strings）。這不同於文字字串（text strings），所以這是一個常見的錯誤用法。

文字由 str 資料型別表示，並儲存為由 Unicode 的編碼位置（code points，或稱「碼位」）所構成的一個陣列。例如：

```
d = 'hello'            # 文字（Unicode）
len(d)                 # --> 5
print(d[0])            # 印出 'h'
```

Python 在位元組和文字之間保持嚴格的區別。這兩種型別之間從來不會有自動轉換，這些型別之間的比較都會估算為 False，而任何將位元組和文字混在一起的運算都會導致錯誤。比如說：

```
a = b'hello'           # 位元組
b = 'hello'            # 文字
c = 'world'            # 文字

print(a == b)          # -> False
d = a + c              # TypeError：無法把 str 串接到 bytes
e = b + c              # -> 'helloworld'（兩者皆為字串）
```

進行 I/O 時，請確保你所用的資料表示法是對的。如果你是在操作文字，那就使用文字字串。如果你是在操作二進位資料（binary data），那就使用位元組。

9.2　文字的編碼與解碼

如果你要處理文字，那麼從輸入端讀取的所有資料都必須被解碼（decoded），寫到輸出端的所有資料都必須被編碼（encoded）。對於文字和位元組之間的明確轉換，在文字和位元組物件上分別有 encode(text [,errors]) 和 decode(bytes [,errors]) 方法存在。比如說：

```
a = 'hello'                # 文字
b = a.encode('utf-8')      # 編碼為位元組

c = b'world'               # Bytes
d = c.decode('utf-8')      # 解碼為文字
```

encode() 和 decode() 都需要一個編碼名稱，如 'utf-8' 或 'latin-1'。表 9.1 中是常見的編碼方式。

表 9.1　常見的編碼

編碼名稱	描述
'ascii'	範圍 [0x00, 0x7f] 中的字元值
'latin1'	範圍 [0x00, 0xff] 中的字元值，也被稱為 'iso-8859-1'
'utf-8'	能夠表示所有 Unicode 字元的可變長度編碼（variable-length encoding）
'cp1252'	Windows 上常見的一種文字編碼
'macroman'	Macintosh 上常見的一種文字編碼

此外，這些編解碼方法還接受一個選擇性的 errors 引數，指定在出現編碼錯誤時的行為。它會是表 9.2 中的某個值。

表 9.2　錯誤處理選項

值	描述
'strict'	為編解碼錯誤提出一個 UnicodeError 例外（預設值）。
'ignore'	忽略無效字元。
'replace'	以一個替換字元（replacement character，Unicode 中的 U+FFFD；bytes 中的 b'?'）取代無效字元。
'backslashreplace'	以一個 Python 字元轉義序列（character escape sequence）取代每個無效字元。例如，字元 U+1234 會被 '\u1234' 所取代（僅限編碼）。
'xmlcharrefreplace'	以一個 XML 字元參考（character reference）取代每個無效字元。例如，字元 U+1234 會被 'ሴ' 所取代（僅限編碼）。
'surrogateescape'	解碼時，將任何無效的位元組 '\xhh' 取代為 U+DChh；編碼時，將 U+DChh 取代為位元組 '\xhh'。

'backslashreplace' 和 'xmlcharrefreplace' 錯誤策略以一種允許它們被當作簡單的 ASCII 文字或 XML 字元參考，來檢視的形式呈現無法表示的字元。

'surrogateescape' 錯誤處理策略允許變質的位元組資料（即不遵守預期編碼規則的資料）在來回的編解碼循環中完整地存活下來，不管它們用的是什麼文字編碼。具體來說，s.decode(enc, 'surrogateescape').encode(enc, 'surrogateescape') == s。這種往返的資料保存對於某些系統介面是很有用的，在那些介面中，文字編碼是可預期的，但由於 Python 掌控之外的問題，無法保證一定是那樣。與其破壞編碼不良的資料，Python 使用代理編碼（surrogate encoding）將其「依照原樣（as is）」嵌入。下面是這種行為的一個例子，其中帶有一個編碼不當的 UTF-8 字串：

```
>>> a = b'Spicy Jalape\xf1o' # 無效的 UTF-8
>>> a.decode('utf-8')
Traceback (most recent call last):
  File "<stdin>", line 1, in <module>
UnicodeDecodeError: 'utf-8' codec can't decode byte 0xf1
in position 12: invalid continuation byte
>>> a.decode('utf-8', 'surrogateescape')
'Spicy Jalape\udcf1o'
>>> # 將所產生的字串編碼回位元組
>>> _.encode('utf-8', 'surrogateescape')
b'Spicy Jalape\xf1o'
>>>
```

9.3　文字和位元組的格式化

處理文字和位元組字串時，一個常見的問題是字串的轉換（conversions）和格式化（formatting）：例如，將一個浮點數（floating-point number）轉換為具有給定寬度（width）和精確度（precision）的一個字串。要格式化單一個值，可以使用 format() 函式：

```
x = 123.456
format(x, '0.2f')      # '123.46'
format(x, '10.4f')     # '  123.4560'
format(x, '*<10.2f')   # '123.46****'
```

format() 的第二個引數是一個格式指定符（format specifier）。格式指定符的一般格式為 [[fill[align]][sign][0][width][,][.precision][type]，其中用 [] 括起來的每一部分都是選擇性的。width 指定要使用的最小欄位寬度（minimum field width），而對齊指定符（align specifier）是 <、> 或 ^ 中的一個，分別用於欄位內的向左對齊、向右對齊和置中對齊。選擇性的填滿（fill）字元 fill 則用來填補空間。比如說：

```
name = 'Elwood'
r = format(name, '<10')      # r = 'Elwood    '
r = format(name, '>10')      # r = '    Elwood'
r = format(name, '^10')      # r = '  Elwood  '
r = format(name, '*^10')     # r = '**Elwood**'
```

type 指定符指出資料的型別。表 9.3 列出了支援的格式碼（format codes）。如果沒有提供，預設的格式碼會是代表字串的 s，代表整數的 d 和代表浮點數的 f。

格式指定符的正負號（sign）部分是 +、- 或空格（space）中的一個。+ 表示所有數字都要使用前導正負號。- 是預設的，只會對負數添加一個正負號字元。一個空格會為正數加上一個前導的空格。

寬度（width）和精確度（precision）之間可以出現一個選擇性的逗號（,）。這會加上一個千位數的分隔符號（thousands separator character）。比如說：

表 9.3　格式碼

字元	輸出格式
d	十進位（decimal）整數或長整數（long integer）。
b	二進位（binary）整數或長整數。
o	八進位（octal）整數或長整數。
x	十六進位（hexadecimal）整數或長整數。
X	十六進位整數（大寫字母）。
f、F	呈現為 [-]m.dddddd 的浮點數。
e	呈現為 [-]m.dddddde±xx 的浮點數。
E	呈現為 [-]m.ddddddE±xx 的浮點數。
g、G	為小於 -4 或大於精確度的指數（exponents）使用 e 或 E；否則使用 f。
n	等同於 g，只不過目前的地區設定（locale setting）決定了小數點（decimal point）的字元。
%	將一個數字乘以 100 並以 f 格式顯示它，後面跟著一個 % 符號。
s	字串或任何物件。這個格式碼使用 str() 來產生字串。
c	單一字元。

```
x = 123456.78
format(x, '16,.2f')    # '      123,456.78'
```

指定符的 `precision` 部分提供了用於小數的精確度位數。如果在數字的欄位 `width` 前面加上前導的 `0`，數值就會用前導的 `0` 來填補空間。這裡是格式化不同種數字的一些例子：

```
x = 42
r = format(x, '10d')         # r = '        42'
r = format(x, '10x')         # r = '        2a'
r = format(x, '10b')         # r = '    101010'
r = format(x, '010b')        # r = '0000101010'

y = 3.1415926
r = format(y, '10.2f')       # r = '      3.14'
r = format(y, '10.2e')       # r = '   3.14e+00'
r = format(y, '+10.2f')      # r = '     +3.14'
r = format(y, '+010.2f')     # r = '+000003.14'
r = format(y, '+10.2%')      # r = '   +314.16%'
```

對於更複雜的字串格式化，你可以使用 f-strings：

```
x = 123.456

f'Value is {x:0.2f}'         # 'Value is 123.46'
f'Value is {x:10.4f}'        # 'Value is   123.4560'
f'Value is {2*x:*<10.2f}'    # 'Value is 246.91****'
```

在 f-string 中，形式為 `{expr:spec}` 的文字被 `format(expr, spec)` 的值所替換。`expr` 可以是一個任意的運算式，只要它不包括 `{`、`}` 或 `\` 字元就行。格式指定符本身的某些部分也可以選擇由其他運算式提供。例如：

```
y = 3.1415926
width = 8
precision=3

r = f'{y:{width}.{precision}f}'    # r = '   3.142'
```

如果你在 `expr` 的後面接上 `=`，那麼 `expr` 字面上的文字也會被包含在結果中，例如：

```
x = 123.456

f'{x=:0.2f}'        # 'x=123.46'
f'{2*x=:0.2f}'      # '2*x=246.91'
```

如果你在一個值上附加了 `!r`，格式化的動作會套用到 `repr()` 的輸出。如果你使用 `!s`，格式化動作將套用到 `str()` 的輸出。比如說：

```
f'{x!r:spec}'      # 呼叫 (repr(x).__format__('spec'))
f'{x!s:spec}'      # 呼叫 (str(x).__format__('spec'))
```

作為 f-strings 的一種替代方式，你可以使用字串的 .format() 方法：

```
x = 123.456

'Value is {:0.2f}' .format(x)            # 'Value is 123.46'
'Value is {0:10.2f}' .format(x)          # 'Value is    123.4560'
'Value is {val:*<10.2f}'.format(val=x)   # 'Value is 123.46****'
```

用 .format() 格式化的字串，其中 {arg:spec} 形式的文字會被 format(arg, spec) 的值取代。在這種情況下，arg 指的是提供給 format() 方法的引數之一。如果完全省略，引數將按順序取用。比如說：

```
name = 'IBM'
shares = 50
price = 490.1

r = '{:>10s} {:10d} {:10.2f}'.format(name, shares, price)
# r = '       IBM         50     490.10'
```

arg 也可以指涉某個特定的引數號碼或名稱，例如：

```
tag = 'p'
text = 'hello world'

r = '<{0}>{1}</{0}>'.format(tag, text)  # r = '<p>hello world</p>'
r = '<{tag}>{text}</{tag}>'.format(tag='p', text='hello world')
```

不同於 f-strings，一個指定符的 arg 值不能是一個任意的運算式，所以它的表達力比較差。然而，format() 方法可以進行有限度的屬性查找（attribute lookup）、索引（indexing）和巢狀替換（nested substitutions）。比如說：

```
y = 3.1415926
width = 8
precision=3

r = 'Value is {0:{1}.{2}f}'.format(y, width, precision)

d = {
    'name': 'IBM',
    'shares': 50,
    'price': 490.1
}
```

```
r = '{0[shares]:d} shares of {0[name]} at {0[price]:0.2f}'.format(d)
# r = '50 shares of IBM at 490.10'
```

bytes 和 bytearray 實體可以使用 % 運算子進行格式化。這個運算子的語意是以 C 語言中的 sprintf() 函式為模型的。這裡有些例子：

```
name = b'ACME'
x = 123.456

b'Value is %0.2f' % x              # b'The value is 123.46'
bytearray(b'Value is %0.2f') % x   # b'Value is 123.46'
b'%s = %0.2f' % (name, x)          # b'ACME = 123.46'
```

透過這種格式化，形式為 %spec 的序列被依次替換為當作 % 運算子第二個運算元而提供的元組中的值。基本的格式碼（d、f、s 等）與 format() 函式所用的相同。然而，更進階的功能要麼沒有，要麼就是略有改變。例如，為了調整對齊方式，你會像這樣使用一個 - 字元：

```
x = 123.456
b'%10.2f' % x     # b'    123.46'
b'%-10.2f' % x    # b'123.46    '
```

使用 %r 的格式碼會產生 ascii() 的輸出，這在除錯和記錄上很有用。

處理位元組時，要注意文字字串並不受支援。它們必須經過明確的編碼。

```
name = 'Dave'

b'Hello %s' % name                  # TypeError!
b'Hello %s' % name.encode('utf-8')  # Ok
```

這種形式的格式化也可以用於文字字串，但這被認為是一種較舊的程式設計風格。然而，它仍然出現在某些程式庫中。例如，由 logging 模組產生的訊息就是以這種方式格式化的：

```
import logging
log = logging.getLogger(__name__)

log.debug('%s got %d', name, value)   # '%s got %d' % (name, value)
```

本章後面的第 9.15.12 節會對 logging 模組進行簡要描述。

9.4 讀取命令列選項

Python 啟動時,命令列選項(command-line options)會以文字字串的形式放在串列 `sys.argv` 中。第一項目會是程式的名稱。隨後的幾個項目是命令列上添加在程式名稱之後的那些選項。接下來的程式是手動處理命令列引數的一個最小原型:

```python
def main(argv):
    if len(argv) != 3:
        raise SystemExit(
                f'Usage : python {argv[0]} inputfile outputfile\n')
    inputfile  = argv[1]
    outputfile = argv[2]
    ...

if __name__ == '__main__':
    import sys
    main(sys.argv)
```

為了更好地組織程式碼、測試或類似的原因,最好是寫一個專用的 `main()` 函式,以一個串列的形式接受命令列選項(如果有的話),而不是直接讀取 `sys.argv`。在你的程式結尾放入一小段程式碼,將命令列選項傳遞給你的 `main()` 函式。

`sys.argv[0]` 包含正在執行的指令稿之名稱。撰寫一個描述性的說明訊息並提出 `SystemExit` 是需要回報錯誤的命令列指令稿的標準實務做法。

雖然在簡單的指令稿中,你可以手動處理命令選項,請考慮使用 `argparse` 模組來進行更複雜的命令列處理。下面是一個例子:

```python
import argparse

def main(argv):
    p = argparse.ArgumentParser(description="This is some program")

    # 一個位置引數(positional argument)
    p.add_argument("infile")

    # 接受一個引數的一個選項
    p.add_argument("-o","--output", action="store")

    # 設定一個 Boolean 旗標(flag)的一個選項
    p.add_argument("-d","--debug", action="store_true", default=False)

    # 剖析命令列
    args = p.parse_args(args=argv)
```

```
    # 取回選項設定
    infile   = args.infile
    output   = args.output
    debugmode = args.debug

    print(infile, output, debugmode)

if __name__ == '__main__':
    import sys
    main(sys.argv[1:])
```

這個例子僅展示了 argparse 模組最簡單的用法。標準程式庫的說明文件提供更進階的用法。還有一些第三方模組，如 click 和 docopt，可以簡化更複雜的命令列剖析器（command-line parsers）的編寫工作。

最後，命令列選項可能以無效的文字編碼提供給 Python。這樣的引數仍然會被接受，但它們將使用第 9.2 節中描述的 'surrogateescape' 錯誤處理方式進行編碼。如果這樣的引數後來會被包含在任何文字輸出中，而且那對避免崩潰至關緊要，你就得注意這一點。不過，這可能不是很重要：別為了不重要的邊緣情況而使你的程式碼變得過於複雜。

9.5　環境變數

有時，資料是透過在命令 shell 中設定的環境變數（environment variables）傳遞給程式的。例如，一個 Python 程式可能是用一道 shell 命令啟動的，例如 env：

```
bash $ env SOMEVAR=somevalue python3 somescript.py
```

環境變數是在映射 os.environ 中作為文字字串被存取的。下面是一個例子：

```
import os
path = os.environ['PATH']
user = os.environ['USER']
editor = os.environ['EDITOR']
val = os.environ['SOMEVAR']
... etc. ...
```

要修改環境變數，就設定 os.environ 變數，例如：

```
os.environ['NAME'] = 'VALUE'
```

對 os.environ 的修改既影響正在執行的程式，也影響後來創建的任何子行程
（subprocesses），例如由 subprocess 模組創建的那些。

就跟命令列選項一樣，編碼不良的環境變數可能產生使用 'surrogateescape' 錯誤處
理策略的字串。

9.6　檔案與檔案物件

要開啟一個檔案，就使用內建的 open() 函式。通常，open() 會被賦予一個檔案名稱
（filename）和一個檔案模式（file mode）。它也經常與作為情境管理器的 with 述句
結合使用。這裡有檔案處理的一些常見的使用模式：

```
# 將一個文字檔案作為一個字串一次讀入
with open('filename.txt', 'rt') as file:
    data = file.read()

# 逐行（line-by-line）讀取一個檔案
with open('filename.txt', 'rt') as file:
    for line in file:
        ...

# 寫出至一個文字檔案
with open('out.txt', 'wt') as file:
    file.write('Some output\n')
    print('More output', file=file)
```

在大多數情況下，open() 的使用都是一件很簡單的事情。你給它一個你想打開的檔
案之名稱和一個檔案模式。比如說：

```
open('name.txt')         # 開啟 "name.txt" 用於讀取
open('name.txt', 'rt')   # 開啟 "name.txt" 用於讀取（相同）
open('name.txt', 'wt')   # 開啟 "name.txt" 用於寫入
open('data.bin', 'rb')   # 二進位模式（binary mode）的讀取
open('data.bin', 'wb')   # 二進位模式的寫入
```

對於大多數程式來說，要處理檔案，你知道的永遠不需要比這些簡單的例子更多。
然而，open() 的一些特殊情況和更深奧的功能值得了解。接下來的幾節將更詳細地
討論 open() 和檔案 I/O。

9.6.1　檔案名稱

要打開一個檔案,你需要提供 open() 該檔案的名稱。這個名稱可以是完全指定的一個絕對路徑名稱(absolute pathname),例如 '/Users/guido/Desktop/files/old/data.csv',或者是一個相對路徑名稱(relative pathname),例如 'data.csv' 或者 '..\old\data.csv'。對於相對檔名,檔案的位置是相對於 os.getcwd() 所回傳的當前工作目錄(current working directory)而確定的。當前的工作目錄可以用 os.chdir(newdir) 來改變。

名稱本身能以多種形式進行編碼。如果它是一個文字字串,在傳遞給主機作業系統之前,該名稱會根據 sys.getfilesystemencoding() 回傳的文字編碼進行解讀。如果檔名是一個位元組字串,它將不被解碼,並按原樣傳遞。如果你編寫的程式必須應付檔名變質或錯誤編碼的可能性,那後一個選項可能很有用:你可以傳遞該名稱的原始二進位表徵(raw binary representation),而不是將其作為文字傳遞。這或許看起來像是一個不起眼的邊緣案例,但是 Python 經常被用來編寫操縱檔案系統(filesystem)的系統層級指令稿(system-level scripts)。濫用檔案系統是駭客們常用的技巧,他們要麼想隱藏自己的蹤跡,要麼就是破解系統工具。

除了文字和位元組之外,任何實作了特殊方法 __fspath__() 的物件都可以作為名稱使用。__fspath__() 方法必須回傳與實際名稱相應的一個文字或位元組物件。這是標準程式庫模組(如 pathlib)的工作機制。比如說:

```
>>> from pathlib import Path
>>> p = Path('Data/portfolio.csv')
>>> p.__fspath__()
'Data/portfolio.csv'
>>>
```

有可能的是,你會製作你自己的自訂 Path 物件,只要它實作了 __fspath__(),就可以與 open() 一起工作,並在系統中解析(resolves)為一個適切的檔名。

最後,檔案名可以作為低階的整數檔案描述元(integer file descriptors)來給出。這要求「檔案」已經以某種方式在系統中打開。也許它對應於一個網路 socket(通訊端)、一個管線(pipe),或其他一些會對外提供檔案描述元的系統資源。

下面這個例子使用 os 模組直接開啟一個檔案,然後把它變成一個合適的檔案物件:

```
>>> import os
>>> fd = os.open('/etc/passwd', os.O_RDONLY)     # 整數 fd
>>> fd
3
>>> file = open(fd, 'rt')     # 適當的檔案物件
>>> file
<_io.TextIOWrapper name=3 mode='rt' encoding='UTF-8'>
>>> data = file.read()
>>>
```

當像這樣開啟一個既有的檔案描述元時，所回傳的檔案的 `close()` 方法也將關閉底層描述元。這可以透過向 `open()` 傳遞 `closefd=False` 來停用。比如說：

```
file = open(fd, 'rt', closefd=False)
```

9.6.2　檔案模式

開啟一個檔案時，你需要指定一個檔案模式（file mode）。主要的檔案模式有用於讀取（reading）的 `'r'`、用於寫入（writing）的 `'w'`，以及用於附加（appending）的 `"a "`。`'w'` 模式會用新的內容替換任何現有檔案。`'a'` 打開一個檔案進行寫入，並將檔案指標（file pointer）定位到檔案的結尾，以便新追加新的資料。

有一個特殊的檔案模式 `'x'` 可以用來寫入一個檔案，但只有在它不存在的時候有效。這是一個實用的方法，可以防止意外覆寫現有資料。對於這種模式，如果檔案已經存在，就會產生一個 `FileExistsError` 例外。

Python 對文字和二進位資料進行了嚴格的區分。為了指定資料的種類，你會在檔案模式後面加上一個 `'t'` 或一個 `'b'`。例如，`'rt'` 的檔案模式可以打開一個以文字模式（text mode）讀取的檔案，`'rb'` 則開啟一個以二進位模式（binary mode）讀取的檔案。這個模式決定了與檔案有關的方法（如 `f.read()`）所回傳的資料類型。在文字模式下，將回傳字串（strings）。在二進位模式下，回傳的是位元組（bytes）。

二進位檔案可以透過提供一個加號（+）字元，如 `'rb+'` 或 `'wb+'` 來打開，以進行就地更新（in-place updates）。當一個檔案被開啟來更新時，你可以同時進行輸入和輸出，只要所有的輸出運算在任何後續的輸入運算之前有先排清（flush）其資料就行。如果一個檔案是用 `'wb+'` 模式打開的，其長度會先被截斷為零。更新模式的一個常見用途是結合搜尋（seek）運算提供對檔案內容的隨機讀寫。

9.6.3　I/O 緩衝

預設情況下，檔案是在啟用 I/O 緩衝（I/O buffering）的情況下開啟的。在使用 I/O 緩衝的情況下，I/O 運算是以較大型的區塊為單位（in larger chunks）進行的，以避免過多的系統呼叫（system calls）。例如，寫入運算一開始會充填一個內部記憶體緩衝區（memory buffer），只有當緩衝區被填滿時才會有實際輸出。這種行為可以透過賦予 open() 一個 buffering 引數來改變。比如說：

```
# 在不使用 I/O 緩衝的情況下開啟一個二進位模式的檔案

with open('data.bin', 'wb', buffering=0) as file:
    file.write(data)
    ...
```

設為 0 的值指定無緩衝的 I/O，而且只對二進位模式的檔案有效。值為 1 指定行緩衝（line-buffering），通常只對文字模式的檔案有意義。任何其他的正值都表示要使用的緩衝區大小（以位元組為單位）。若沒有指定緩衝值，預設行為取決於檔案的種類。如果是磁碟上的普通檔案，緩衝是以區塊（blocks）來管理的，緩衝區的大小會被設定為 io.DEFAULT_BUFFER_SIZE。通常，這會是 4096 位元組的某個小倍數。它可能因系統而異。如果該檔案代表一個互動式終端（interactive terminal），則使用行緩衝。

對於一般的程式，I/O 緩衝通常不是一個主要的考量。然而，緩衝會對行程（processes）間有頻繁通訊的應用程式產生影響。舉例來說，有時會出現的一種問題是，兩個正在通訊的子行程（subprocesses）由於內部緩衝問題而陷入死結：例如一個行程向緩衝區寫入資料，但由於緩衝區沒有被排清，接收者一直看不到那些資料。這種問題可以透過指定非緩衝 I/O 或在關聯檔案上明確呼叫 flush() 來解決。比如說：

```
file.write(data)
file.write(data)
...
file.flush()          # 確保所有的資料都從緩衝區被寫出
```

9.6.4　文字模式編碼

對於以文字模式開啟的檔案，可以使用 encoding 和 errors 引數指定一種選擇性的編碼和錯誤處理策略。比如說：

```
with open('file.txt', 'rt',
          encoding='utf-8', errors='replace') as file:
    data = file.read()
```

給予 encoding 和 errors 引數的值分別都與字串和位元組的 encode() 和 decode() 方法的意義相同。

預設文字的編碼由 sys.getdefaultencoding() 的值決定,可能因系統而異。如果你事先知道編碼,通常最好明確地提供它,即便它恰好與你系統上的預設編碼一致。

9.6.5 文字模式的行處理

對於文字檔案,一個複雜的問題是換行字元(newline characters)的編碼問題。換行(newlines)被編碼為 '\n'、'\r\n' 或 '\r',這取決於主機作業系統:例如 UNIX 上的 '\n' 和 Windows 上的 '\r\n'。預設情況下,Python 在讀取時會將所有的這些行尾結束符號(line endings)翻譯成標準的 '\n' 字元。進行寫入時,換行字元會被翻譯回系統上使用的預設行結尾。這種行為在 Python 文件中有時被稱為「通用換行模式(universal newline mode)」。

你可以透過給 open() 提供一個 newline 引數來改變換行行為,比如說:

```
# 就是需要 '\r\n',請保持原樣
file = open('somefile.txt', 'rt', newline='\r\n')
```

指定 newline=None 啟用預設的行處理(line handling)行為,所有的行結尾都會被翻譯成標準的 '\n' 字元。提供 newline='' 會讓 Python 識別出所有的行結尾,但停用翻譯步驟:如果行以 '\r\n' 結尾,那個 '\r\n' 組合將被完整保留在輸入中。指定一個 '\n'、 '\r' 或 '\r\n' 的值會使其成為預期的行結尾。

9.7 I/O 抽象層

open() 函式作為一種高階的工廠函式(factory function),用來創建不同 I/O 類別的實體。這些類別體現了不同的檔案模式、編碼和緩衝行為。它們也被分層組合在一起。io 模組中定義了以下類別:

FileIO(filename, mode='r', closefd=True, opener=None)

使用原始的非緩衝二進位 I/O 打開一個檔案。filename 是 open() 函式接受的任何有效檔名。其他引數與 open() 的含義相同。

```
BufferedReader(file [, buffer_size])
BufferedWriter(file [, buffer_size])
BufferedRandom(file [, buffer_size])
```

為一個檔案實作一個緩衝的二進位 I/O 層。file 是 FileIO 的一個實體。類別的抉擇取決於檔案是要讀、寫、或更新資料。選擇性的 buffer_size 引數指定所用的內部緩衝區大小。

TextIOWrapper(buffered, [encoding, [errors [, newline [, line_buffering [, write_through]]]]])

實作文字模式的 I/O。buffered 是一個緩衝的二進位模式檔案,例如 BufferedReader 或 BufferedWriter。encoding、errors 和 newline 引數的含義與 open() 相同。line_buffering 是一個 Boolean 旗標,強制 I/O 遇到換行字元時被排清(預設為 False)。write_through 是一個 Boolean 旗標,強制所有的寫入動作都要排清(預設為 False)。

下面這個例子顯示一個文字模式檔案是如何逐層構建的:

```
>>> raw = io.FileIO('filename.txt', 'r')          # 原始的二進位模式
>>> buffer = io.BufferedReader(raw)           # 有緩衝的二進位讀取器
>>> file = io.TextIOWrapper(buffer, encoding='utf-8')     # 文字模式
>>>
```

一般情況下,你不需要像這樣手動逐層建構,內建的 open() 函式會負責處理所有的工作。然而,如果你已經有了一個既存的檔案物件,並想以某種方式改變它的處理方式,你就能如前面所示的那樣操作各個抽象層。

要剝離抽象層,就用檔案的 detach() 方法。例如,這裡顯示你如何將一個已經是文字模式的檔案轉換成二進位模式的檔案:

```
f = open('something.txt', 'rt')    # 文字模式檔案
fb = f.detach()                    # 分離(detach)底層的二進位模式檔案
data = fb.read()                   # 回傳位元組
```

9.7.1 檔案方法

open() 回傳之物件的確切型別取決於所提供的檔案模式和緩衝選項組合。不過所產生的檔案物件會支援表 9.4 中的方法：

表 9.4 檔案方法

方法	描述
f.readable()	如果檔案可被讀取就回傳 True。
f.read([n])	最多讀取 n 個位元組。
f.readline([n])	讀取單一行輸入，最多 n 個字元。若 n 被省略，此方法就會讀取一整行。
f.readlines([size])	讀取所有的文字行，並回傳一個串列。size 選擇性地指定停止前要讀取檔案上大約多少數目的字元。
f.readinto(buffer)	將資料讀取至一個記憶體緩衝區（memory buffer）。
f.writable()	如果檔案可寫入，就回傳 True。
f.write(s)	寫入字串 s。
f.writelines(lines)	以可迭代（iterable）的 lines 寫入所有字串。
f.close()	關閉檔案。
f.seekable()	如果檔案支援隨機存取的搜尋（random-access seeking）就回傳 True。
f.tell()	回傳目前的檔案指標（current file pointer）。
f.seek(offset [, where])	搜尋（seek）至一個新的檔案位置。
f.isatty()	如果 f 是一個互動式終端（interactive terminal）就回傳 True。
f.flush()	排清（flushes）輸出緩衝區（output buffers）。
f.truncate([size])	截斷（truncates）檔案為至多 size 個位元組。
f.fileno()	回傳一個整數的檔案描述元（integer file descriptor）。

readable()、writeable() 和 seekable() 方法測試所支援的檔案能力和模式。read() 方法將整個檔案作為一個字串回傳，除非有選擇性的長度參數指定了最大字元數。readline() 方法回傳下一行輸入，包括結尾的換行；readlines() 方法將輸入檔案的所有內容當作一個字串串列回傳。readline() 方法選擇性地接受一個最大行長度 n，如果讀到一個超過 n 個字元的文字行，則回傳前 n 個字元。剩餘的行資料不會被丟棄，將在隨後的讀取運算中回傳。readlines() 方法接受一個 size 參數，指定在停止之前大約要讀取的字元數。實際讀取的字元數可能會大於這個數字，這取決於有多少資料已經被緩衝了。readinto() 方法用來避免記憶體拷貝（memory copies），將在後面討論。

read() 和 readline() 透過回傳一個空字串（empty string）來表示檔案結尾（end-of-file，EOF）。因此，下面的程式碼顯示了如何檢測一個 EOF 條件：

```
while True:
    line = file.readline()
    if not line:               # EOF
        break
    statements
    ...
```

你也可以把這段程式碼寫成這樣：

```
while (line:=file.readline()):
    statements
    ...
```

讀取一個檔案中所有文字行的一種便利途徑，是使用一個 for 迴圈進行迭代：

```
for line in file:      # 迭代過檔案中的所有文字行
    # 用每個文字行來做些事情
    ...
```

write() 方法將資料寫入檔案，而 writelines() 方法將字串所構成的一個可迭代物件（iterable）寫入檔案。write() 和 writelines() 不會在輸出中添加換行字元，所以你產生的所有輸出應該已經包括所有必要的格式化。

在內部，開啟的每個檔案物件都持有一個檔案指標，該指標儲存了下一次讀或寫運算將發生的位元組偏移量（byte offset）。tell() 方法回傳檔案指標目前的值。給定一個整數的 offset 和 whence 中的一個放置規則（placement rule），seek(offset [,whence]) 方法用來隨機存取一個檔案的各個部分。如果 whence 是 os.SEEK_SET（預設值），seek() 會假設偏移量是相對於檔案開頭來計算的；如果 whence 是 os.SEEK_CUR，位置會相對於當前位置來移動；如果 whence 是 os.SEEK_END，偏移量則是從檔案結尾開始計算。

fileno() 方法回傳檔案的整數檔案描述元（integer file descriptor），有時在某些程式庫模組的低階 I/O 運算中會使用。例如，fcntl 模組使用檔案描述元來提供 UNIX 系統上的低階檔案控制運算。

readinto() 方法是用來對連續的記憶體緩衝區進行零拷貝的 I/O（zero-copy I/O）。它最常與專門的程式庫（如 numpy）結合使用：例如直接將資料讀到配置給一個數值陣列的記憶體中。

檔案物件也具有表 9.5 中所列的唯讀資料屬性。

表 9.5　檔案屬性

屬性	描述
f.closed	指出檔案狀態的 Boolean 值：False 代表檔案已開啟，True 代表已關閉。
f.mode	檔案的 I/O 模式（mode）。
f.name	如果是用 open() 創建的，就是檔案的名稱。否則，它會是指出檔案來源的一個字串。
f.newlines	實際在檔案中找到的換行表徵（newline representation）。這個值要不是在沒遇到 newlines 時的 None，就是包含 '\n'、'\r' 或 '\r\n' 的一個字串，又或者是含有所見到的所有換行編碼的一個元組。
f.encoding	指出檔案編碼的一個字串，如果有的話（例如 'latin-1' 或 'utf-8'）。若沒使用任何編碼，這個值就會是 None。
f.errors	錯誤處理策略（error handling policy）。
f.write_through	一個 Boolean 值，指出在一個文字檔案上的寫入動作是否會直接將資料傳遞給底層的二元層級檔案，不帶有緩衝。

9.8　標準輸入、輸出和錯誤

直譯器提供了三個標準的類檔案物件（file-like objects），稱為標準輸入（standard input）、標準輸出（standard output）和標準錯誤（standard error），分別以 sys.stdin、sys.stdout 和 sys.stderr 的形式提供使用。stdin 是一個檔案物件，對應到供給直譯器的輸入字元串流，stdout 是接收 print() 所產生的輸出的檔案物件，stderr 是接收錯誤訊息的一個檔案。大多時候，stdin 被映射到使用者的鍵盤（keyboard）上，而 stdout 和 stderr 則在螢幕（screen）上產生文字。

上一節中描述的方法可以用來與使用者進行 I/O。例如，下面的程式碼寫到標準輸出，並從標準輸入讀取一行輸入：

```
import sys
sys.stdout.write("Enter your name: ")
name = sys.stdin.readline()
```

另外，內建函式 input(prompt) 也可以從 stdin 讀取一行文字，並可選擇性地印出一個提示（prompt）：

```
name = input("Enter your name: ")
```

由 input() 讀取的文字行不包括尾隨的換行字元。這與直接從 sys.stdin 讀取不同，後者在輸入文字中包含換行。

若有必要，sys.stdout、sys.stdin 和 sys.stderr 的值可以用其他檔案物件替換，在這種情況下，print() 和 input() 函式將使用新的值。如果有必要復原 sys.stdout 原本的值，應該先把它儲存起來。直譯器啟動時 sys.stdout、sys.stdin 和 sys.stderr 原本的值，也分別可在 sys.__stdout__、sys.__stdin__ 和 sys.__stderr__ 中取用。

9.9　目錄

要獲得一個目錄列表（directory listing），就使用 os.listdir(pathname) 函式。例如，這裡是列印出一個目錄中檔名串列的方式：

```
import os

names = os.listdir('dirname')
for name in names:
    print(name)
```

listdir() 所回傳的名稱通常會依據 sys.getfilesystemencoding() 回傳的編碼進行解碼。如果你以位元組指定初始路徑，檔名將以未解碼的位元組字串形式回傳。比如說：

```
import os

# 回傳原始未解碼的名稱
names = os.listdir(b'dirname')
```

與目錄列表有關的一個實用運算是根據一個模式（pattern）來匹配（matching）檔案名稱，這被稱為 *globbing*。pathlib 模組可以用於這一目的。例如，這裡有匹配特定目錄中所有 *.txt 檔案的例子：

```
import pathlib

for filename in pathlib.Path('dirname').glob('*.txt')
    print(filename)
```

如果你使用 rglob() 而不是 glob()，它將遞迴地搜尋所有子目錄中與模式匹配的檔名。glob() 和 rglob() 函式都會回傳一個產生器（generator），可透過迭代產出檔名。

9.10　print() 函式

要列印（print）一系列用空格分隔的值，可以像這樣把它們全部提供給 print()：

```
print('The values are', x, y, z)
```

要抑制或改變行結尾，請使用 end 關鍵字引數：

```
# 抑制 newline
print('The values are', x, y, z, end='')
```

要將輸出重導（redirect）到一個檔案，請使用 file 關鍵字引數：

```
# 重導至檔案物件 f
print('The values are', x, y, z, file=f)
```

要改變項目之間的分隔字元（separator character），請使用 sep 關鍵字引數：

```
# 在印出的值之間放上逗號
print('The values are', x, y, z, sep=',')
```

9.11　產生輸出

直接處理檔案是程式設計師最熟悉的。然而，產生器函式（generator functions）也可以用來將一個 I/O 串流（I/O stream）作為資料片段的一個序列發出。若想做到這一點，要像使用 write() 或 print() 函式那樣使用 yield 述句。下面是一個例子：

```
def countdown(n):
    while n > 0:
        yield f'T-minus {n}\n'
        n -= 1
    yield 'Kaboom!\n'
```

以這種方式產生一個輸出串流提供了彈性，因為它與實際引導串流到預定目的地的程式碼解耦（decoupled）了。例如，如果你想將上述輸出繞送（route）到一個檔案 f，你可以這樣做：

```
lines = countdown(5)
f.writelines(lines)
```

如果，你是想要把輸出透過一個 socket s 重導出去，你可以這樣做：

```
for chunk in lines:
    s.sendall(chunk.encode('utf-8'))
```

又或者，如果你只是想把所有的輸出捕獲為單一個字串，你可以這樣做：

```
out = ''.join(lines)
```

更進階的應用可以透過這種做法來實作自己的 I/O 緩衝。例如，一個產生器可以發出小型的文字片段，而另一個函式會將這些片段收集到更大型的緩衝區，以創造更有效率的單一 I/O 運算。

```
chunks = []
buffered_size = 0
for chunk in count:
    chunks.append(chunk)
    buffered_size += len(chunk)
    if buffered_size >= MAXBUFFERSIZE:
        outf.write(''.join(chunks))
        chunks.clear()
        buffered_size = 0
outf.write(''.join(chunks))
```

對於將輸出繞送到檔案或網路連線的程式，產生器的做法也可以大大減少記憶體的用量，因為整個輸出串流往往能以小型片段為單位來產生並處理，而非先收集成一個大型的輸出字串或字串串列。

9.12　消耗輸入

對於消耗（consume）零散輸入的程式來說，增強型產生器（enhanced generators）對於解碼協定和 I/O 的其他面向是非常有用的。下面是增強型產生器的一個例子，它接收位元組片段（byte fragments）並將其組裝成行（lines）：

```
def line_receiver():
    data = bytearray()
    line = None
    linecount = 0
    while True:
        part = yield line
        linecount += part.count(b'\n')
        data.extend(part)
        if linecount > 0:
            index = data.index(b'\n')
            line = bytes(data[:index+1])
            data = data[index+1:]
            linecount -= 1
        else:
            line = None
```

在這個例子中，一個產生器被設計為接受被收集到一個位元組陣列中的位元組片段。如果該陣列中包含一個換行字元，就會提取並回傳一行，否則就會回傳 None。下面是一個例子，說明它的運作方式：

```
>>> r = line_receiver()
>>> r.send(None)    # 必要的第一步
>>> r.send(b'hello')
>>> r.send(b'world\nit ')
b'hello world\n'
>>> r.send(b'works!')
>>> r.send(b'\n')
b'it works!\n'
>>>
```

這種方法的一個有趣的副作用是，它外部化（externalizes）了為獲得輸入資料而必須進行的實際 I/O 運算。具體而言，line_receiver() 的實作完全不包含任何 I/O 運算！這意味著它可以在不同的情境下使用。例如，使用 sockets 的時候：

```
r = line_receiver()
data = None
while True:
    while not (line:=r.send(data)):
        data = sock.recv(8192)

    # 處理文字行
    ...
```

或使用檔案時：

```
r = line_receiver()
data = None
while True:
    while not (line:=r.send(data)):
        data = file.read(10000)

    # 處理文字行
    ...
```

或甚至是在非同步程式碼（asynchronous code）中：

```
async def reader(ch):
    r = line_receiver()
    data = None
    while True:
        while not (line:=r.send(data)):
            data = await ch.receive(8192)
```

```
# 處理文字行
...
```

9.13   物件序列化

有時，我們必須序列化（serialize）一個物件的表徵（representation），以讓它可以在網路上傳輸、保存到檔案中，或儲存在資料庫中。這麼做的一種方法是將資料轉換成標準的編碼，如 JSON 或 XML。還有一種常見的 Python 限定的資料序列化格式，叫做 *Pickle*。

pickle 模組將一個物件序列化為一個位元組串流（a stream of bytes），能在之後的時間點上用以重建該物件。pickle 的介面很簡單，由兩個運算組成：dump() 和 load()。例如，下列程式碼會將一個物件寫到一個檔案中：

```python
import pickle
obj = SomeObject()
with open(filename, 'wb') as file:
    pickle.dump(obj, file)          # 將物件儲存到檔案
```

要復原（restore）該物件，就用：

```python
with open(filename, 'rb') as file:
    obj = pickle.load(file)         # 復原該物件
```

pickle 所用的資料格式有自己的記錄架構。因此，一連串的物件可以透過一個接一個的 dump() 運算被保存。要恢復這些物件，只需使用類似的 load() 運算序列就行了。

對於網路程式設計，通常會使用 pickle 來創建位元組編碼的訊息（byte-encoded messages）。要那樣做，就使用 dumps() 和 loads()。這些函式不是從檔案讀寫資料，而是處理位元組字串（byte strings）：

```python
obj = SomeObject()

# 將一個物件轉為位元組
data = pickle.dumps(obj)
...

# 將位元組轉回一個物件
obj = pickle.loads(data)
```

一般情況下，使用者定義的物件不需要做任何額外的事情就能與 pickle 配合使用。然而，某些種類的物件不能「被醃漬（pickled）」。那些往往是包含執行時期狀態（runtime state）的物件：已開啟的檔案、執行緒、閉包（closures）、產生器等等。為了處理這些棘手的案例，一個類別可以定義特殊方法 __getstate__() 和 __setstate__()。

若是定義了 __getstate__() 方法，它將被呼叫來創建一個代表物件狀態的值。由 __getstate__() 回傳的值通常是一個字串、元組、串列或字典。__setstate__() 方法會在「解醃漬（unpickling）」的過程中收到這個值，並且應該從該值復原出一個物件的狀態。

編碼一個物件時，pickle 並不會納入底層的原始碼本身。取而代之，它會編碼指向進行定義的類別的一個名稱參考。進行 unpickling 時，這個名稱會被用來在系統上做出原始碼的查找動作。為了使 unpickling 順利進行，一個 pickle 的接收者必須已經安裝了適當的原始碼。同樣重要的是，必須強調 pickle 本質上是不安全的：解開不受信任的資料是遠端程式碼執行的一種已知載體。因此，只有當你能完全保證執行環境的安全時，再行使用 pickle。

9.14　阻斷式運算（Blocking Operations）和共時性（Concurrency）

I/O 的一個基本面向是阻斷（*blocking*）的概念。就其本質而言，I/O 是與現實世界相連的。它經常涉及等候輸入或裝置的就緒。例如，讀取網路上資料的程式碼可能會在一個 socket（通訊端）上執行這樣的接收運算（receive operation）：

```
data = sock.recv(8192)
```

這個述句執行時，若有資料可用，它可能會立即回傳。然而，如果情況不是如此，它將停止，以等待資料的到來。這就是阻斷（blocking），此時程式被阻斷（blocked）了，其他什麼事情都不會發生。

對於一個資料分析指令稿或簡單的程式來說，阻斷並不是你要擔心的事情。然而，如果你想讓你的程式在運算被阻斷時做其他事情，你將需要採取不同途徑。這就是共時性（concurrency）的基本問題：如何讓一個程式同時做一件以上的事情。一個常見的問題是讓一個程式同時在兩個或多個不同的網路通訊端（network sockets）上進行讀取：

```
def reader1(sock):
    while (data := sock.recv(8192)):
        print('reader1 got:', data)

def reader2(sock):
    while (data := sock.recv(8192)):
        print('reader2 got:', data)

# 問題：如何使 reader1() 和 reader2()
# 同時執行？
```

本節的其餘部分概述了解決這種問題的一些不同做法。然而，它並非要成為關於共時性的完整教程。為此，你將需要查閱其他資源。

9.14.1　非阻斷式 I/O

避免阻斷的一種途徑是使用所謂的非阻斷式 I/O（*nonblocking I/O*）。這是一種必須啟用的特殊模式（mode）：例如，在一個 socket 上：

```
sock.setblocking(False)
```

一旦啟用，現在若有一個運算被阻斷，就會產生一個例外。比如說：

```
try:
    data = sock.recv(8192)
except BlockingIOError as e:
    # 沒有資料可用
    ...
```

為了應對 BlockingIOError，程式可以選擇進行其他的工作。它可以稍後重試 I/O 運算，看看是否有資料抵達。例如，以下是如何同時在兩個 sockets 上進行讀取：

```
def reader1(sock):
    try:
        data = sock.recv(8192)
        print('reader1 got:', data)
    except BlockingIOError:
        pass

def reader2(sock):
    try:
        data = sock.recv(8192)
        print('reader2 got:', data)
    except BlockingIOError:
        pass
```

```
def run(sock1, sock2):
    sock1.setblocking(False)
    sock2.setblocking(False)
    while True:
        reader1(sock1)
        reader2(sock2)
```

在實務上，僅僅依靠非阻斷式 I/O 是笨拙且效率低下的。例如，這個程式的核心是結尾處的 run() 函式。它將在一個沒效率的繁忙迴圈中執行，因為它會不斷嘗試在 sockets 上進行讀取。這行得通，但不是良好的設計。

9.14.2　I/O 輪詢（Polling）

與其仰賴例外和不斷「自轉（spinning）」，不如對 I/O 頻道進行輪詢（poll），看看是否有資料可用。select 或 selectors 模組可用於此目的。例如，這裡是 run() 函式稍加修改過的一個版本：

```
from selectors import DefaultSelector, EVENT_READ, EVENT_WRITE

def run(sock1, sock2):
    selector = DefaultSelector()
    selector.register(sock1, EVENT_READ, data=reader1)
    selector.register(sock2, EVENT_READ, data=reader2)
    # 等候某些事情發生
    while True:
        for key, evt in selector.select():
            func = key.data
            func(key.fileobj)
```

在這段程式碼中，每當在相應的 socket 上檢測到 I/O 時，迴圈就會調度 reader1() 或 reader2() 函式作為一個 callback（回呼）。selector.select() 運算本身會阻斷，等待 I/O 的發生。因此，不同於前一個例子，這不會使得 CPU 瘋狂自轉。

這種處理 I/O 的做法是許多所謂的「非同步（async）」框架（如 asyncio）的基礎，儘管你通常看不到事件迴圈（event loop）的內部運作方式。

9.14.3　執行緒

在前兩個例子中，共時性需要使用一個特殊的 run() 函式來驅動計算。作為一種替代方式，你可以使用 threading 模組進行執行緒（thread）的程式設計。把執行緒想像成在你程式內執行的一個獨立的任務（an independent task）。這裡有段程式碼範例，它會一次在兩個 sockets 上讀取資料：

```
import threading

def reader1(sock):
    while (data := sock.recv(8192)):
        print('reader1 got:', data)

def reader2(sock):
    while (data := sock.recv(8192)):
        print('reader2 got:', data)

t1 = threading.Thread(target=reader1, args=[sock1])
t2 = threading.Thread(target=reader2, args=[sock2])

# 啟動這些執行緒
t1.start()
t2.start()

# 等候執行緒完成
t1.join()
t2.join()
```

在這個程式中，`reader1()` 和 `reader2()` 函式共時執行（execute concurrently）。這是由主機作業系統管理的，所以你不需要太了解它的運作方式。如果一個執行緒中發生了阻斷式運算，它不會影響到另一個執行緒。

「執行緒程式設計（thread programming）」這個主題，就整體而言，超出了本書的範圍。然而，在本章後面介紹 threading 模組的部分，有提供一些額外的例子。

9.14.4　使用 asyncio 的共時執行

asyncio 模組提供了一種替代執行緒的共時性實作（concurrency implementation）。在內部，它的基礎是一個使用 I/O 輪詢（I/O polling）的事件迴圈（event loop）。然而，藉由使用特殊的 async 函式，其高階的程式設計模型看起來與執行緒非常相似。下面是一個例子：

```
import asyncio

async def reader1(sock):
    loop = asyncio.get_event_loop()
    while (data := await loop.sock_recv(sock, 8192)):
```

```
        print('reader1 got:', data)

async def reader2(sock):
    loop = asyncio.get_event_loop()
    while (data := await loop.sock_recv(sock, 8192)):
        print('reader2 got:', data)

async def main(sock1, sock2):
    loop = asyncio.get_event_loop()
    t1 = loop.create_task(reader1(sock1))
    t2 = loop.create_task(reader2(sock2))

    # 等候任務完成
    await t1
    await t2

...
# 執行之
asyncio.run(main(sock1, sock2))
```

使用 asyncio 的完整細節需要自己的專門書籍。你應該知道的是，許多程式庫和框架都宣傳支援非同步運算（asynchronous operation）。通常這意味著透過 asyncio 或類似的模組支援共時執行。其中許多程式碼可能都涉及到 async 函式和相關的功能。

9.15 標準程式庫模組

有為數眾多的標準程式庫模組（standard library modules）可用於各種 I/O 相關的任務。本節簡要介紹了常用的模組，並列舉了一些例子。完整的參考資料可以在線上或 IDE 中找到，這裡不再重複。本節的主要目的是藉由提供你應該使用的模組之名稱，以及每個模組所涉及的一些非常普遍的程式設計任務範例，來為你指出正確的方向。

有許多例子是以互動式 Python 工作階段（Python sessions）的形式呈現的。那些都是鼓勵你自行嘗試的實驗。

9.15.1 asyncio 模組

asyncio 模組使用 I/O 輪詢（I/O polling）和底層的事件迴圈（event loop）為共時 I/O 運算提供支援。它的主要用途是在涉及網路和分散式系統（distributed systems）

的程式碼中。下面是使用低階通訊端（low-level sockets）的一個 TCP 回聲伺服器
（echo server）範例：

```python
import asyncio
from socket import *

async def echo_server(address):
    loop = asyncio.get_event_loop()
    sock = socket(AF_INET, SOCK_STREAM)
    sock.setsockopt(SOL_SOCKET, SO_REUSEADDR, 1)
    sock.bind(address)
    sock.listen(5)
    sock.setblocking(False)
    print('Server listening at', address)
    with sock:
        while True:
            client, addr = await loop.sock_accept(sock)
            print('Connection from', addr)
            loop.create_task(echo_client(loop, client))

async def echo_client(loop, client):
    with client:
        while True:
            data = await loop.sock_recv(client, 10000)
            if not data:
                break
            await loop.sock_sendall(client, b'Got:' + data)
    print('Connection closed')

if __name__ == '__main__':
    loop = asyncio.get_event_loop()
    loop.create_task(echo_server(('', 25000)))
    loop.run_forever()
```

要測試這段程式碼，就用一個程式，例如 nc 或 telnet，連接到你機器上的 25000 通
訊埠（port）。這段程式碼應該會 echo（重複）你所輸入的文字。如果你使用多個終
端視窗（terminal windows）連接一次以上，你會發現此程式碼可以同時處理所有的
連線。

大多數使用 asyncio 的應用程式可能會在比通訊端（sockets）更高的層次上運算。
然而，在那樣的應用程式中，你仍然必須利用特殊的 async 函式，並以某種方式與
底層的事件迴圈進行互動。

9.15.2　binascii 模組

binascii 模組的功能是將二進位資料（binary data）轉換為各種基於文字的表徵（text-based representations），如十六進位（hexadecimal）和 base64。比如說：

```
>>> binascii.b2a_hex(b'hello')
b'68656c6c6f'
>>> binascii.a2b_hex(_)
b'hello'
>>> binascii.b2a_base64(b'hello')
b'aGVsbG8=\n'
>>> binascii.a2b_base64(_)
b'hello'
>>>
```

類似的功能可以在 base64 模組中找到，也可以透過 bytes 的 hex() 和 fromhex() 方法找到。比如說：

```
>>> a = b'hello'
>>> a.hex()
'68656c6c6f'
>>> bytes.fromhex(_)
b'hello'
>>> import base64
>>> base64.b64encode(a)
b'aGVsbG8='
>>>
```

9.15.3　cgi 模組

所以，假設你只是想在你的網站上放一個基本的表單（form）。也許它是你的「Cats and Categories」每週通訊的註冊表單。當然，你可以安裝最新的 Web 框架，然後把你所有的時間拿來擺弄它。又或者，你也可以只寫一個基本的 CGI 指令稿，老派的做法。cgi 模組就是用來做這個的。

假設你在一個網頁上有下列的表單片段：

```
<form method="POST" action="cgi-bin/register.py">
   <p>
   To register, please provide a contact name and email address.
   </p>
   <div>
      <input name="name" type="text">Your name:</input>
   </div>
```

```
  <div>
    <input name="email" type="email">Your email:</input>
  </div>
  <div class="modal-footer justify-content-center">
    <input type="submit" name="submit" value="Register"></input>
  </div>
</form>
```

這裡有在另一端接收這個表單資料的一個 CGI 指令稿：

```
#!/usr/bin/env python
import cgi
try:
    form = cgi.FieldStorage()
    name = form.getvalue('name')
    email = form.getvalue('email')
    # 驗證回應（responses）並做些事情
    ...
    # 產生一個 HTML 結果（或重導）
    print("Status: 302 Moved\r")
    print("Location: https://www.mywebsite.com/thanks.html\r")
    print("\r")
except Exception as e:
    print("Status: 501 Error\r")
    print("Content-type: text/plain\r")
    print("\r")
    print("Some kind of error occurred.\r")
```

撰寫這樣的 CGI 指令稿會讓你在網路新創公司得到一份工作嗎？可能不會。它能解決你的實際問題嗎？很有可能。

9.15.4 configparser 模組

INI 檔案是一種常見的格式，用來以人類可讀（human-readable）的形式編碼程式組態資訊（configuration information）。這裡有個例子：

```
# config.ini

; A comment
[section1]
name1 = value1
name2 = value2

[section2]
; Alternative syntax
```

```
name1: value1
name2: value2
```

configparser 模組用來讀取 .ini 檔案並擷取出其中的值。下面是一個基本的例子：

```
import configparser

# 創建一個組態剖析器（config parser）並讀取一個檔案
cfg = configparser.ConfigParser()
cfg.read('config.ini')

# 擷取組態值
a = cfg.get('section1', 'name1')
b = cfg.get('section2', 'name2')
...
```

還有更多的進階功能可用，包括字串內插（string interpolation）功能、合併多個 .ini 檔案的能力、提供預設值等等。更多的例子請查閱官方說明文件。

9.15.5　csv 模組

csv 模組用來讀寫由 Microsoft Excel 等程式所產生、或從資料庫匯出的逗號分隔值（comma-separated values，CSV）檔案。要使用它，請先開啟一個檔案，然後在它周圍包裹額外的一個 CSV 編解碼層。比如說：

```
import csv

# 把一個 CSV 檔案讀為一個元組串列
def read_csv_data(filename):
    with open(filename, newline='') as file:
        rows = csv.reader(file)
        # 第一行通常是標頭（header）。這會讀取它
        headers = next(rows)
        # 現在讀取其餘的資料
        for row in rows:
            # 用 row 來做一些事情
            ...

# 把 Python 資料寫到一個 CSV 檔案
def write_csv_data(filename, headers, rows):
    with open(filename, 'w', newline='') as file:
        out = csv.writer(file)
        out.writerow(headers)
        out.writerows(rows)
```

一個常見的便利做法是使用 DictReader() 來代替。這會將 CSV 檔案的第一行解釋為標頭，並將每一列（row）作為字典而非元組回傳：

```python
import csv

def find_nearby(filename):
    with open(filename, newline='') as file:
        rows = csv.DictReader(file)
        for row in rows:
            lat = float(rows['latitude'])
            lon = float(rows['longitude'])
            if close_enough(lat, lon):
                print(row)
```

csv 模組除了讀取或寫入 CSV 資料外，對 CSV 資料沒有什麼作用。所提供的主要好處是，該模組知道如何正確地對資料進行編解碼，並處理很多涉及引號、特殊字元和其他細節的邊緣情況。你可能會用這個模組來編寫簡單指令稿，用以清理或準備要用於其他程式的資料。如果你想用 CSV 資料進行資料分析任務，可以考慮使用第三方套件，如熱門的 pandas 程式庫。

9.15.6　errno 模組

每當有系統層級的錯誤（system-level error）發生，Python 都會用 OSError 的某個子類別作為例外來回報它。一些更常見的系統錯誤由 OSError 的個別子類別表示，例如 PermissionError 或 FileNotFoundError。然而，實務上還有數以百計的其他錯誤可能發生。為此，任何的 OSError 例外都帶有一個數值的 errno 屬性可以檢視。errno 模組提供了對應這些錯誤碼（error codes）的符號常數（symbolic constants）。它們經常在編寫專門的例外處理器（exception handlers）時被使用。例如，這裡有一個例外處理器，用來檢查某個裝置上是否有剩餘空間：

```python
import errno

def write_data(file, data):
    try:
        file.write(data)
    except OSError as e:
        if e.errno == errno.ENOSPC:
            print("You're out of disk space!")
        else:
            raise        # 某些其他錯誤。傳播出去
```

9.15.7 fcntl 模組

fcntl 模組用在 UNIX 上透過 fcntl() 和 ioctl() 系統呼叫（system calls）進行低階的 I/O 控制運算。如果你想執行任何類型的檔案鎖定（file locking，這是共時和分散式系統中有時會出現的問題），這也是要使用的模組。下面這個例子使用 fcntl.flock() 結合跨越所有行程的互斥鎖定（mutual exclusion locking）來開啟一個檔案：

```
import fcntl

with open("somefile", "r") as file:
    try:
        fcntl.flock(file.fileno(), fcntl.LOCK_EX)
        # 使用該檔案
        ...
    finally:
        fcntl.flock(file.fileno(), fcntl.LOCK_UN)
```

9.15.8 hashlib 模組

hashlib 模組提供函式來計算加解密雜湊值（cryptographic hash values），例如 MD5 和 SHA-1。接下來的例子說明如何使用該模組：

```
>>> h = hashlib.new('sha256')
>>> h.update(b'Hello')     # 餵入資料
>>> h.update(b'World')
>>> h.digest()
b'\xa5\x91\xa6\xd4\x0b\xf4 @J\x01\x173\xcf\xb7\xb1\x90\xd6,e\xbf\x0b\xcd
\xa3+W\xb2w\xd9\xad\x9f\x14n'
>>> h.hexdigest()
'a591a6d40bf420404a011733cfb7b190d62c65bf0bcda32b57b277d9ad9f146e'
>>> h.digest_size
32
>>>
```

9.15.9 http 套件

http 套件包含了大量與 HTTP 網際網路協定低階實作有關的程式碼，可以用來實作伺服器（servers）和客戶端（clients）。然而，這個套件的大部分被認為是傳統舊有的，對於日常工作來說也太低階了。認真要處理 HTTP 的程式設計師更傾向於使用第三方程式庫，例如 requests、httpx、Django、flask 等。

儘管如此，http 套件的一個實用的復活節彩蛋（easter egg）是讓 Python 能夠執行一個獨立的 Web 伺服器。進入一個放有一些檔案的目錄，並輸入以下內容：

```
bash $ python -m http.server
Serving HTTP on 0.0.0.0 port 8000 (http://0.0.0.0:8000/) ...
```

現在，如果你把瀏覽器指向正確的通訊埠，Python 就會把那些檔案提供給你的瀏覽器。你不會用它來經營一個網站，但它對測試和除錯與網路有關的程式很有用。例如，作者曾用它在本地測試涉及 HTML、Javascript 和 WebAssembly 混合體的程式。

9.15.10　io 模組

io 模組包含的類別定義，主要用於實作 open() 函式所回傳的檔案物件。直接取用這些類別並不那麼常見。然而，該模組還包含一對類別，它們很適合用來以字串和位元組的形式「偽造（faking）」出一個檔案。這對於測試和其他需要提供「檔案」但資料是以不同方式獲得的情況很有用。

StringIO() 類別在字串之上提供了一個類檔案（file-like）的介面。例如，這裡是你可以把輸出寫入一個字串的方式：

```python
# 預期一個檔案的函式
def greeting(file):
    file.write('Hello\n')
    file.write('World\n')

# 使用一個真正的檔案呼叫該函式
with open('out.txt', 'w') as file:
    greeting(file)

# 以一個「偽造」的檔案呼叫該函式
import io
file = io.StringIO()
greeting(file)

# 取得所產生的輸出
output = file.getvalue()
```

同樣地，你也可以創建一個 StringIO 物件並用它來進行讀取：

```python
file = io.StringIO('hello\nworld\n')
while (line := file.readline()):
    print(line, end='')
```

BytesIO() 類別也有相似的作用，但它是用來以位元組模擬二進位 I/O 的。

9.15.11 json 模組

json 模組可以用來對 JSON 格式的資料進行編碼和解碼，通常用於微服務（microservices）和 Web 應用程式的 API 中。有兩個基本函式用於資料轉換：dumps() 和 loads()。dumps() 接受一個 Python 字典並將其編碼為 JSON Unicode 字串：

```
>>> import json
>>> data = { 'name': 'Mary A. Python', 'email': 'mary123@python.org' }
>>> s = json.dumps(data)
>>> s
'{"name": "Mary A. Python", "email": "mary123@python.org"}'
>>>
```

loads() 函式則朝反方向進行：

```
>>> d = json.loads(s)
>>> d == data
True
>>>
```

dumps() 和 loads() 函式都有許多選項來控制轉換的各個面向，並與 Python 類別實體進行互動。那超出了本節的範圍，但在官方說明文件中有大量的資訊可參閱。

9.15.12 logging 模組

logging 模組是用來回報程式診斷資訊和列印風格除錯（print-style debugging）的業界標準（de facto standard）模組。它可以用來將輸出繞送到一個記錄檔案（log file），並提供為數眾多的組態選項。有種常見的實務做法是編寫程式碼創建出一個 Logger（記錄器）實體，並在其上發佈訊息，像這樣：

```
import logging
log = logging.getLogger(__name__)

# 使用 logging 的函式
def func(args):
    log.debug("A debugging message")
    log.info("An informational message")
    log.warning("A warning message")
    log.error("An error message")
    log.critical("A critical message")
```

```
# logging 的組態設定（在程式啟動時發生一次）
if __name__ == '__main__':
    logging.basicConfig(
        level=logging.WARNING,
        filename="output.log"
    )
```

有五種內建的記錄層級（levels of logging），依照遞增的嚴重程度排序。在設定記錄系統（logging system）時，你會指定一個級別，作為一個過濾器。只有處於該級別或更嚴重的資訊才會被回報。日誌提供了大量的組態選項，大部分與記錄訊息（log messages）的後端處理有關。通常你在編寫應用程式碼時並不需要知道那些：你會在某個給定的 Logger 實體上使用 debug()、info()、warning() 和類似的方法。任何特殊的組態設定都是在程式啟動時於一個特別的位置（如 main() 函式或主程式碼區塊）進行的。

9.15.13　os 模組

os 模組為常見的作業系統功能提供了一個可移植的介面（portable interface），通常與行程（process）環境、檔案、目錄、權限（permissions）等相關。其程式設計介面密切遵循 C 程式設計和標準，如 POSIX。

實務上來說，這個模組的大部分內容可能太過低階，無法直接用於典型的應用程式中。然而，如果你曾經面臨必須執行一些晦澀難懂的低階系統運算的問題（例如開啟一個 TTY），你很有可能會在此找到相關的功能。

9.15.14　os.path 模組

os.path 模組是一個傳統模組，用來操作路徑名稱（pathnames）和在檔案系統（filesystem）上執行常見的運算。它的功能在很大程度上已經被較新的 pathlib 模組所取代，但由於它的使用仍然很廣泛，你還是持續會在很多程式碼中看到它。

這個模組解決的一個基本問題是如何在 UNIX（正斜線 /）和 Windows（反斜線 \）上處理路徑分隔符號（path separators）。像是 os.path.join() 和 os.path.split() 之類的函式經常被用來分解檔案路徑，或將它們重新組合起來：

```
>>> filename = '/Users/beazley/Desktop/old/data.csv'
>>> os.path.split()
('/Users/beazley/Desktop/old', 'data.csv')
```

```
>>> os.path.join('/Users/beazley/Desktop', 'out.txt')
'/Users/beazley/Desktop/out.txt'
>>>
```

在此有一段範例程式碼用了這些函式：

```
import os.path

def clean_line(line):
    # 清理文字行（或之類的動作）
    return line.strip().upper() + '\n'

def clean_data(filename):
    dirname, basename = os.path.split()
    newname = os.path.join(dirname, basename+'.clean')
    with open(newname, 'w') as out_f:
        with open(filename, 'r') as in_f:
            for line in in_f:
                out_f.write(clean_line(line))
```

os.path 模組也有幾個函式，例如 isfile()、isdir() 和 getsize()，可用來對檔案系統進行測試和獲取檔案的詮釋資料（file metadata）。例如，這個函式回傳一個簡單檔案或一個目錄中所有檔案的總大小，單位是位元組：

```
import os.path

def compute_usage(filename):
    if os.path.isfile(filename):
        return os.path.getsize(filename)
    elif os.path.isdir(filename):
        return sum(compute_usage(os.path.join(filename, name))
                    for name in os.listdir(filename))
    else:
        raise RuntimeError('Unsupported file kind')
```

9.15.15　pathlib 模組

pathlib 模組是以可移植和高階的方式處理路徑名稱的現代做法。它將許多檔案導向的功能結合在一起，並使用一種物件導向的介面。其核心物件是 Path 類別。比如說：

```
from pathlib import Path

filename = Path('/Users/beazley/old/data.csv')
```

一旦你有了 Path 的一個實體 filename，你就可以對它進行各種運算來操作檔案名
稱。比如說：

```
>>> filename.name
'data.csv'
>>> filename.parent
Path('/Users/beazley/old')
>>> filename.parent / 'newfile.csv'
Path('/Users/beazley/old/newfile.csv')
>>> filename.parts
('/', 'Users', 'beazley', 'old', 'data.csv')
>>> filename.with_suffix('.csv.clean')
Path('/Users/beazley/old/data.csv.clean')
>>>
```

Path 實體也有獲取檔案詮釋資料、取得目錄列表用的函式，以及其他類似的函式。
以下是對前一節中 compute_usage() 函式的重新實作：

```
import pathlib

def compute_usage(filename):
    pathname = pathlib.Path(filename)
    if pathname.is_file():
        return pathname.stat().st_size
    elif pathname.is_dir():
        return sum(path.stat().st_size
                    for path in pathname.rglob('*')
                    if path.is_file())
        return pathname.stat().st_size
    else:
        raise RuntimeError('Unsupported file kind')
```

9.15.16　re 模組

re 模組用來以正規表達式（regular expressions）進行文字的比對（matching）、搜尋
（searching）和取代（replacement）運算。下面是一個簡單的例子：

```
>>> text = 'Today is 3/27/2018. Tomorrow is 3/28/2018.'
>>> # 找出一個日期的所有出現處
>>> import re
>>> re.findall(r'\d+/\d+/\d+', text)
['3/27/2018', '3/28/2018']
>>> # 以替換文字（replacement text）取代出現一個日期的所有地方
>>> re.sub(r'(\d+)/(\d+)/(\d+)', r'\3-\1-\2', text)
'Today is 2018-3-27. Tomorrow is 2018-3-28.'
>>>
```

正規表達式經常因其難以捉摸的語法而惡名昭彰。在這個例子中，\d+ 被解釋為「一個或多個數字（digits）」。關於其模式語法（pattern syntax）的更多資訊可以在 re 模組的官方說明文件中找到。

9.15.17　shutil 模組

shutil 模組用來執行一些你原本會在 shell 中進行的常見任務。這些任務包括拷貝（copying）和移除（removing）檔案、處理封存檔（archives），等等。例如，要拷貝一個檔案：

```
import shutil

shutil.copy(srcfile, dstfile)
```

要移動（move）一個檔案：

```
shutil.move(srcfile, dstfile)
```

要拷貝一個目錄樹（directory tree）：

```
shutil.copytree(srcdir, dstdir)
```

要移除一個目錄樹：

```
shutil.rmtree(pathname)
```

shutil 模組經常用來取代以 os.system() 函式執行 shell 命令，是一種更安全、更可移植的替代方案。

9.15.18　select 模組

select 模組用於對多個 I/O 串流（I/O streams）進行簡單的輪詢（polling）。也就是說，它可以用來查看一個群集的檔案描述元（file descriptors）是否有傳入的資料，或是否可以接收要傳出的資料了。下面的例子展示了典型的用法：

```
import select

# 各個物件群集代表檔案描述元。必須是
# 整數或具有 fileno() 方法的物件。
want_to_read = [ ... ]
want_to_write = [ ... ]
check_exceptions = [ ... ]

# 逾時（或 None）
```

```
timeout = None

# 輪詢 I/O
can_read, can_write, have_exceptions = \
    select.select(want_to_read, want_to_write, check_exceptions, timeout)

# 進行 I/O 運算
for file in can_read:
    do_read(file)
for file in can_write:
    do_write(file)

# 處理例外
for file in have_exceptions:
    handle_exception(file)
```

這段程式碼中建構了三組檔案描述元。這些集合對應於讀、寫和例外。這些會和一個選擇性的逾時（timeout）引數一起傳遞給 select()。select() 回傳所傳入引數的三個子集（subsets）。這些子集代表了可以在其上進行所請求的運算的檔案。例如，can_read() 回傳的檔案有傳入的資料等待處理。

select() 函式是一個標準的低階系統呼叫（low-level system call），通常用於監視系統事件和實作非同步 I/O 框架，例如內建的 asyncio 模組。

除了 select()，select 模組還對外提供了 poll()、epoll()、kqueue() 等類似的變體函式，以提供類似的功能。這些函式的可用性會因作業系統而有所不同。

selectors 模組為 select 提供了一個更高階的介面，在某些情況下可能很有用。前面第 9.14.2 節中給過一個例子。

9.15.19　smtplib 模組

smtplib 模組實作了 SMTP 的客戶端，通常用於發送電子郵件訊息（email messages）。該模組的一個常見用途是在一個專門那樣做的指令稿中，也就是向某人發送電子郵件。下面是一個例子：

```
import smtplib

fromaddr = "someone@some.com"
toaddrs = ["recipient@other.com" ]
amount = 123.45
msg = f"""From: {fromaddr}
```

```
Pay {amount} bitcoin or else. We're watching.
"""

server = smtplib.SMTP('localhost')
server.sendmail(fromaddr, toaddrs, msg)
server.quit()
```

還有一些額外的功能可處理密碼（passwords）、認證（authentication）和其他事項。
但是，如果你是在一台機器上執行指令稿，而且該機器已經被設置好能支援電子郵
件，那麼上述例子通常可以完成工作。

9.15.20　socket 模組

socket 模組提供了對網路程式設計功能的低階存取。該介面是以標準的 BSD 通訊端
介面（socket interface）為模型，通常與以 C 語言進行的系統程式設計有關。

下面的例子顯示了如何建立一個對外連線並接收一個回應：

```
from socket import socket, AF_INET, SOCK_STREAM

sock = socket(AF_INET, SOCK_STREAM)
sock.connect(('python.org', 80))
sock.send(b'GET /index.html HTTP/1.0\r\n\r\n')
parts = []
while True:
    part = sock.recv(10000)
    if not part:
        break
    parts.append(part)
parts = b''.join(parts)
print(parts)
```

下面的例子展示了一個基本的回聲伺服器（echo server），它接受客戶端連線並回
送（echoes back）任何收到的資料。要測試這個伺服器，就先執行它，然後在一
個單獨的終端工作階段（terminal session）中使用 telnet localhost 25000 或 nc
localhost 25000 這樣的命令連接到它。

```
from socket import socket, AF_INET, SOCK_STREAM

def echo_server(address):
    sock = socket(AF_INET, SOCK_STREAM)
    sock.bind(address)
    sock.listen(1)
```

```
    while True:
        client, addr = sock.accept()
        echo_handler(client, addr)

def echo_handler(client, addr):
    print('Connection from:', addr)
    with client:
        while True:
            data = client.recv(10000)
            if not data:
                break
            client.sendall(data)
    print('Connection closed')

if __name__ == '__main__':
    echo_server(('', 25000))
```

對於 UDP 伺服器，並沒有連線的過程存在。然而，伺服器仍然必須將 socket 繫結到一個已知的位址。下面是一個 UDP 伺服器和客戶端的典型例子：

```
# udp.py

from socket import socket, AF_INET, SOCK_DGRAM

def run_server(address):
    sock = socket(AF_INET, SOCK_DGRAM)      # 1. 創建一個 UDP socket
    sock.bind(address)                       # 2. 繫結至位址和通訊埠（address/port）
    while True:
        msg, addr = sock.recvfrom(2000)      # 3. 取得一個訊息
        # ... 做些事情
        response = b'world'
        sock.sendto(response, addr)          # 4. 送回一個回應

def run_client(address):
    sock = socket(AF_INET, SOCK_DGRAM)       # 1. 創建一個 UDP socket
    sock.sendto(b'hello', address)           # 2. 送出一個訊息
    response, addr = sock.recvfrom(2000)     # 3. 取得回應
    print("Received:", response)
    sock.close()

if __name__ == '__main__':
    import sys
    if len(sys.argv) != 4:
        raise SystemExit('Usage: udp.py [-client|-server] hostname port')
    address = (sys.argv[2], int(sys.argv[3]))
    if sys.argv[1] == '-server':
```

```
        run_server(address)
    elif sys.argv[1] == '-client':
        run_client(address)
```

9.15.21 struct 模組

struct 模組用來在 Python 和二進位資料結構之間轉換資料，表示為 Python 的位元組字串（byte strings）。這些資料結構在與 C 語言編寫的函式、二進位檔案格式、網路通訊協定、或經由序列埠（serial ports）的二進位通訊進行互動時經常使用。

作為一個例子，假設你需要建構二進位訊息，其格式由一種 C 語言資料結構描述：

```
# 訊息格式：所有的值都是「大端序 (big endian)」
struct Message {
    unsigned short msgid;       // 16 位元無號整數 (unsigned integer)
    unsigned int sequence;      // 32 位元序號 (sequence number)
    float x;                    // 32 位元浮點數 (float)
    float y;                    // 32 位元浮點數
}
```

這裡是如何使用 struct 模組來達成此目的：

```
>>> import struct
>>> data = struct.pack('>HIff', 123, 456, 1.23, 4.56)
>>> data
b'\x00{\x00\x00\x00-?\x9dp\xa4@\x91\xeb\x85'
>>>
```

要解碼二進位資料，就用 struct.unpack：

```
>>> struct.unpack('>HIff', data)
(123, 456, 1.2300000190734863, 4.559999942779541)
>>>
```

那些浮點數值的差是由於它們轉換為 32 位元值後損失的精確度所致。Python 將浮點數值表示為 64 位元的雙精度值（double precision values）。

9.15.22 subprocess 模組

subprocess 模組用來把一個單獨的程式作為一個子行程（subprocess）執行，但可以控制執行環境，包括 I/O 處理、終止等等。該模組有兩種常見用途。

如果你想個別執行一個程式並一次性收集其所有的輸出，可以使用 check_output()。比如說：

```
import subprocess

# 執行 'netstat -a' 命令並收集其輸出
try:
    out = subprocess.check_output(['netstat', '-a'])
except subprocess.CalledProcessError as e:
    print("It failed:", e)
```

check_output() 回傳的資料是以位元組形式呈現的。如果你想把它轉換為文字，請確保你有套用適當的解碼動作：

```
text = out.decode('utf-8')
```

設定一個管線（pipe），以更詳細的方式來與一個子行程互動，也是可能的。要做到這一點，可以像這樣使用 Popen 類別：

```
import subprocess

# wc 是回傳行數、字數、位元組數的一個程式
p = subprocess.Popen(['wc'],
                      stdin=subprocess.PIPE,
                      stdout=subprocess.PIPE)

# 發送資料給子行程
p.stdin.write(b'hello world\nthis is a test\n')
p.stdin.close()

# 讀回資料
out = p.stdout.read()
print(out)
```

Popen 的實體 p 有屬性 stdin 和 stdout，可以用來與子行程通訊。

9.15.23　tempfile 模組

tempfile 模組提供對建立暫存檔案和目錄（temporary files and directories）的支援。下面是創建暫存檔的一個例子：

```
import tempfile

with tempfile.TemporaryFile() as f:
    f.write(b'Hello World')
```

```
    f.seek(0)
    data = f.read()
    print('Got:', data)
```

預設情況下，暫存檔是以二進位模式（binary mode）打開的，並且允許讀取和寫入。with 述句也常用來定義檔案的使用範圍。檔案會在 with 區塊結束時被刪除。

如果你想創建一個暫存目錄，就這樣用：

```
with tempfile.TemporaryDirectory() as dirname:
    # 使用目錄 dirname
    ...
```

就跟檔案一樣，該目錄及其所有內容將在 with 區塊結束時被刪除。

9.15.24　textwrap 模組

textwrap 模組可用來格式化文字以適應特定的終端機寬度（terminal width）。也許它有點特殊用途，但在製作報告時，它有時很適合用來清理文字以便輸出。有兩個我們會感興趣的函式。

wrap() 接收文字並將其繞行（wraps）以完整放入特定的欄寬（column width）。該函式回傳字串的一個串列。比如說：

```
import textwrap

text = """look into my eyes
look into my eyes
the eyes the eyes the eyes
not around the eyes
don't look around the eyes
look into my eyes you're under
"""

wrapped = textwrap.wrap(text, width=81)
print('\n'.join(wrapped))
# 產生：
# look into my eyes look into my eyes the
# eyes the eyes the eyes not around the
# eyes don't look around the eyes look
# into my eyes you're under
```

indent() 函式可用來縮排（indent）一個區塊的文字，例如：

```
print(textwrap.indent(text, '    '))
# 產生：
#     look into my eyes
#     look into my eyes
#     the eyes the eyes the eyes
#     not around the eyes
#     don't look around the eyes
#     look into my eyes you're under
```

9.15.25　threading 模組

threading 模組用於共時地執行程式碼。這種問題通常出現在網路程式的 I/O 處理中。執行緒程式設計是一個很大的主題，但下面的例子說明了常見問題的解決方案。

這裡有啟動一個執行緒並等待它的例子：

```
import threading
import time

def countdown(n):
    while n > 0:
        print('T-minus', n)
        n -= 1
        time.sleep(1)

t = threading.Thread(target=countdown, args=[10])
t.start()
t.join()      # 等候執行緒完成
```

如果你不打算等候執行緒執行結束，可以提供一個額外的 daemon 旗標來使它常駐化（daemonic），比如這樣：

```
t = threading.Thread(target=countdown, args=[10], daemon=True)
```

如果你想讓一個執行緒終止，你需要明確地用一個旗標或一些專用的變數來那麼做。執行緒將必須被設計成會去檢查它們。

```
import threading
import time

must_stop = False

def countdown(n):
    while n > 0 and not must_stop:
```

```
        print('T-minus', n)
        n -= 1
        time.sleep(1)
```

如果執行緒會變動共用資料，請用一個 Lock（鎖）來保護它：

```
import threading

class Counter:
    def __init__(self):
        self.value = 0
        self.lock = threading.Lock()

    def increment(self):
        with self.lock:
            self.value += 1

    def decrement(self):
        with self.lock:
            self.value -= 1
```

如果一個執行緒必須等待另一個執行緒做某事，那就使用一個 Event（事件）：

```
import threading
import time

def step1(evt):
    print('Step 1')
    time.sleep(5)
    evt.set()

def step2(evt):
    evt.wait()
    print('Step 2')

evt = threading.Event()
threading.Thread(target=step1, args=[evt]).start()
threading.Thread(target=step2, args=[evt]).start()
```

如果執行緒需要通訊，就使用一個 Queue（佇列）：

```
import threading
import queue
import time

def producer(q):
    for i in range(10):
```

```
            print('Producing:', i)
            q.put(i)
        print('Done')
        q.put(None)

    def consumer(q):
        while True:
            item = q.get()
            if item is None:
                break
            print('Consuming:', item)
        print('Goodbye')

    q = queue.Queue()
    threading.Thread(target=producer, args=[q]).start()
    threading.Thread(target=consumer, args=[q]).start()
```

9.15.26　time 模組

time 模組用來存取系統的時間相關功能。下列選定的函式是最有用的：

sleep(seconds)

　　讓 Python 休眠（sleep）給定的秒數，以浮點數的形式提供。

time()

　　以浮點數的形式回傳目前系統的 UTC 時間。這是自紀元（epoch，通常是 UNIX 系統的 1970 年 1 月 1 日）以來的秒數。使用 localtime() 將其轉換為適合提取有用資訊的資料結構。

localtime([secs])

　　回傳一個 struct_time 物件，代表系統上的本地時間或作為引數傳入的浮點值 secs 所代表的時間。回傳的結構體具有屬性 tm_year、tm_mon、tm_mday、tm_hour、tm_min、tm_sec、tm_wday、tm_yday 與 tm_isdst。

gmtime([secs])

　　與 localtime() 相同，只是產生的結構代表 UTC 時間（或 Greenwich Mean Time，格林威治標準時間）。

ctime([secs])

將以秒為單位的時間轉換成適合列印的文字字串。對除錯和記錄很有用。

asctime(tm)

將由 localtime() 表示的時間結構轉換成適合列印的文字字串。

datetime 模組通常用於表示日期和時間，以便進行與日期有關的計算和處理時區（timezones）問題。

9.15.27 urllib 套件

urllib 套件被用來發出客戶端（client-side）的 HTTP 請求。也許最有用的函式是 urllib.request.urlopen()，它可以用來擷取簡單的網頁。比如說：

```
>>> from urllib.request import urlopen
>>> u = urlopen('http://www.python.org')
>>> data = u.read()
>>>
```

如果你想編碼表單參數（form parameters），你可以使用 urllib.parse.urlencode()，如下所示：

```
from urllib.parse import urlencode
from urllib.request import urlopen

form = {
    'name': 'Mary A. Python',
    'email': 'mary123@python.org'
}

data = urlencode(form)
u = urlopen('http://httpbin.org/post', data.encode('utf-8'))
response = u.read()
```

urlopen() 函式對於涉及 HTTP 或 HTTPS 的基本網頁和 API 來說效果很好。然而，如果存取過程還涉及 cookie、進階認證方案和其他層的處理，它的使用就會變得相當尷尬。老實說，大多數 Python 程式設計師會使用第三方程式庫，如 requests 或 httpx 來處理這些情況。你也應該那麼做。

urllib.parse 子套件有額外的函式用來操作 URL 本身。例如，urlparse() 函式可以用來分解一個 URL：

```
>>> url = 'http://httpbin.org/get?name=Dave&n=42'
>>> from urllib.parse import urlparse
>>> urlparse(url)
ParseResult(scheme='http', netloc='httpbin.org', path='/get', params='',
query='name=Dave&n=42', fragment='')
>>>
```

9.15.28　unicodedata 模組

unicodedata 模組用於涉及 Unicode 文字字串的進階運算。相同的 Unicode 文字往往有多種表徵（representations）。例如，字元 U+00F1（ñ）可能單獨組成一個字元 U+00F1，或者分解成一個多字元序列 U+006e U+0303（n、~）。這可能會在程式中造成奇怪的問題，有些程式會預期視覺上描繪出來相同的文字字串，其表徵（representation）也要相同。考慮下面這個涉及字典鍵值的例子：

```
>>> d = {}
>>> d['Jalape\xf1o'] = 'spicy'
>>> d['Jalapen\u0303o'] = 'mild'
>>> d
{'jalapeño': 'spicy', 'jalapeño': 'mild' }
>>>
```

乍看之下，這應該是一個運算錯誤：一個字典怎麼可能有兩個相同但又獨立的鍵值呢？答案是，這些鍵值由不同的 Unicode 字元序列組成。

如果對描繪（rendered）出來一樣的 Unicode 字串的一致處理是一種問題，它們應該被正規化（normalized）。unicodedata.normalize() 函式可以用來確保一致的字元表徵（character representation）。例如，unicodedata.normalize('NFC', s) 將確保 s 中的所有字元都是完整構成（fully composed）的，而不是作為組合字元的序列表示。使用 unicodedata.normalize('NFD', s) 會確保 s 中的所有字元是完全分解（fully decomposed）的。

unicodedata 模組也有測試字元特性的函式，如大小寫、數字和空白。一般的字元特性可以透過 unicodedata.category(c) 函式獲得。例如，unicodedata.category('A') 會回傳 'Lu'，指出該字元是一個大寫字母。關於這些值的更多資訊可以在官方的 Unicode 字元資料庫中找到，網址是 https://www.unicode.org/ucd。

9.15.29　xml 套件

xml 套件是一個大型的模組群集，用於以各種方式處理 XML 資料。然而，如果你的主要目標是讀取一個 XML 文件並從中提取資訊，那最簡單的方法是使用 xml.etree 子套件。假設你在檔案 recipe.xml 中有一個 XML 文件，像這樣：

```
<?xml version="1.0" encoding="iso-8859-1"?>
<recipe>
    <title>Famous Guacamole</title>
    <description>A southwest favorite!</description>
    <ingredients>
        <item num="4"> Large avocados, chopped </item>
        <item num="1"> Tomato, chopped </item>
        <item num="1/2" units="C"> White onion, chopped </item>
        <item num="2" units="tbl"> Fresh squeezed lemon juice </item>
        <item num="1"> Jalapeno pepper, diced </item>
        <item num="1" units="tbl"> Fresh cilantro, minced </item>
        <item num="1" units="tbl"> Garlic, minced </item>
        <item num="3" units="tsp"> Salt </item>
        <item num="12" units="bottles"> Ice-cold beer </item>
    </ingredients>
    <directions>
    Combine all ingredients and hand whisk to desired consistency.
    Serve and enjoy with ice-cold beers.
    </directions>
</recipe>
```

這裡是從之擷取出特定元素的方式：

```python
from xml.etree.ElementTree import ElementTree

doc = ElementTree(file="recipe.xml")
title = doc.find('title')
print(title.text)

# 替代方式（僅取得元素的文字）
print(doc.findtext('description'))

# 迭代過多個元素
for item in doc.findall('ingredients/item'):
    num = item.get('num')
    units = item.get('units', '')
    text = item.text.strip()
    print(f'{num} {units} {text}')
```

9.16　結語

I/O 是編寫任何實用程式的一個基本部分。考慮到它的流行程度，Python 幾乎能與任何正被使用的資料格式、編碼或文件結構一起工作。儘管標準程式庫可能沒有支援，但你幾乎肯定能找到某個第三方模組來解決你的問題。

從整體來看，考慮你應用程式的邊緣地帶可能更有用。在你的程式和現實之間的外部邊界，經常會遇到與資料編碼有關的問題。這對於文字資料和 Unicode 來說尤其如此。Python I/O 處理的大部分複雜性，例如支援不同的編碼、錯誤處理策略，等等，都是針對這個特定的問題做準備。牢記文字資料和二進位資料是嚴格區分的，這一點也很關鍵。知道你正在處理的是什麼有助於理解大局。

I/O 的一個次要考量是整體的估算模型（evaluation model）。Python 程式碼目前被分成兩個世界：正常的同步程式碼和通常與 asyncio 模組關聯的非同步程式碼（特點是使用 async 函式和 async/await 語法）。非同步程式碼幾乎總是需要使用能夠在該環境下執行的專用程式庫。這反過來又迫使你把你的應用程式碼也寫成「非同步」的風格：老實說，你或許應該避免非同步程式碼，除非你很肯定的知道你需要它。如果你不是真的確定，那麼幾乎可以肯定你並不需要。大多數適應良好的 Python 使用者都以正常的同步風格進行編程，那樣更容易推理、除錯和測試。你應該選擇那種方式。

內建函式與標準程式庫

本章是 Python 內建函式（built-in functions）的精簡參考。這些函式總是可用的，不需要任何 import 述句。本章最後簡要介紹了一些實用的標準程式庫模組：

10.1 內建函式

abs(x)

回傳 x 的絕對值（absolute value）。

all(s)

如果可迭代物件 s 中所有的值都估算為 True，則回傳 True。如果 s 是空的，會回傳 True。

any(s)

如果可迭代物件 s 中的任何一個值估算為 True，則回傳 True。如果 s 為空，會回傳 False。

ascii(x)

就像 repr() 一樣，建立物件 x 的可列印表徵（printable representation），但在結果中只使用 ASCII 字元。非 ASCII 字元會被轉化為適當的轉義序列（escape sequences）。這可以用來在不支援 Unicode 的終端機或 shell 中檢視 Unicode 字串。

bin(x)

回傳一個帶有整數 x 的二進位表徵（binary representation）的字串。

bool([x])

代表 Boolean True 和 False 的型別。若用來轉換 x，如果 x 用一般的真值測試
語意（truth-testing semantics）估算為真，即非零數字、非空串列等，則回傳
True。否則，將回傳 False。如果 bool() 被呼叫而沒有任何引數，那麼 False 也
會是回傳的預設值。bool 類別繼承自 int，因此布林值 True 和 False 可以在數
學計算中當作數值為 1 和 0 的整數使用。

breakpoint()

設定一個手動的除錯器中斷點（debugger breakpoint）。遇到時，控制權將轉移到
pdb，也就是 Python 除錯器（Python debugger）。

bytearray([x])

代表可變位元組陣列（mutable array of bytes）的一個型別。創建一個實體時，x
可以是一個範圍在 0 到 255 之間的可迭代整數序列、一個 8 位元串列或位元組字
面值（bytes literal），或者指定位元組陣列大小的一個整數（在這種情況下，每
個條目都將被初始化為 0）。

bytearray(s, encoding)

從字串 s 中的字元創建出 bytearray 實體的另一種呼叫慣例，其中的 encoding 指
定了轉換中要使用的字元編碼。

bytes([x])

代表不可變位元組陣列的一個型別。

bytes(s, encoding)

從字串 s 創建出位元組的另一種呼叫慣例，其中 encoding 指定了轉換中要使用
的編碼。

表 10.1 顯示了位元組和位元組陣列所支援的運算。

表 10.1　位元組和位元組陣列上的運算

運算	描述
s + t	如果 t 是位元組就進行串接（concatenates）。
s * n	如 果 n 是 一 個 整 數， 就 進 行 重 複（replicates）。
s % x	格式化位元組。x 是一個元組。
s[i]	把元素 i 作為一個整數回傳。
s[i:j]	回傳一個切片（slice）。
s[i:j:stride]	回傳一個擴充式切片（extended slice）。
len(s)	s 中的位元組數。
s.capitalize()	讓首字元大寫（capitalizes）。
s.center(width [, pad])	在長度為 width 的一個欄位中，將該字串置中（centers）。pad 是 一 個 填 補 字 元（padding character）。
s.count(sub [, start [, end]])	計算指定的子字串 sub 出現的次數。
s.decode([encoding [, errors]])	把一個位元組字串解碼為文字（僅限 bytes 型別）。
s.endswith(suffix [, start [, end]])	檢查字串的結尾看看有沒有一個 suffix（後綴）。
s.expandtabs([tabsize])	把 tabs（定位符號）以空格（spaces）取代。
s.find(sub [, start [, end]])	找出所指定的子字串 sub 第一次出現之處。
s.hex()	轉 換 為 一 個 十 六 進 位 字 串（hexadecimal string）。
s.index(sub [, start [, end]])	找出指定的子字串 sub 的第一個出現處或是產生錯誤。
s.isalnum()	檢查所有的字元是否為英數（alphanumeric）。
s.isalpha()	檢查所有的字元是否為字母（alphabetic）。
s.isascii()	檢查所有的字元是否為 ASCII。
s.isdigit()	檢查所有的字元是否為數字（digits）。
s.islower()	檢查所有的字元是否為小寫（lowercase）。
s.isspace()	檢查所有的字元是否為空白（whitespace）。
s.istitle()	檢查字串是否為標題大小寫字串（title-cased string，即每個字詞的第一個字母大寫）。
s.isupper()	檢查是否所有的字元都是大寫（uppercase）。
s.join(t)	使用分隔符號 s 連接（join）一個字串序列 t。
s.ljust(width [, fill])	在大小為 width 的一個字串中向左對齊 s。
s.lower()	轉換為小寫（lowercase）。

運算	描述
s.lstrip([chrs])	移除前導的空白或 chrs 中所提供的字元。
s.maketrans(x [, y [, z]])	為 s.translate() 製作一個轉譯表（translation table）。
s.partition(sep)	依據一個分隔字串 sep 分割（partition）一個字串。回傳一個元組 (head, sep, tail) 或沒找到 sep 時的 (s, '', '')。
s.removeprefix(prefix)	回傳給定的一個 prefix（前綴）被移除了的 s，如果有出現的話。
s.removesuffix(suffix)	回傳給定的一個 suffix（後綴）被移除了的 s，如果有出現的話。
s.replace(old, new [, maxreplace])	取代一個子字串（substring）。
s.rfind(sub [, start [, end]])	找出一個子字串的最後出現處。
s.rindex(sub [, start [, end]])	找出一個子字串的最後出現處，或提出一個錯誤。
s.rjust(width [, fill])	在長度為 width 的一個字串中向右對齊 s。
s.rpartition(sep)	依據一個分隔符號 sep 分割 s，不過是從字串尾端開始搜尋。
s.rsplit([sep [, maxsplit]])	從尾端開始拆分（split）一個字串，使用 sep 作為分隔符號。maxsplit 是要進行的最大拆分次數。若是省略 maxsplit，那結果會與 split() 方法完全相同。
s.rstrip([chrs])	移除尾隨的空白或 chrs 中提供的字元。
s.split([sep [, maxsplit]])	使用 sep 作為分隔符號拆分一個字串。maxsplit 是要進行的最大拆分次數。
s.splitlines([keepends])	將一個字串拆分為由行組成的一個串列（a list of lines）。如果 keepends 為 1，尾隨的換行字元（newlines）就會被保留。
s.startswith(prefix [, start [, end]])	檢查一個字串是否以 prefix 開頭。
s.strip([chrs])	移除前導和尾隨的空白或 chrs 中提供的字元。
s.swapcase()	把大寫轉換為小寫，或反過來。
s.title()	回傳字串的一個標題大小寫（title-cased）版本。
s.translate(table [, deletechars])	使用一個字元轉譯表 table 來翻譯（translate）一個字串，移除 deletechars 中的字元。
s.upper()	把一個字串轉為大寫（uppercase）。
s.zfill(width)	在左邊以零填補一個字串直到指定的 width（寬度）。

位元組陣列還額外支援表 10.2 中的方法。

表 10.2　位元組陣列上額外的運算

運算	描述
s[i] = v	項目指定（item assignment）
s[i:j] = t	切片指定（slice assignment）
s[i:j:stride] = t	擴充式切片指定（extended slice assignment）
del s[i]	項目刪除（item deletion）
del s[i:j]	切片刪除（slice deletion）
del s[i:j:stride]	擴充式切片刪除
s.append(x)	附加一個新的位元組到尾端
s.clear()	清除（clear）位元組陣列
s.copy()	製作一個拷貝（copy）
s.extend(t)	以源自 t 的位元組延伸 s
s.insert(n, x)	在索引 n 插入位元組 x
s.pop([n])	移除並回傳位於索引 n 的位元組
s.remove(x)	移除位元組 x 的第一個出現處
s.reverse()	就地反轉（reverse）位元組陣列

callable(obj)

　　如果 obj 可以作為一個函式被呼叫，則回傳 True。

chr(x)

　　將代表 Unicode 編碼位置（code-point）的整數 x 轉換為一個單字元字串（single-character string）。

classmethod(func)

　　這個裝飾器為函式 func 創建一個類別方法。它通常只在類別的定義中使用，其中它被 @classmethod 的使用隱含地調用。與普通的方法不同，類別方法接收類別作為第一個引數，而非一個實體。

compile(string, filename, kind)

將 string 編譯成一個程式碼物件（code object），以供 exec() 或 eval() 使用。string 是一個包含有效 Python 程式碼的字串。如果這段程式碼跨越多行，這些文字行必須以一個換行字元（'\n'）結尾，而不是平台特定的變體（例如，Windows 上的 '\r\n'）。filename 是一個字串，包含定義該字串的檔案之名稱（如果有的話）。kind 是 'exec' 表示一序列的述句，'eval' 表示單一個運算式，或是 'single' 代表單一個可執行的述句。作為結果回傳的程式碼物件可以直接傳遞給 exec() 或 eval() 以代替字串。

complex([real [, imag]])

代表具有實部和虛部（real and imaginary components）的複數（complex number）型別，real 和 imag，可以作為任何數值型別提供。如果省略 imag，虛數部分會被設定為零。如果 real 是以字串形式傳入的，那麼該字串將被剖析並轉換為複數。在這種情況下，imag 應該被省略。如果 real 是任何其他型別的物件，那麼將回傳 real.__complex__() 的值。如果沒有給出引數，則回傳 0j。

表 10.3 顯示了 complex 的方法與屬性。

表 10.3　complex 的屬性

屬性 / 方法	描述
z.real	實部（real component）
z.imag	虛部（imaginary component）
z.conjugate()	共軛複數（conjugates）

delattr(object, attr)

刪除物件的屬性。attr 是一個字串。等同於 del object.attr。

dict([m]) 或 dict(key1=value1, key2=value2, ...)

代表字典（dictionary）的型別。如果沒有給出引數，將回傳一個空的字典。如果 m 是一個映射物件（mapping object，例如另一個字典），則回傳一個新的字典，其鍵值和值與 m 相同。例如，如果 m 是一個字典，dict(m) 會製作它的一個淺層拷貝（shallow copy）。如果 m 不是一個映射，它必須支援迭代，並在其中產生一序列成對的 (key, value)。這些對組（pairs）會被用來充填該字

典。dict() 也能以關鍵字引數來呼叫。例如，dict(foo=3, bar=7) 創建出字典
{'foo': 3, 'bar': 7 }。

表 10.4 顯示了字典所支援的運算。

表 10.4　字典上的運算

運算	描述
m | n	將 m 和 n 合併（merge）為單一個字典。
len(m)	回傳 m 中的項目數（number of items）。
m[k]	回傳 m 中帶有鍵值 k 的項目。
m[k]=x	將 m[k] 設定為 x。
del m[k]	從 m 移除 m[k]。
k in m	如果 k 是 m 中的一個鍵值，就回傳 True。
m.clear()	從 m 移除所有的項目。
m.copy()	製作 m 的一個淺層拷貝。
m.fromkeys(s [, value])	創建一個新的字典，其中鍵值來自序列 s，而值全都設為 value。
m.get(k [, v])	若有找到，就回傳 m[k]；否則回傳 v。
m.items()	回傳 (key, value) 對組。
m.keys()	回傳鍵值。
m.pop(k [, default])	若有找到，就回傳 m[k]，並從 m 移除它；否則，回傳 default（若有提供）或在沒找到的時候提出 KeyError。
m.popitem()	從 m 移除一個隨機的 (key, value) 對組並將之回傳為一個元組。
m.setdefault(k [, v])	若有找到，回傳 m[k]；否則，回傳 v 並且設定 m[k] = v。
m.update(b)	將 b 中的所有物件添加到 m 中。
m.values()	回傳值。

dir([object])

回傳屬性名稱組成的一個排序過的串列。如果 object 是一個模組，這會包含該
模組中定義的符號之串列。如果 object 是一個型別或類別物件，它會回傳屬性
名稱的一個串列。這些名稱通常是從物件的 __dict__ 屬性中獲得的（如果有定
義的話），但也可能使用其他來源。如果沒有給出引數，將回傳目前區域符號表
（current local symbol table）中的名稱。應該注意的是，此函式主要是用來提供
資訊的（例如，在命令列上互動使用）。它不應該被用於正式的程式分析，因為
得到的資訊可能是不完整的。另外，使用者定義的類別可以定義一個特殊方法
__dir__() 來改變這個函式的結果。

divmod(a, b)

> 回傳長除法的商和餘數為一個元組。對於整數，回傳的是 (a // b, a % b) 的值。對於浮點數，則回傳 (math.floor(a / b), a % b)。這個函式不可以用複數來呼叫。

enumerate(iter, start=0)

> 給定一個可迭代物件 iter，回傳一個新的迭代器（型別為 enumerate），產出元組，其中包含一個計數值（count）和從 iter 產生的值。例如，如果 iter 產生 a、b、c，那麼 enumerate(iter) 會產生 (0,a)、(1,b)、(2,c)。選擇性的 start 變更計數的初始值。

eval(expr [, globals [, locals]])

> 估算（evaluate）一個運算式。expr 是一個字串或由 compile() 創建的程式碼物件。globals 和 locals 是映射物件，分別定義了該運算的全域和區域命名空間。如果省略，運算式將使用在呼叫者環境中執行的 globals() 和 locals() 的值進行估算。最常見的是將 globals 和 locals 指定為字典，但是進階應用可以提供自訂的映射物件。

exec(code [, globals [, locals]])

> 執行（execute）Python 述句。code 是一個字串、位元組或由 compile() 創建的程式碼物件。globals 和 locals 分別定義運算的全域和區域命名空間。如果省略，程式碼將使用呼叫者環境中執行的 globals() 和 locals() 的值來執行。

filter(function, iterable)

> 創建一個迭代器（iterator），回傳 iterable 中 function(item) 估算為 True 的項目（items）。

float([x])

> 代表浮點數的型別。如果 x 是一個數字，它會被轉換為浮點數。如果 x 是一個字串，它被剖析為浮點數。對於所有其他物件，x.__float__() 會被調用。如果沒有提供引數，將回傳 0.0。

表 10.5 顯示浮點數的方法與屬性。

表 10.5 浮點數的方法與屬性

屬性 / 方法	描述
x.real	用作複數（complex）時的實部（real component）。
x.imag	用作複數時的虛部（imaginary component）。
x.conjugate()	作為複數時的共軛複數（conjugate）。
x.as_integer_ratio()	轉換為分子與分母對組（numerator/denominator pair）。
x.hex()	建立一個十六進位表徵（hexadecimal representation）。
x.is_integer()	測試是否為整數值。
float.fromhex(s)	從一個十六進位字串創建出來。一個類別方法。

format(value [, format_spec])

根據 format_spec 中的格式規格字串（format specification string），將 value 轉換為經過格式化的一個字串。這個運算會調用 value.__format__()，它可以自由地解釋它認為合適的格式規格。對於簡單的資料型別，格式指定符（format specifier）通常包括一個 '<'、'>' 或 '^' 的對齊字元（alignment character），一個數字（表示欄位寬度），以及一個分別表示整數、浮點數或字串值的 'd'、'f' 或 's' 字元碼。舉例來說，'d' 的格式化規格是對一個整數的格式化，'8d' 的規格是對一個有 8 字元欄位的整數進行向右對齊，而 '<8d' 是對一個 8 字元欄位的整數進行向左對齊。關於 format() 和格式指定符的更多細節可以在第 9 章中找到。

frozenset([items])

代表不可變集合物件（immutable set object）的型別，其填充值來自於必須是可迭代物件的 items。這些值也必須是不可變的。若沒有給出引數，將回傳一個空集合。一個 frozenset 支援所有能在集合上發現的運算，除了任何就地（in-place）變動集合的運算。

getattr(object, name [, default])

回傳物件的一個指名的屬性之值。name 是包含屬性名稱的一個字串。default 是一個選擇性的值，如果不存在那樣的屬性，就會回傳它；否則，將提出 AttributeError。與存取 object.name 相同。

globals()

回傳當前模組代表全域命名空間（global namespace）的字典。在另一個函式或方法內呼叫時，它回傳定義該函式或方法的模組的全域命名空間。

hasattr(object, name)

如果 name 是物件（object）的一個屬性之名稱，就回傳 True。name 是一個字串。

hash(object)

可能的話，回傳一個物件的整數雜湊值（integer hash value）。雜湊值主要用於字典、集合和其他映射物件（mapping objects）的實作。對於任何比較為相等的物件，其雜湊值總是相同的。可變的物件通常不定義雜湊值，雖然使用者定義的類別可以定義一個方法 __hash__() 來支援這種運算。

hex(x)

從一個整數 x 建立出一個十六進位字串（hexadecimal string）。

id(object)

回傳物件唯一的整數識別值（integer identity）。你不應該以任何方式解讀這個回傳值（例如，它並非一個記憶體位置）。

input([prompt])

列印一個提示（prompt）到標準輸出，並從標準輸入讀取一行輸入。所回傳的行不做任何修改。它不包括行結尾（例如 '\n'）。

int(x [, base])

代表整數（integer）的型別。如果 x 是一個數字，它將以朝向零的方向截斷（truncating towards 0）的方式被轉換為一個整數。如果它是一個字串，它將被剖析為一個整數值。當從字串轉換時，base 可以用來選擇性地指定一個基數（base）。

除了支援常見的數學運算外，整數還具有表 10.6 中列出的一些屬性和方法。

表 10.6　整數的方法與屬性

運算	描述
x.numerator	用作分數（fraction）時的分子（numerator）。
x.denominator	用作分數時的分母（denominator）。
x.real	用作複數時的實部。
x.imag	用作複數時的虛部。
x.conjugate()	用作複數時的共軛複數。
x.bit_length()	以二進位表示該值時，所需的位元數。
x.to_bytes(length, byteorder, *, signed=False)	轉換為位元組。
int.from_bytes(bytes, byteorder, *, signed=False)	轉換自位元組。一個類別方法。

isinstance(object, classobj)

如果物件是 classobj 的一個實體（instance）或 classobj 的一個子類別（subclass），就回傳 True。classobj 引數也可以是可能的型別或類別的一個元組。例如，如果 s 是一個元組或一個串列，isinstance(s, (list, tuple)) 會回傳 True。

issubclass(class1, class2)

如果 class1 是 class2（衍生出來）的子類別，就回傳 True。class2 也可以是可能的類別的一個元組，在這種情況下，每個類別都將被檢查。注意到 issubclass(A, A) 為 True。

iter(object [, sentinel])

回傳產出 object 中項目的一個迭代器。如果省略了 sentinel 引數，物件必須提供 __iter__() 方法，由該方法創建一個迭代器，或者物件必須實作 __getitem__()，該方法接受從 0 開始的整數引數。如果指定了 sentinel，object 的解讀方式將會不同。這時，object 應該是一個不接受參數的可呼叫物件（callable object）。所回傳的迭代器物件將重複呼叫該函式，直到回傳值等於 sentinel，這時迭代將停止。如果 object 不支援迭代，就會產生一個 TypeError。

`len(s)`

> 回傳 s 中包含的項目數（number of items），s 應該是某種容器（container），如串列、元組、字串、集合或字典。

`list([items])`

> items 可以是任何的可迭代物件（iterable object），其值會被用來充填串列。如果 items 已經是一個串列，將進行淺層拷貝（shallow copy）。如果沒有給出引數，將回傳一個空串列。

表 10.7 顯示串列上定義的運算。

表 10.7　串列運算子和方法

運算	描述
`s + t`	如果 t 是一個串列，就進行串接（concatenation）。
`s * n`	如果 n 是一個整數，就進行重複（replication）。
`s[i]`	回傳 s 的元素 i。
`s[i:j]`	回傳一個切片（slice）。
`s[i:j:stride]`	回傳一個擴充式切片（extended slice）。
`s[i] = v`	項目指定（item assignment）。
`s[i:j] = t`	切片指定（slice assignment）。
`s[i:j:stride] = t`	擴充式切片指定（extended slice assignment）。
`del s[i]`	項目刪除（item deletion）。
`del s[i:j]`	切片刪除（slice deletion）。
`del s[i:j:stride]`	擴充式切片刪除（extended slice deletion）。
`len(s)`	s 中的元素數（number of elements）。
`s.append(x)`	附加一個新的元素 x 到 s 的尾端。
`s.extend(t)`	附加一個新的串列 t 到 s 的尾端。
`s.count(x)`	計算 s 中 x 的出現次數。
`s.index(x [, start [, stop]])`	回傳最小的 i，其中 s[i] == x。start 和 stop 選擇性地指定搜尋的起始和結束索引。
`s.insert(i, x)`	在索引 i 插入 x。
`s.pop([i])`	回傳元素 i 並將之從串列中移除。若省略 i，就會回傳最後一個元素。
`s.remove(x)`	搜尋 x 並將之從 s 移除。

運算	描述
s.reverse()	就地反轉 s 的項目。
s.sort([key [, reverse]])	就地排序 s 的項目。key 為一個鍵值函式（key function）。reverse 是一個旗標，代表反向排序串列。key 和 reverse 應該永遠都以關鍵字引數指定。

locals()

回傳一個與呼叫者的區域命名空間相對應的字典。這個字典只能用來檢查執行環境：對字典的變更不會對相應的區域變數產生任何影響。

map(function, items, ...)

創建一個迭代器，產生對 items 中的項目套用 function 的結果。若提供了多個輸入序列，函式將被假定為會接受相同數量的引數，其中每個引數來自不同的序列。在這種情況下，結果只會與最短的輸入序列一樣長。

max(s [, args, ...], *, default=obj, key=func)

對於單一個引數 s，該函式回傳 s 的項目中最大的值（maximum value），s 可以是任何的可迭代物件。對於多個引數，它回傳引數中最大的一個。若給定了僅限關鍵字引數 default，那麼如果 s 是空的，它將提供要回傳的值。若給出了僅限關鍵字引數 key，那麼將回傳 key(v) 為之回傳最大值的值 v。

min(s [, args, ...], *, default=obj, key=func)

與 max(s) 相同，只是會回傳最小值（minimum value）。

next(s [, default])

從迭代器 s 回傳下一個項目（next item）。如果迭代器沒有更多的項目了，將提出一個 StopIteration 例外，除非有向 default 引數提供一個值。在那種情況下，將回傳 default 代替。

object()

Python 中所有物件的基礎類別。你可以呼叫它來創建一個實體，但其結果並不特別有趣。

oct(x)

將一個整數 x 轉換為一個八進位字串（octal string）。

open(filename [, mode [, bufsize [, encoding [, errors [, newline
    [, closefd]]]]]])

開啟檔案 filename 並回傳一個檔案物件。其引數在第 9 章有詳細描述。

ord(c)

回傳單字元 c 的整數序數值（integer ordinal value）。該值通常與該字元的 Unicode 編碼位置值（code-point value）相對應。

pow(x, y [, z])

回傳 x ** y。如果提供了 z，該函式會回傳 (x ** y) % z。若給出了所有的三個引數，它們都必須是整數，而且 y 必須是非負數。

print(value, ... , *, sep=separator, end=ending, file=outfile)

列印一個群集的值。作為輸入，你可以提供任何數量的值，所有的那些值都會被印在同一行。sep 關鍵字引數用來指定一個不同的分隔字元（separator character，預設為一個空格）。end 關鍵字引數用來指定不同的行結尾（預設為 '/n'）。file 關鍵字引數將輸出重導到一個檔案物件。

property([fget [, fset [, fdel [, doc]]]])

為類別創建一個特性屬性（property attribute）。fget 是回傳屬性值的一個函式，fset 設定屬性值，fdel 刪除一個屬性。doc 提供一個說明文件字串。特性通常作為一個裝飾器來指定：

```
class SomeClass:
    x = property(doc='This is property x')
    @x.getter
    def x(self):
        print('getting x')

    @x.setter
    def x(self, value):
        print('setting x to', value)

    @x.deleter
```

```
    def x(self):
        print('deleting x')
```

range([start,] stop [, step])

創建一個 range 物件，代表從 start 到 stop 的一個整數值範圍（range）。step 表示一個步幅（stride），如果省略，則設定為 1。若是省略 start（即呼叫 range() 時只有一個引數），則預設為 0。一個負的 step 會建立一個遞減順序（descending order）的數字串列。

repr(object)

回傳 object 的一個字串表徵（string representat）。在大多數情況下，回傳的字串會是一個運算式，可以傳遞給 eval() 來重新創建該物件。

reversed(s)

為序列 s 建立一個反向的迭代器（reverse iterator）。這個函式只在 s 定義了 __reversed__() 方法、或實作了序列方法 __len__() 和 __getitem__() 時會起作用。它對產生器無效。

round(x [, n])

將浮點數 x 捨入到 10 的負 n 次方最接近的倍數。如果省略 n，則預設為 0。如果兩個倍數同樣接近，而前一個數位（digit）是偶數，則朝向 0 捨入，否則以遠離 0 的方向（例如，0.5 會被捨入為 0.0，而 1.5 被捨入為 2）。

set([items])

創建一個集合（set），該集合以源於可迭代物件 items 的項目來充填。這些項目必須是不可變的。如果 items 包含其他集合，則那些集合必須是 frozenset 型別。如果省略 items，將回傳一個空集合。

表 10.8 顯示集合上的運算。

表 **10.8**　集合運算和方法

運算	描述
s | t	聯集（union）。
s & t	交集（intersection）。
s - t	差集（difference）。
s ^ t	對稱差集（symmetric difference）。
len(s)	回傳 s 中的項目數。
s.add(item)	新增 item 到 s。如果 item 已經在 s，則沒有效果。
s.clear()	從 s 移除所有的項目。
s.copy()	製作 s 的一個拷貝（copy）。
s.difference(t)	集合差（set difference）。回傳所有在 s 中但不在 t 中的項目。
s.difference_update(t)	從 s 移除所有也在 t 中的項目。
s.discard(item)	從 s 移除 item。如果 item 不是 s 的成員，什麼都不會發生。
s.intersection(t)	交集。回傳在 s 中也在 t 中的所有項目。
s.intersection_update(t)	計算 s 和 t 的交集，並把結果放在 s 中。
s.isdisjoint(t)	如果 s 和 t 沒有共同的項目，就回傳 True。
s.issubset(t)	如果 s 是 t 的一個子集（subset），就回傳 True。
s.issuperset(t)	如果 s 是 t 的一個超集合（superset），就回傳 True。
s.pop()	回傳一個任意的集合元素，並將之從 s 移除。
s.remove(item)	從 s 移除 item。如果 item 不是成員，則提出 KeyError。
s.symmetric_difference(t)	對稱差（symmetric difference）。回傳在 s 或 t 中但不同時屬於兩個集合的所有項目。
s.symmetric_difference_update(t)	計算 s 和 t 的對稱差，並把結果放在 s 中。
s.union(t)	聯集。回傳在 s 或 t 中的所有項目。
s.update(t)	將 t 中的所有項目新增到 s。t 可以是另一個集合、一個序列，或支援迭代的任何物件。

setattr(object, name, value)

　　設定物件的屬性。name 是一個字串。等同於 object.name = value。

slice([start,] stop [, step])

　　回傳一個代表指定範圍內的整數的切片物件（slice object）。切片物件也可以透過擴充式的切片語法 a[i:j:k] 產生。

```
sorted(iterable, *, key=keyfunc, reverse=reverseflag)
```

從 iterable 中的項目創建出一個排序過的串列。關鍵字引數 key 是一個單引數函式，會在比較前對數值進行轉換。關鍵字引數 reverse 是一個 Boolean 旗標，用於指定結果串列是否以反向順序排列。key 和 reverse 引數必須以關鍵字指定：例如 sorted(a, key=get_name)。

```
staticmethod(func)
```

創建一個靜態方法（static method）以在類別中使用。這個函式通常作為一個 @staticmethod 裝飾器使用。

```
str([object])
```

代表字串的型別。如果提供了物件（object），就會透過呼叫其 __str__() 方法來創建其值的字串表徵（string representation）。這與你列印（print）物件時看到的字串相同。如果沒有給出引數，將創建一個空字串。

表 10.9 顯示了字串上定義的方法。

表 10.9　字串運算子和方法

運算	描述
s + t	如果 t 是一個字串就進行串接。
s * n	如果 n 是一個整數，就進行重複。
s % x	格式化一個字串。x 是一個元組。
s[i]	回傳一個字串的元素 i。
s[i:j]	回傳一個切片。
s[i:j:stride]	回傳一個擴充式切片。
len(s)	s 中的元素數。
s.capitalize()	將第一個字元變為大寫。
s.casefold()	將 s 轉換為一個適合用於無大小寫比較（caseless comparison）的字串。
s.center(width [, pad])	將字串在一個長度為 width 的欄位裡置中。pad 是填補字元。
s.count(sub [, start [, end]])	計算指定的子字串 sub 的出現次數。
s.decode([encoding [, errors]])	將一個位元組字串解碼為文字（僅限 bytes 型別）。
s.encode([encoding [, errors]])	回傳字串經過編碼的版本（僅限 str 型別）。

運算	描述
s.endswith(suffix [, start [, end]])	檢查字串的尾端是否有一個 suffix。
s.expandtabs([tabsize])	以空格取代 tabs（定位符號）。
s.find(sub [, start [, end]])	找出指定的子字串 sub 的第一次出現處。
s.format(*args, **kwargs)	格式化 s（僅限 str 型別）。
s.format_map(m)	格式化 s 並套用取自映射 m 的替換（僅限 str 型別）。
s.index(sub [, start [, end]])	找出指定的子字串 sub 的第一次出現處或產生錯誤。
s.isalnum()	檢查所有的字元是否為英數。
s.isalpha()	檢查所有的字元是否為字母。
s.isascii()	檢查所有的字元是否為 ASCII。
s.isdecimal()	檢查所有的字元是否為十進位字元（decimal characters）。並不匹配上標數字（superscript）、下標數字（subscripts）或其他特殊數字。
s.isdigit()	檢查所有的字元是否為數字（digits）。匹配上標數字和下標數字，但不匹配常用分數（vulgar fractions）。
s.isidentifier()	檢查 s 是否為一個有效的 Python 識別字（identifier）。
s.islower()	檢查所有的字元是否為小寫。
s.isnumeric()	檢查所有的字元是否為數值的。匹配所有的形式的數值字元，例如常用分數、羅馬數字（Roman numerals）等。
s.isprintable()	檢查所有的字元是否為可列印的。
s.isspace()	檢查所有的字元是否為空白。
s.istitle()	檢查字串是否為一個標題大小寫的字串（title-cased string，即每個字詞的第一個字母大寫）。
s.isupper()	檢查所有的字元是否為大寫。
s.join(t)	使用分隔符號 s 連接一個字串序列 t。
s.ljust(width [, fill])	在大小為 width 的一個字串中向左對齊。
s.lower()	轉換為小寫。
s.lstrip([chrs])	移除前導的空白或 chrs 中提供的字元。
s.maketrans(x [, y [, z]])	製作一個轉譯表以用於 s.translate()。
s.partition(sep)	依據一個分隔字串 sep 來分割一個字串。回傳一個元組 (head, sep, tail) 或在沒找到 sep 時回傳 (s, '', '')。

運算	描述
s.removeprefix(prefix)	回傳移除了給定的一個 prefix（若有出現的話）的 s。
s.removesuffix(suffix)	回傳移除了給定的一個 suffix（若有出現的話）的 s。
s.replace(old, new [, maxreplace])	取代一個子字串。
s.rfind(sub [, start [, end]])	找出一個子字串的最後出現處。
s.rindex(sub [, start [, end]])	找出最後出現處或產生一個錯誤。
s.rjust(width [, fill])	在長度為 width 的一個字串中向右對齊 s。
s.rpartition(sep)	依據一個分隔符號 sep 分割一個字串，不過是從字串尾端開始搜尋。
s.rsplit([sep [, maxsplit]])	使用 sep 作為分隔符號從尾端開始拆分一個字串。maxsplit 是要進行的最大拆分次數。如果省略 maxsplit，結果就會與 split() 方法完全相同。
s.rstrip([chrs])	移除尾隨的空白或 chrs 中提供的字元。
s.split([sep [, maxsplit]])	使用 sep 作為分隔符號來拆分一個字串。maxsplit 是要進行的最大拆分次數。
s.splitlines([keepends])	將一個字串拆分為由行組成的一個串列。如果 keepends 為 1，尾隨的換行字元就會被保留。
s.startswith(prefix [, start [, end]])	檢查一個字串是否以一個 prefix 開頭。
s.strip([chrs])	移除前導和尾隨的空白或 chrs 中提供的字元。
s.swapcase()	將大寫轉為小寫，或者反過來。
s.title()	回傳字串的一個標題大小寫版本（title-cased version）。
s.translate(table [, deletechars])	使用一個字元轉譯表 table 來翻譯一個字串，移除 deletechars 中的字元。
s.upper()	將一個字串轉換為大寫。
s.zfill(width)	在左邊以零填補一個字串直到指定的 width。

sum(items [, initial])

計算從可迭代物件 items 中取出的一序列項目之總和（sum）。initial 提供起始值，預設為 0。這個函式通常只對數字起作用。

super()

回傳一個物件代表在其中用到它的類別的集體超類別（collective superclasses）。
這個物件的主要用途是呼叫基礎類別中的方法。這裡有一個例子：

```
class B(A):
    def foo(self):
        super().foo()      # 調用超類別所定義的 foo()。
```

tuple([items])

代表元組的型別。若有提供，items 會是一個可迭代物件，用來充填元組。然
而，如果 items 已經是一個元組了，它將被回傳，不做任何修改。如果沒有給出
引數，將回傳一個空元組。

表 10.10 顯示元組上定義的方法。

表 10.10 元組運算子和方法

運算	描述
s + t	如果 t 是一個串列就進行串接。
s * n	如果 n 是一個整數就進行重複。
s[i]	回傳 s 的元素 i。
s[i:j]	回傳一個切片。
s[i:j:stride]	回傳一個擴充式切片。
len(s)	s 中的元素數。
s.append(x)	附加一個新的元素 x 到 s 的尾端。
s.count(x)	計算 s 中 x 的出現次數。
s.index(x [, start [, stop]])	回傳最小的 i，其中 s[i] == x。start 和 stop 選擇性地指定搜尋的起始和結束索引。

type(object)

Python 中所有型別的基礎類別。當作為一個函式呼叫時，回傳 object 的型別。
這個型別與該物件的類別相同。對於常見的型別，如整數、浮點數和串列，這個
型別將指涉其他內建類別之一，如 int、float、list 等等。對於使用者定義的
物件，這個型別就是所關聯的類別。對於與 Python 內部相關的物件，你通常會
得到一個參考，指向在 types 模組中定義的某個類別。

vars([object])

回傳 object 的符號表（symbol table，通常會在它的 __dict__ 屬性中找到）。如果沒有給出引數，將回傳對應於區域命名空間的一個字典。這個函式回傳的字典應該被假設是唯讀的。修改它的內容是不安全的。

zip([s1 [, s2 [, ...]]])

創建一個迭代器，產生包含 s1、s2、等等中各一個項目的元組。第 n 個元組會是 (s1[n], s2[n], ...)。當最短的輸入被耗盡時，所產生的迭代器就會停止。如果沒有給出引數，該迭代器不會產出任何值。

10.2　內建例外

本節描述用來回報不同類型錯誤的內建例外（built-in exceptions）。

10.2.1　例外基礎類別

接下來的例外作為所有其他例外的基礎類別之用：

BaseException

所有例外的根類別（root class）。所有內建的例外都是從這個類別衍生出來的：

Exception

所有程式相關例外的基礎類別。這包括所有內建的例外，除了 SystemExit、GeneratorExit 和 KeyboardInterrupt。使用者定義的例外應該繼承自 Exception。

ArithmeticError

算術例外（arithmetic exceptions）的基礎類別，包括 OverflowError、ZeroDivisionError 和 FloatingPointError。

LookupError

索引（indexing）和鍵值（keys）錯誤的基礎類別，包括 IndexError 和 KeyError。

EnvironmentError

在 Python 外部發生的錯誤之基礎類別。是 OSError 的同義詞。

前面的例外從不明確提出。然而,它們可以被用來捕捉特定類別的錯誤。例如,下面的程式碼可以捕捉任何一種的數值錯誤:

```
try:
    # 某些運算
    ...
except ArithmeticError as e:
    # 數學錯誤
```

10.2.2　例外的屬性

例外 e 的實體有一些標準屬性,在某些應用中,檢視或操作它們可能很有用。

e.args

提出例外時提供的引數之元組。在大多數情況下,這是帶有描述錯誤的字串的一個單項元組(one-item tuple)。對於 EnvironmentError 例外,這個值會是一個二元組(2-tuple)或三元組(3-tuple),包含一個整數的錯誤碼、字串錯誤訊息,以及一個選擇性的檔案名稱。如果你需要在不同的情境中重新創建該例外,這個元組的內容可能就會很有用:例如,在不同的 Python 直譯器行程中提出一個例外。

e.__cause__

使用明確鏈串的例外(explicit chained exceptions)時,之前的例外。

e.__context__

隱含鏈串例外(implicitly chained exceptions)的前一個例外。

e.__traceback__

與該例外相關的回溯物件。

10.2.3　預先定義的例外類別

下列例外情況是由程式提出的:

AssertionError

失敗的斷言述句（assert statement）。

AttributeError

失敗的屬性參考（attribute reference）或指定（assignment）。

BufferError

預期記憶體緩衝區（memory buffer）。

EOFError

檔案結尾（end of file）。由內建函式 `input()` 和 `raw_input()` 產生。應該注意的是，其他大多數 I/O 運算，如檔案的 `read()` 和 `readline()` 方法，都會回傳一個空字串以表示 EOF，而非提出一個例外。

FloatingPointError

浮點運算失敗。應該注意的是，浮點數的例外處理是一個棘手的問題，而且只有當 Python 的組態和建置方式有啟用它時，才會提出這個例外。更常見的情況是，浮點數錯誤會默默地產生諸如 `float('nan')` 或 `float('inf')` 之類的結果。這是 `ArithmeticError` 的一個子類別。

GeneratorExit

在產生器函式中被提出，以發出終止信號。當一個產生器被提前銷毀（在產生器所有的值被耗盡之前）或是產生器的 `close()` 方法被呼叫時，就會發生這種情況。如果一個產生器忽略了這個例外，該產生器就會被終止，而這個例外會被默默地忽略。

IOError

失敗的 I/O 運算。其值是一個 `IOError` 實體，帶有屬性 `errno`、`strerror` 和 `filename`。`errno` 是一個整數錯誤碼，`strerror` 是一個字串錯誤訊息（string error message），`filename` 是一個選擇性的檔案名稱。這是 `EnvironmentError` 的一個子類別。

ImportError

　　當 import 述句找不到模組或 from 找不到模組中的名稱時，就會被提出。

IndentationError

　　縮排錯誤（indentation error）。這是 SyntaxError 的一個子類別。

IndexError

　　序列下標（sequence subscript）超出範圍。這是 LookupError 的一個子類別。

KeyError

　　在一個映射中沒有找到鍵值。這是 LookupError 的一個子類別。

KeyboardInterrupt

　　當使用者點擊中斷鍵（interrupt key，通常是 Ctrl+C）時提出。

MemoryError

　　可恢復的記憶體不足（out-of-memory）錯誤。

ModuleNotFoundError

　　import 述句找不到模組。

NameError

　　在區域或全域命名空間中找不到名稱。

NotImplementedError

　　未實作的功能。可以由要求衍生類別實作某些方法的基礎類別提出。這是 RuntimeError 的一個子類別。

OSError

　　作業系統錯誤。主要是由 os 模組中的函式提出。以下的例外為其子類別：BlockingIOError、BrokenPipeError、ChildProcessError、ConnectionAbortedError、ConnectionError、ConnectionRefusedError、ConnectionResetError、FileExistsError、FileNotFoundError、

InterruptedError、IsADirectoryError、NotADirectoryError、PermissionError、
ProcessLookupError、TimeoutError。

OverflowError

整數值過大而無法表示的結果。通常只有當大的整數值被傳遞給其實作內部依
賴固定精度機器整數（fixed-precision machine integers）的物件時，才會出現這
種例外。例如，如果你指定的起始值或結束值大小超過 32 位元，這個錯誤就會
出現在 range 或 xrange 物件中。這是 ArithmeticError 的一個子類別。

RecursionError

超出遞迴限制（recursion limit）。

ReferenceError

在其底層物件被銷毀後存取一個弱參考（weak reference）的結果（參閱 weakref
模組）。

RuntimeError

不包括在任何其他種類中的一般性錯誤。

StopIteration

被提出以表示迭代結束（end of iteration）。這通常發生在一個物件的 next() 方
法或在產生器函式中。

StopAsyncIteration

被提出以表示非同步迭代結束（end of asynchronous iteration）。只適用於 async
函式和產生器的情境中。

SyntaxError

剖析器語法錯誤（parser syntax error）。實體有 filename、 lineno、offset 和
text 等屬性，可以用來收集更多資訊。

SystemError

直譯器（interpreter）的內部錯誤。該值是指出問題所在的一個字串。

SystemExit

> 由 `sys.exit()` 函式提出。其值是表示回傳碼（return code）的一個整數。若有必要立即退出，可以使用 `os._exit()`。

TabError

> 不一致的 tab 用法。當 Python 以 `-tt` 選項執行時產生。這是 `SyntaxError` 的一個子類別。

TypeError

> 當一個運算或函式被應用於型別不適當的一個物件時發生。

UnboundLocalError

> 參考了未繫結的區域變數（unbound local variable）。如果一個變數在函式中定義之前被參考，就會發生這個錯誤。這是 `NameError` 的一個子類別。

UnicodeError

> Unicode 編碼或解碼錯誤。這是 `ValueError` 的一個子類別。以下的例外為其子類別：`UnicodeEncodeError`、`UnicodeDecodeError`、`UnicodeTranslateError`。

ValueError

> 當一個函式或運算的引數型別正確但其值不合適，就會產生。

WindowsError

> 由 Windows 上失敗的系統呼叫（system calls）產生。這是 `OSError` 的一個子類別。

ZeroDivisionError

> 除以零的錯誤。這是 `ArithmeticError` 的一個子類別。

10.3　標準程式庫

Python 有一個相當大型的標準程式庫（standard library）。其中有許多模組已經在本書中描述過。參考資料可以在 https://docs.python.org/library 找到，那些內容不會在此重複。

下面列出的模組是值得注意的，因為它們對各式各樣的應用和一般的 Python 程式設計都很有用。

10.3.1　collections 模組

collections 模組為 Python 補充了各種額外的容器物件（container objects），這些物件對於資料處理非常有用，例如雙端佇列（double-ended queue，deque）、自動初始化缺少項目的字典（defaultdict），以及用於製表（tabulation）的計數器（Counter）。

10.3.2　datetime 模組

datetime 模組，其中你可以找到與日期、時間和涉及這些東西的計算有關的函式。

10.3.3　itertools 模組

itertools 模組提供了各種有用的迭代模式（iteration patterns）：將迭代變數鏈串在一起、在積集合（product sets）上迭代、排列、分組，以及類似的運算。

10.3.4　inspect 模組

inspect 模組提供了檢視程式碼相關元素內部的功能，如函式、類別、產生器和協程（coroutines）。它通常會在元程式設計（metaprogramming）中，由定義了裝飾器和類似功能的函式所使用。

10.3.5　math 模組

math 模組提供常見的數學函式，如 sqrt()、cos() 和 sin()。

10.3.6　os 模組

os 模組是你找到與主機作業系統有關的低階函式的地方，例如行程、檔案、管線、權限和類似功能。

10.3.7　random 模組

random 模組提供與產生隨機數（random number）有關的各種功能。

10.3.8　`re` 模組

`re` 模組支援藉由正規表達式進行模式比對（regular expression pattern matching）的文字處理。

10.3.9　`shutil` 模組

`shutil` 模組具有執行與 shell 有關的常見任務的功能，例如複製檔案和目錄。

10.3.10　`statistics` 模組

`statistics` 模組提供了計算常見統計值（statistical values）的函式，如平均值（means）、中位數（medians）和標準差（standard deviation）。

10.3.11　`sys` 模組

`sys` 模組包含與 Python 本身的執行環境（runtime environment）有關的各種屬性和方法。這包括命令列選項、標準 I/O 串流、匯入路徑（import path），以及類似的功能。

10.3.12　`time` 模組

在 `time` 模組中可以找到與系統時間有關的各種功能，如獲取系統時鐘的值、休眠、以及經過的 CPU 秒數。

10.3.13　`turtle` 模組

海龜繪圖功能（turtle graphics）。你知道的，給小朋友使用的那種。

10.3.14　`unittest` 模組

`unittest` 模組提供了編寫單元測試（unit tests）的內建支援。Python 本身就是用 `unittest` 來測試的。然而，許多程式設計師更喜歡使用第三方程式庫（如 `pytest`）進行測試。作者對此表示贊同。

10.4 結語：使用內建功能

在有成千上萬的 Python 套件可用的現代世界中，程式設計師很容易以依存第三方套件的形式尋求小問題的解決方案。然而，Python 長期以來就有一套極其有用的內建函式和資料型別。與標準程式庫中的模組相結合，有非常廣泛的程式設計問題往往可以只用 Python 已經提供的東西來解決。若有選擇的話，請優先這樣做。

索引

※ 提醒您：由於翻譯書籍排版的關係，部分索引內容的對應頁碼會與實際頁碼有一頁之差。

Python 精粹｜來自專家的經驗精華

作　　者：David Beazley
譯　　者：黃銘偉
企劃編輯：蔡彤孟
文字編輯：王雅雯
設計裝幀：張寶莉
發 行 人：廖文良

發 行 所：碁峰資訊股份有限公司
地　　址：台北市南港區三重路 66 號 7 樓之 6
電　　話：(02)2788-2408
傳　　真：(02)8192-4433
網　　站：www.gotop.com.tw
書　　號：ACL062200
版　　次：2022 年 06 月初版
建議售價：NT$520

國家圖書館出版品預行編目資料

Python 精粹：來自專家的經驗精華　/ David Beazley 原著；黃銘
　　偉譯. -- 初版. -- 臺北市：碁峰資訊, 2022.06
　　面 ； 公分
　　譯自：Python Distilled.
　　ISBN 978-626-324-215-9(平裝)
　　1.CST：Python(電腦程式語言)
312.32P97　　　　　　　　　　　　　　111008684

讀者服務

- 感謝您購買碁峰圖書，如果您對本書的內容或表達上有不清楚的地方或其他建議，請至碁峰網站：「聯絡我們」\「圖書問題」留下您所購買之書籍及問題。(請註明購買書籍之書號及書名，以及問題頁數，以便能儘快為您處理)

  http://www.gotop.com.tw

- 售後服務僅限書籍本身內容，若是軟、硬體問題，請您直接與軟體廠商聯絡。

- 若於購買書籍後發現有破損、缺頁、裝訂錯誤之問題，請直接將書寄回更換，並註明您的姓名、連絡電話及地址，將有專人與您連絡補寄商品。